TESSLOFFS SCHÜLERLEXIKON

Biologie

Tessloff Verlag

WAS IST BIOLOGIE?

Biologie ist die Wissenschaft der Lebewesen. Sie untersucht den Aufbau der verschiedenen Organismen und erforscht sowohl den Einzelorganismus als auch das komplexe Netz der Beziehungen zwischen den Organismen, das die Entwicklung und Erhaltung neuen Lebens bewirkt. In diesem Buch wird die Biologie in sechs farbig markierte Kapitel unterteilt:

 Ökologie und Lebewesen

Blick auf die komplexen Beziehungen zwischen Lebewesen und ihrer Zellstruktur.

 Zoologie (Mensch)

Zeigt die Hauptthemen der Humanbiologie. Im Allgemeinen gleichen sie denen der Vertebraten.

 Botanik

Das Pflanzenreich. Stellt die verschiedenen Pflanzentypen, ihre Hauptmerkmale, den Aufbau und die Funktion vor.

 Fortpflanzung und Genetik

Stellt die verschiedenen Fortpflanzungstypen und den Bereich Genetik vor.

 Zoologie (Tiere)

Zeigt den Aufbau, die Funktion, das Verhalten und Merkmale der Tiergruppen (mit Ausnahme des Menschen).

 Allgemeine Biologie

Zeigt Themen, die für alle Lebewesen gelten. Enthält Tabellen mit allgemeinen Informationen und Klassifikationen.

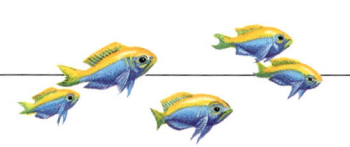

INHALT

LEBEWESEN UND IHRE UMWELT

Wir können die belebte Welt in mehrere Regionen einteilen, von denen jede eine charakteristische Pflanzen- und Tierwelt hat. Alle Pflanzen und Tiere sind an ihre **Umwelt** angepasst (s. **adaptive Radiation** 9). Sie stehen in Wechselbeziehungen und beeinflussen sich gegenseitig. Die Umwelt ist von vielen verschiedenen Faktoren geprägt, z. B. von Temperatur, Wasser und Licht (**klimatische Faktoren**), von den physikalischen und chemischen Eigenschaften des Bodens (**edaphische Faktoren**) und von den Lebewesen selbst (**biotische Faktoren**). Die Wissenschaft, die sich mit den Beziehungen zwischen Pflanzen und Tieren und ihrer Umwelt beschäftigt, heißt **Ökologie**.

Die Zehen des Frosches haften durch Anpassung gut an Rinde.

Biosphäre
Schicht der Erdoberfläche, die von Lebewesen bewohnt wird (inklusive Ozeane und Atmosphäre). Die Obergrenze der Biosphäre liegt in der höheren Atmosphäre, die Untergrenze in den ersten Gesteinsschichten.

Biome
Die wichtigsten ökologischen Regionen, wie wir sie auf dem Festland antreffen. Jedes Biom hat seine charakteristischen Jahreszeiten, Tageslängen, Arten des Niederschlags, Maximal- und Minimaltemperaturen. Sie hängen also im wesentlichen vom Klima ab. Die wichtigsten Biome (s. Karte oben rechts) sind **Tundra**, **Nadelwald**, **Mischwald**, **tropischer Regenwald**, **gemäßigtes** und **tropisches Grasland** (**Savanne**) und **Wüste**. Die meisten Biome haben ihren Namen vom vorherrschenden Vegetationstyp. Dieser bestimmt auch die Tierwelt. Jedes Biom ist ein Biotop (**Makrobiotop**). Der Mensch beeinflusst die Biome stark.

Karte der häufigsten Biome der Welt

Abholzung ist für den tropischen Regenwald und die dort lebenden Tiere und Pflanzen eine Bedrohung.

Die Biome der Welt

Tundra
Sehr kalt und windig. Häufigste Pflanzen: **Flechten***, Kleinsträucher. Tiere: Moschusochsen, Lemminge.

Nadelwald
Niedrige Temperaturen. Dominierende **Nadelhölzer**, z. B. Fichten. Auffälligste Tiere: Rothirsche.

Mischwald
Sommer warm, Winter kalt. Es überwiegen **sommergrüne*** Pflanzen, z. B. Buchen. Viele Tiere, z. B. Füchse.

Tropischer Regenwald
Ganzjährig hohe Temperaturen, viel Regen. Übergroße Vielfalt an Pflanzen und Tieren, vor allem tropische Vögel.

Wüste
Tagsüber heiß, nachts kalt. Sehr geringe Niederschläge. Pflanzen: Kakteen. Tiere: Kamele, Skorpione, Schlangen.

Grasland
Offene Grasflächen. Heiße Sommer, kalte Winter. Gräser als dominierende Pflanzen. Tiere: Präriehunde.

Savanne
Grasland mit einzelnen Bäumen. Typische Tiere: Giraffen.

Hartlaubgehölze (**Macchia**)

Hochgebirge

Eis

* **Flechte**, 114 (**Symbiont**), **sommergrün**, 8.

Biotop

Der Lebensraum einer Gruppe von Lebewesen oder eines einzelnen Lebewesens. Kleinere Biotope können in größeren liegen, z. B. eine Wasserstelle im **Biom Savanne**. Sehr kleine Biotope, z. B. ein verrottender Baumstamm, heißen **Mikrobiotope**.

Biozönose

Gesamtheit aller Pflanzen und Tiere eines **Biotops**. Sie stehen untereinander und mit ihrer Umwelt in Wechselbeziehung.

Wasserstellen und Akazien – Biotope in der Savanne

Ökosystem

Die **Biozönose** der Pflanzen und Tiere in ihrem **Biotop** gemeinsam mit den abiotischen Umweltbedingungen (z. B. Luft und Wasser). Ökosysteme sind selbstständige Lebensgemeinschaften mit einem geschlossenen Stoffkreislauf, der alle nötigen Stoffe selbst herstellt (s. 6–7).

*Ein **Ökosystem** beinhaltet die Umwelt, z. B. Luft und Wasser.*

*Die **Biozönose** beinhaltet Tiere wie Antilopen, Strauße.*

Ökologische Sukzession

Sukzessionen beobachten wir bei der Besiedlung neuer Flächen, z. B. brachliegenden Äckern und abgebrannten Waldflächen. Im Lauf der Jahre stellen sich unterschiedliche Pflanzen und damit auch Tiere ein. Die Ökosysteme folgen aufeinander, bis die **Klimax** erreicht ist. Das ist ein stabiles **Ökosystem**, das bestehen bleibt, solange sich die Umweltfaktoren, z. B. das Klima, nicht ändern.

Ökologische Sukzession auf einem brachliegenden Feld

Pioniergesellschaft *(erste **Biozönose**) mit Gräsern, Insekten, Feldmäusen usw.*

Übergangsgesellschaft *(fortgeschrittene **Biozönose**) mit Büschen und Sträuchern, Kaninchen und Drosseln usw.*

Klimaxgesellschaft *mit **sommergrünen*** Bäumen wie Eichen und Buchen. Tiere: Fuchs, Dachs, Grasmücke usw.*

Ökologische Nische

Die Stellung, die eine Pflanzen- oder Tierart im **Ökosystem** einnimmt. Dazu gehört, wo sich das Lebewesen aufhält und was es frisst. Das **Exklusionsprinzip von Gause** besagt, dass zwei Arten auf Dauer nicht dieselbe Nische besetzen können. Sonst wird eine Art entweder vertrieben oder stirbt aus. Wir können an Gewässerufern den Großen Brachvogel und den Kiebitzregenpfeifer zusammen sehen. Beide fressen Kleinlebewesen wie Würmer und Schnecken, doch sie besetzen unterschiedliche ökologische Nischen. Brachvögel stochern mit ihren langen Schnäbeln im Schlamm. Kiebitzregenpfeifer picken ihre Nahrung auf, denn ihre Schnäbel sind kurz. Auf diese Weise können beide Vögel in demselben Gebiet überleben.

Große Brachvögel stochern mit dem langen Schnabel im Schlamm.

Kiebitzregenpfeifer nehmen Nahrung direkt von der Oberfläche auf.

---

* **sommergrün**, 8.

IN EINEM ÖKOSYSTEM

In einem **Ökosystem** leben Pflanzen- und Tierarten (**Biozönose***), die untereinander und mit ihrer Umwelt in Wechselbeziehung stehen. Gemeinsam bilden sie eine ökologische Einheit.

Nahrungsnetz

Gesamtheit aller **Nahrungsketten** in einem Ökosystem. Jede Nahrungskette umfasst mehrere Lebewesen, von denen jedes das Futter für das nächste darstellt. Grüne Pflanzen stellen ihre Nahrung durch **Photosynthese*** aus anorganischen Stoffen her. Sie sind **autotroph** und bilden den Beginn einer Nahrungskette. Tiere können ihre eigene Nahrung nicht herstellen. Sie sind **heterotroph** und somit von den grünen Pflanzen abhängig.

Einfaches Nahrungsnetz

Jaguar

Tamandua

Pekari

Wasserschwein

Aguti

Kapuzineraffe

Raupe

Insekt

Wasserpflanzen

Blätter

Früchte

Kohlenstoffkreislauf

Der ständige Kreislauf des Kohlenstoffs zwischen Lebewesen und Atmosphäre.

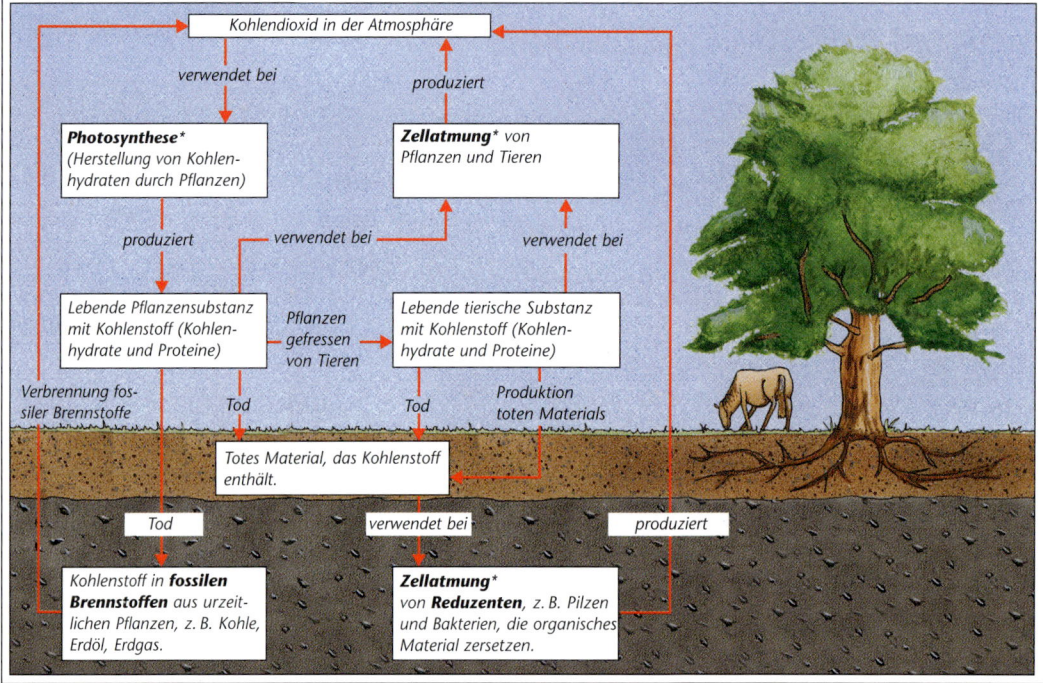

Kohlendioxid in der Atmosphäre

verwendet bei

produziert

Photosynthese*
(Herstellung von Kohlenhydraten durch Pflanzen)

Zellatmung* *von Pflanzen und Tieren*

produziert

verwendet bei

verwendet bei

Lebende Pflanzensubstanz mit Kohlenstoff (Kohlenhydrate und Proteine)

Pflanzen gefressen von Tieren

Lebende tierische Substanz mit Kohlenstoff (Kohlenhydrate und Proteine)

Verbrennung fossiler Brennstoffe

Tod

Tod

Produktion toten Materials

Totes Material, das Kohlenstoff enthält.

Tod

verwendet bei

produziert

Kohlenstoff in fossilen Brennstoffen *aus urzeitlichen Pflanzen, z. B. Kohle, Erdöl, Erdgas.*

Zellatmung*
von **Reduzenten**, *z. B. Pilzen und Bakterien, die organisches Material zersetzen.*

* **Biozönose**, 5; **Photosynthese**, 26; **Zellatmung**, 106.

Trophische Ebene oder Ernährungsstufe

Stellung von Lebewesen in einer **Nahrungskette** (s. **Nahrungsnetz**). Bei höheren trophischen Ebenen geht jeweils ein großer Teil der Energie, die aus der Nahrung stammt, verloren. Eine Kuh z. B. nutzt über die Hälfte der Nahrung für die Energieproduktion aus. Essen wir Rindfleisch, übernehmen wir nur einen Teil der Energie des Ausgangsmaterials. Dieser Energieverlust hat zur Folge, dass mit jeder nächsthöheren Ebene auch die Zahl der Tiere immer geringer wird, da diese immer größere Futtermengen zu sich nehmen müssen, um die nötige Energie zu erhalten. Wir bezeichnen dieses Prinzip auch als **Zahlenpyramide**.

Zahlenpyramide

T4
T3
T2
T1

*Zahl der Individuen auf jeder **trophischen Ebene***

Biomassenpyramide

T4
T3
T2
T1

Gesamtbiomasse aller Individuen auf jeder Ebene. (Abnahme ist geringer, da Tiere auf höheren Ebenen meist größer sind.)

Schema einer Nahrungskette mit den trophischen Ebenen

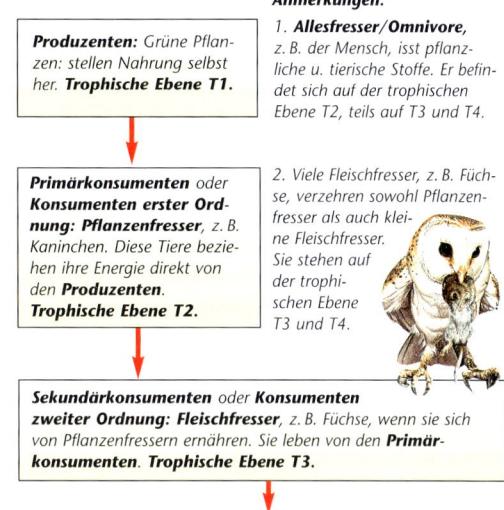

Anmerkungen:

1. **Allesfresser/Omnivore**, z. B. der Mensch, isst pflanzliche u. tierische Stoffe. Er befindet sich auf der trophischen Ebene T2, teils auf T3 und T4.

2. Viele Fleischfresser, z. B. Füchse, verzehren sowohl Pflanzenfresser als auch kleine Fleischfresser. Sie stehen auf der trophischen Ebene T3 und T4.

Produzenten: Grüne Pflanzen: stellen Nahrung selbst her. **Trophische Ebene T1.**

Primärkonsumenten oder **Konsumenten erster Ordnung: Pflanzenfresser**, z. B. Kaninchen. Diese Tiere beziehen ihre Energie direkt von den **Produzenten**. **Trophische Ebene T2.**

Sekundärkonsumenten oder **Konsumenten zweiter Ordnung: Fleischfresser**, z. B. Füchse, wenn sie sich von Pflanzenfressern ernähren. Sie leben von den **Primärkonsumenten**. **Trophische Ebene T3.**

Tertiärkonsumenten oder **Konsumenten dritter Ordnung:** Fleischfresser, z. B. Eulen, wenn sie sich von kleineren Fleischfressern ernähren. Die Energie stammt hier von anderen, kleineren Fleischfressern, also Konsumenten zweiter Ordnung. Diese ernähren sich von Pflanzenfressern, die ihre Nahrung direkt von den **Produzenten** erhielten. **Trophische Ebene T4.**

Stickstoffkreislauf

Der ständige Kreislauf des Elements Stickstoff in den Lebewesen und in der Atmosphäre.

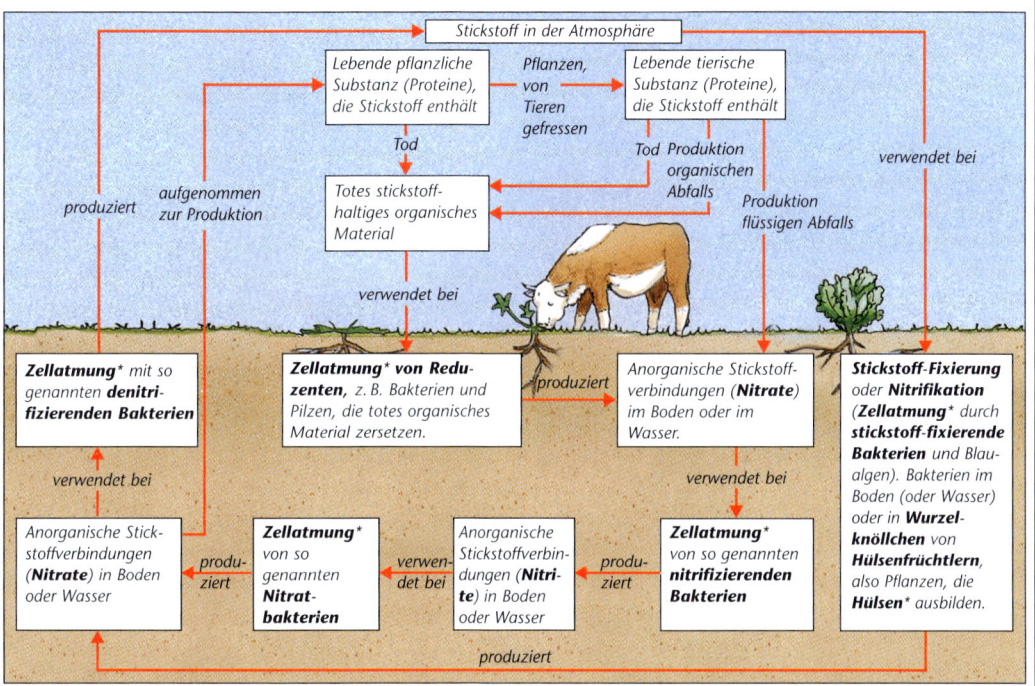

Stickstoff in der Atmosphäre

Lebende pflanzliche Substanz (Proteine), die Stickstoff enthält

Pflanzen, von Tieren gefressen

Lebende tierische Substanz (Proteine), die Stickstoff enthält

Tod

Tod Produktion organischen Abfalls

verwendet bei

produziert

aufgenommen zur Produktion

Totes stickstoffhaltiges organisches Material

Produktion flüssigen Abfalls

verwendet bei

Zellatmung* mit so genannten **denitrifizierenden Bakterien**

Zellatmung* von Reduzenten, z. B. Bakterien und Pilzen, die totes organisches Material zersetzen.

produziert

Anorganische Stickstoffverbindungen (**Nitrate**) im Boden oder im Wasser.

Stickstoff-Fixierung oder **Nitrifikation** (**Zellatmung*** durch **stickstoff-fixierende Bakterien** und Blaualgen). Bakterien im Boden (oder Wasser) oder in **Wurzelknöllchen** von **Hülsenfrüchtlern**, also Pflanzen, die **Hülsen*** ausbilden.

verwendet bei

verwendet bei

Anorganische Stickstoffverbindungen (**Nitrate**) in Boden oder Wasser

produziert

Zellatmung* von so genannten **Nitratbakterien**

verwendet bei

Anorganische Stickstoffverbindungen (**Nitrite**) in Boden oder Wasser

produziert

Zellatmung* von so genannten **nitrifizierenden Bakterien**

produziert

* **Hülse**, 34; **Zellatmung**, 106.

LEBEN UND LEBENSFORMEN

Alle Lebewesen zeigen die gleichen grundlegenden **Kennzeichen des Lebendigen**. Dazu zählen Atmung, Ernährung, Wachstum, Reizbarkeit, Bewegung, Ausscheidung und Fortpflanzung. Dabei weisen die Lebewesen eine große Vielzahl von Organisationstypen auf, die wir als Lebensformen bezeichnen. Im Lauf des **Lebenszyklus** kann es zu größeren Veränderungen kommen (s. auch **Metamorphose** 49). Im Folgenden sind einige Lebensformen mit ihren charakteristischen Eigenschaften beschrieben.

Ausdauernde Pflanzen

Ausdauernde (**perennierende**) Pflanzen leben mehrere Jahre. Stauden wie der Fingerhut verlieren nach jeder Vegetationsperiode ihre oberirdischen Teile und treiben im Frühjahr neue Schösslinge. Dagegen bleiben **Holzpflanzen** wie Bäume auch in der schlechten Jahreszeit bestehen und legen jedes Jahr durch **Sekundärgewebe*** neue Substanz zu.

*Fingerhüte sind **perennierende** Pflanzen.*

Zweijährige Pflanzen

Bienne Pflanzen leben zwei Jahre lang, z. B. Möhren. Im ersten Jahr wachsen sie und speichern Nährstoffe. Im zweiten Jahr bringen sie Blüten und Samen hervor und sterben schließlich.

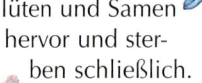

*Möhren sind **zweijährig**.*

Einjährige Pflanzen

Annuelle Pflanzen leben nur eine Vegetationsperiode lang, z. B. Lobelien. In dieser Zeit keimen sie, bringen Blüten und Samen hervor und sterben schließlich.

*Lobelien sind **annuell**.*

Krautpflanzen

Pflanzen ohne **Sekundärgewebe*** und mit weichen, unverholzten Sprossen oberhalb der Erde. Dadurch unterscheiden sie sich deutlich von den **Holzpflanzen** wie Sträuchern und Bäumen.

*Die Flammenblume ist eine **Krautpflanze**.*

Sommergrüne Pflanzen

Perennierende Pflanzen, die am Ende jeder Vegetationsperiode ihr **Chlorophyll*** abbauen und ihre Blätter abwerfen, z. B. die Rosskastanie.

Rosskastanie

Immergrüne Pflanzen

Perennierende Pflanzen, die ihre Blätter nicht abwerfen, sondern sie mehrere Jahre tragen, z. B. Nadelhölzer wie die Fichte.

Fichte

Ephemere Pflanzen

Ephemere Pflanzen leben nur vorübergehend kurze Zeit. Wir finden sie vor allem in Lebensräumen, die meist heiß und trocken sind. Günstige Wachstumsbedingungen sind nur kurze Zeit vorhanden. So müssen ephemere Pflanzen in wenigen Tagen wachsen und Samen produzieren. Die einzige ephemere Tierart ist die Eintagsfliege, die nur wenige Minuten bis wenige Tage lebt.

Wüstenpflanze

Eintagsfliege

Anadrome Tiere

Anadrom sind Fische, die zur Fortpflanzung das Meer verlassen und in die Flüsse hinaufziehen. Diese Form der **Wanderung** finden wir z. B. beim Lachs. Das Gegenteil ist **katadrom** (Wanderung vom Fluss zum Meer).

Lachs bei der Wanderung flussaufwärts.

***Chlorophyll**, 27 (**Pigment**);
Sekundärgewebe, 18.

Ziehende Gänse

Migration

Jahreszeitliche Wanderung von einem Gebiet ins andere. Meistens verlassen die Tiere ihr Fortpflanzungsgebiet im Winter, um anderswo Nahrung zu finden, und kehren im Frühjahr zur Brut zurück. Migration ist Teil des Lebenszyklus vieler Tierarten, vor allem bei Vögeln.

Dormanz

Haselmaus bei der **Überwinterung**

Eine einmalige oder sich wiederholende Ruheperiode in der Entwicklung vieler Pflanzen und Tiere. Bei den Pflanzen tritt sie z. B. auf, wenn die äußeren Bedingungen für das Wachstum ungünstig sind (normalerweise im Winter). Bei Tieren tritt Dormanz meist aus Futtermangel auf. Wir unterscheiden **Überwinterung** und **Übersommerung**. Typisch für die Überwinterung ist der Winterschlaf der **Säugetiere***. Die Übersommerung infolge von Trockenheit ist vor allem bei Insekten zu beobachten.

Lebensweisen

Genau genommen hat jedes Lebewesen seine eigene, unverwechselbare Lebensweise. Dies ist das Ergebnis der **adaptiven Radiation**. Für die Einteilung der Lebewesen gibt es mehrere Verfahren. Die Einteilung nach gemeinsamen körperlichen Merkmalen führt zur üblichen Klassifikation (s. 110–113). Daneben gibt es auch eine weniger streng gehandhabte Einteilung, die die unterschiedlichen Lebensweisen berücksichtigt (s. 114).

Adaptive Radiation oder **evolutionäre Adaption**

Die Form der Flügel ist eine Anpassung.

Langsamer Vorgang, der zur Ausbildung verschiedener Lebensformen führt, ausgehend von einem prähistorischen Grundtyp. Jede Form ist höher **spezialisiert** und damit besser an die Umwelt angepasst, z. B. Stromlinienform beim Schwimmen und Fliegen.

Die Stromlinienform des Laches lässt den Fisch effizient schwimmen.

Schützende Adaption

Ausbildungen zum eigenen Schutz, z. B. Dornen, Giftstachel. Solche Anpassungen können sich bei den nachfolgenden Generationen umso leichter ausbreiten, weil sie den Lebewesen eine größere Überlebenschance bieten. Ein Lebewesen mit dem Merkmal kann sich bevorzugt fortpflanzen und es weitergeben. Das ist die Grundlage von **Darwins Theorie** der **natürlichen Auslese**, die Mitte des 19. Jahrhunderts entstand und die Forschung stark beeinflusste.

Dornen der Rose

Der Stachel schützt Bienen vor Feinden.

Mimikry

Ein ungeschütztes Lebewesen ahmt ein wehrhaftes Vorbild nach. Durch diese spezielle Anpassung profitiert der **Nachahmer** von den Schutzeinrichtungen seines **Modells**. Viele ungeschützte Insekten weisen z. B. die Färbung von Stachel tragenden Insekten auf. Manche Orchideen sind Nachahmer zu Fortpflanzungszwecken (s. 31).

Modell

Wespe (mit Stachel geschützt)

Nachahmer

Schwebfliege (ungeschützt)

* **Säugetiere**, 113.

DER AUFBAU DER LEBEWESEN

Ein eigenständig existierendes Lebewesen nennen wir **Organismus**. Alle Organismen sind aus **Zellen** aufgebaut – grundlegende Einheiten des Lebens, die alle lebensnotwendigen chemischen Prozesse durchführen. Die einfachsten Lebewesen bestehen nur aus einer einzigen Zelle (**Einzeller**), die komplexesten setzen sich aus Billionen Zellen zusammen. Diese **Vielzeller** weisen verschiedene Zelltypen auf, von denen jeder auf eine bestimmte Aufgabe spezialisiert ist. Gruppen gleichartiger Zellen bilden mit anorganischen Stoffen die **Gewebe** der Organismen, z. B. Muskelgewebe. Verschiedene Gewebe bauen ein **Organ** auf, z. B. den Magen. Eine Gruppe von zusammengehörenden Organen bezeichnen wir als **Organsystem**, z. B. das Verdauungssystem.

*Protozen und manche Algen sind **einzellige** Organismen.*

Die Struktur einer Zelle

Alle Zellen sind aus denselben grundlegenden Elementen aufgebaut. Jeder dieser Bausteine erfüllt eine ganz besondere Aufgabe.

Protoplasma
Die **Zellmembran**, der **Kern** und das **Zytoplasma** bilden gemeinsam das Protoplasma.

Zellmembran
Die Außenhaut einer Zelle, auch **Plasmalemma** genannt. Sie ist **semipermeabel*** und lässt dadurch nur bestimmte Stoffe hindurchtreten.

Zytoplasma
Das Material der Zelle, in dem alle chemischen Reaktionen stattfinden (s. **Organellen**). Im Allgemeinen ist das Zytoplasma außen fester und geleeartig und innen flüssig (s. **Ektoplasma**, **Endoplasma** 40).

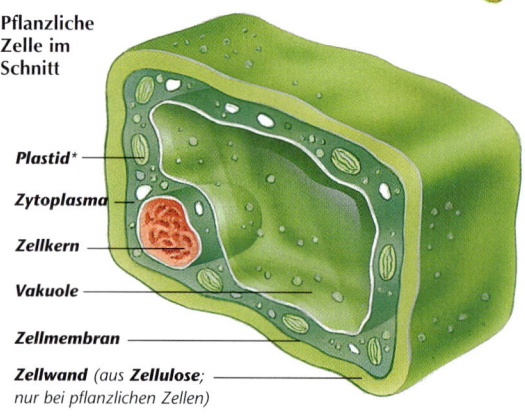

Pflanzliche Zelle im Schnitt

Plastid*
Zytoplasma
Zellkern
Vakuole
Zellmembran
Zellwand (aus **Zellulose**; nur bei pflanzlichen Zellen)

Vakuolen
Flüssigkeitsgefüllte Hohlräume im **Zytoplasma**. In tierischen Zellen sind sie klein und treten nur zeitweise auf, scheiden Stoffe aus (**Golgi-Apparat**) oder enthalten in die Zelle transportierte Flüssigkeit (**Pinozytose** 101). Die meisten pflanzlichen Zellen haben eine große, dauernde Vakuole, gefüllt mit **Zellsaft**. Darin sind Nährsalze und Zucker gelöst.

Zellkern
Das Kontrollzentrum der Zelle. Die **Kernmembran** ist doppelwandig und umschließt das geleeartige **Kernplasma** oder **Karyoplasma**. Es enthält einen oder mehrere **Nukleoli*** und das genetische Material der **DNS***. Dieses liegt in den **Chromosomen***. Wenn sich die Zelle nicht teilt, bilden die Chromosomen eine fädige Masse, das **Chromatin**.

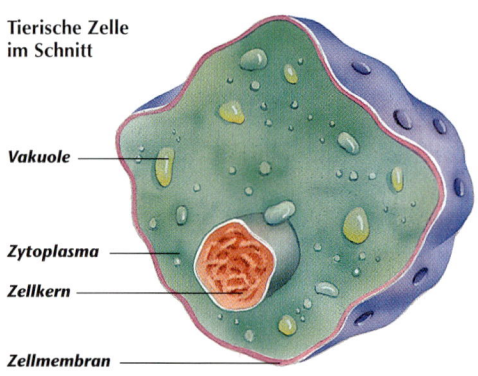

Tierische Zelle im Schnitt

Vakuole
Zytoplasma
Zellkern
Zellmembran

* **Chromosom**, 96; **DNS**, 96 (**Nukleinsäure**); **Nukleoli**, **Plastid**, 12; **semipermeabel**, 101 (**Diffusion**).

Organellen

Als **Organellen** bezeichnen wir kleine Körperchen im **Zytoplasma**. Jeder Typus (s. 12) übernimmt gewisse chemische Reaktionen innerhalb der Zelle.

Lysosomen

Runde Säckchen, in denen sich **Enzyme*** befinden. Lysosomen nehmen Fremdkörper, z. B. Bakterien, in sich auf und zerstören diese mit ihren Enzymen. Die Außenhülle der Lysosomen verhindert, dass die Enzyme in die Zelle gelangen und sie zerstören. Nur wenn die Zelle beschädigt wird, verschwindet diese Membran. Die Zelle löst sich dann selbst auf.

Ribosomen

Winzige runde Körperchen, von denen die meisten am **endoplasmatischen Retikulum** liegen. Sie spielen eine wichtige Rolle beim Aufbau von Proteinen aus Aminosäuren (s. 100). Mithilfe der **Boten-RNS** (messenger-RNA, mRNA) wird „codierte" Information zu den Ribosomen transportiert. Die Ribosomen verbinden mithilfe der Codes die richtigen Aminosäuren zu den erforderlichen Proteinen. Die **RNS*** tritt in mindestens zwei weiteren Formen in der Zelle auf. Die Ribosomen bestehen aus der **ribosomalen RNS** (s. **Nukleoli***), während Moleküle der **Transfer-RNS** (**tRNS**) die Aminosäuren zu den Ribosomen befördern.

Endoplasmatisches Retikulum oder ER

Ein komplexes System aus eingefalteter **Zellmembran**, das mit der **Kernmembran** verbunden ist (s. **Zellkern**). Das ER verfügt über eine große Oberfläche für chemische Reaktionen oder die Speicherung von Flüssigkeiten. ER mit **Ribosomen** auf der Oberfläche heißt **raues ER**. ER ohne Ribosomen nennen wir **glattes ER**.

Golgi-Apparat

Ein besonderer Bereich des **glatten ER**, auch **Dictyosom** genannt. Der Golgi-Apparat sammelt und verteilt die in der Zelle entstehenden Substanzen, z. B. Proteine und Abfälle aus chemischen Reaktionen. Die Stoffe gelangen in die Säckchen, die allmählich anschwellen und schließlich an den äußeren Enden einzelne Bläschen abschnüren. Diese **Golgi-Vesikel** verlassen die Zelle über das **Zytoplasma** und die **Zellmembran**.

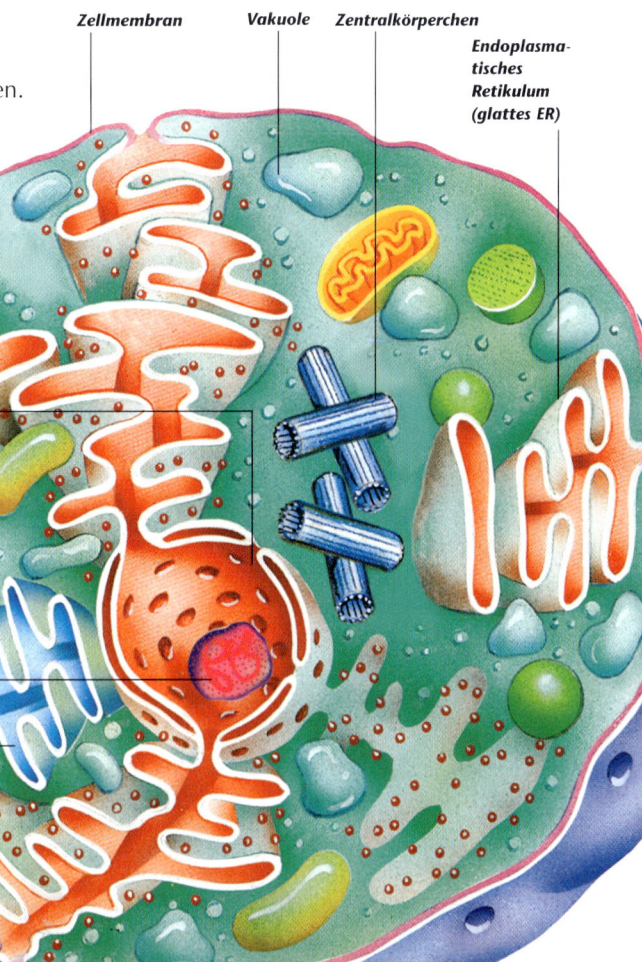

Zellmembran   Vakuole   Zentralkörperchen

Endoplasmatisches Retikulum (glattes ER)

Tierische Zelle mit Organellen im Zytoplasma

Kern (doppelte Membran aufgeschnitten, *Karyoplasma* und *Chromosomen* nicht dargestellt)

Lysosom

Mitochondrium

Nukleolus

Golgi-Apparat

Ribosom

Endoplasmatisches Retikulum (raues ER)

* **Enzym**, 105; **Nukleolus**, 12; **RNS**, 96 (**Nukleinsäure**).

Organellen (Fortsetzung)

Zentralkörperchen, Centriolen

Zwei Körperchen in tierischen und primitiven, pflanzlichen Zellen, die für die **Zellteilung** eine wichtige Rolle spielen. In tierischen Zellen liegen sie neben dem **Zellkern***. Jedes liegt in dichtem **Zytoplasma*** und besteht aus zwei dünnen Zylindern, die eine X-Form bilden. Jeder Zylinder besteht aus je neun Sätzen dreier dünner Röhrchen (**Mikrotuboli**).

Zentralkörperchen

Nukleoli (Einzahl **Nukleolus**)

Einzelne oder mehrere rundliche Körperchen im **Zellkern***. Sie produzieren Materialien für den Bau von **Ribosomen*** (aus **ribosomaler RNS**). Diese Stoffe werden aus dem Zellkern transportiert und sammeln sich im **Zytoplasma***.

Nukleolus

Mitochondrien
(Einzahl **Mitochondrium**)

Längliche, zylindrische Körperchen mit doppelter Membran. Die innere Membran bildet eine Reihe von Falten (**Cristae**), wodurch die Oberfläche für die hier stattfindenden chemischen Reaktionen stark vergrößert wird. Die Mitochondrien werden oft auch als die „Kraftwerke" der Zelle bezeichnet, denn sie bauen Nährstoffe in der Zelle ab und gewinnen daraus Energie. Mehr darüber unter **aerobe Atmung** 104.

Mitochondrium — *Cristae*

Plastiden

Zarte Körperchen im **Zytoplasma*** pflanzlicher Zellen. Einige speichern Stärke, Öl oder Proteine (**Leukoplasten**). **Chloroplasten*** enthalten **Chlorophyll*** zur Stärkeproduktion.

Plastid (Chloroplast*)

Zellteilung

Bei der **Zellteilung** gehen aus der **Mutterzelle** zwei identische **Tochterzellen** hervor. Es gibt zwei Arten der Zellteilung; doch bei beiden teilt sich erst der **Zellkern*** (**Karyokinese**) und dann das **Zytoplasma*** (**Zytokinese**). Der erste Typ der Zellteilung, die **Mitose**, wird auf diesen beiden Seiten beschrieben. Dabei werden neue Zellen für das Wachstum und als Ersatz für die Millionen von Zellen produziert, die in unserem Körper jeden Tag durch Schäden, Krankheit oder Überalterung absterben. Die Mitose ist auch für viele Einzeller die Methode für die **ungeschlechtliche Fortpflanzung***. Die zweite Art der Zellteilung bringt **Gameten*** (Geschlechtszellen) hervor, durch die bei ihrer Verschmelzung neues Leben entsteht, s. **Meiose 94–95**.

Mitose

Kernteilung bei Pflanzen und Tieren zum Zwecke des Wachstums oder Zellerneuerung. Die Mitose sorgt dafür, dass jeder der beiden **Tochterkerne** dieselbe Zahl von **Chromosomen*** mit der codierten Erbinformation bekommt. Das ist deswegen möglich, weil die Chromosomen im Mutterzellenkern in doppelter, **diploider Anzahl** vorliegen. Jedes Lebewesen verfügt in seinen Zellen über eine charakteristische, diploide Chromosomenzahl (mit Ausnahme der **Gameten***). Diese sind zu identischen Paaren angeordnet, die wir **homologe Chromosomen** nennen. Der Mensch hat 46 Chromosomen zu 23 Paaren. Obwohl die Mitose ein kontinuierlich ablaufender Prozess ist, teilt man ihn der Einfachheit halber in vier Phasen ein. Vor der eigentlichen Mitose liegt stets die **Interphase**.

Interphase

Die Zeit zwischen zwei Zellteilungen. In der Interphase sind die Zellen sehr aktiv. Sie führen alle lebensnotwendigen Prozesse durch, erfüllen ihre Spezialaufgaben und ergänzen die bei der letzten Teilung halbierten Bestandteile, damit sie selber wieder voll teilungsfähig werden. Kurz vor dem Beginn der **Mitose** verdoppeln sich auch die **Chromatin***-Fäden im **Zellkern***, so dass sich jedes **Chromosom*** nach dem Aufrollen aus zwei **Chromatiden** (s. **Prophase**) zusammensetzt.

* **Chlorophyll**, 27 (**Pigment**); **Chloroplast**, 26; **Chromatin**, 10 (**Zellkern**); **Chromosom**, 96; **Gamet**, 92; **Ribosom**, 11; **ungeschlechtliche Fortpflanzung**, 93; **Zellkern**, 10; **Zytoplasma**, 10.

Phasen der Mitose

1. Prophase

Die **Kernmembran*** verschwindet, die **Chromatin***-Fäden im **Zellkern*** wickeln sich auf und bilden sichtbare **Chromosomen***. Jedes verfügt über zwei identische **Chromatiden**, die durch kleine **Zentromere** zusammengehalten werden. Die beiden **Zentralkörperchen** begeben sich zu den Zellpolen.

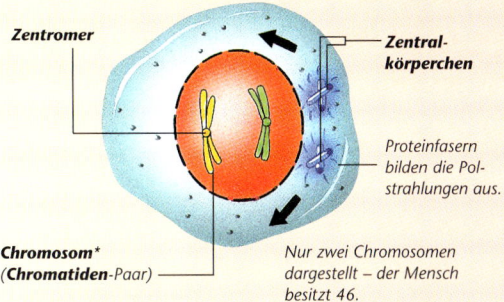

Zentromer

Zentralkörperchen

Proteinfasern bilden die Polstrahlungen aus.

Chromosom* (Chromatiden-Paar)

Nur zwei Chromosomen dargestellt – der Mensch besitzt 46.

2. Metaphase

Die **Zentralkörperchen** an den entgegengesetzten Polen senden Proteinfasern (**Spindelfasern**) aus, die sich miteinander verbinden und den **Spindelapparat** bilden. Die **Chromosomen*** (**Chromatiden**-Paare) begeben sich zum Äquator des Kerns und heften sich mit ihren Zentromeren an den Spindelfasern fest.

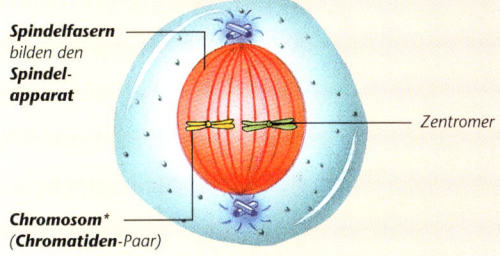

Spindelfasern bilden den Spindelapparat

Zentromer

Chromosom* (Chromatiden-Paar)

3. Anaphase

Die **Zentromere** verdoppeln sich, und die beiden **Chromatiden** jedes Chromosoms (nunmehr **Tochterchromosoms**) bewegen sich zu den entgegengesetzten Polen der **Spindel**, wahrscheinlich unter dem Einfluss der sich verkürzenden **Spindelfasern**.

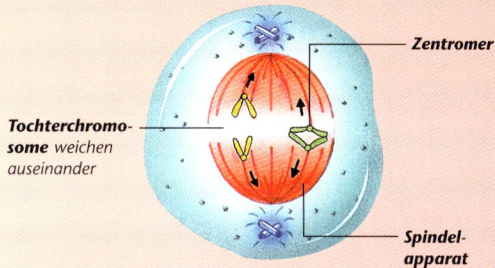

Zentromer

Tochterchromosome weichen auseinander

Spindelapparat

4. Telophase

Die **Spindelfasern** und der **Spindelapparat** verschwinden, und die **Tochterchromosomen** bilden eine neue **Kernmembran***. Daraus gehen zwei neue **Zellkerne*** (**Tochterkerne**) hervor, in deren Inneren die Chromosomen wieder länger werden und die fädige **Chromatin***-Masse bilden. Auch die **Zentralkörperchen** verdoppeln sich, so dass in jeder Tochterzelle (nach der **Zytokinese**) wieder ein Paar davon zu finden ist.

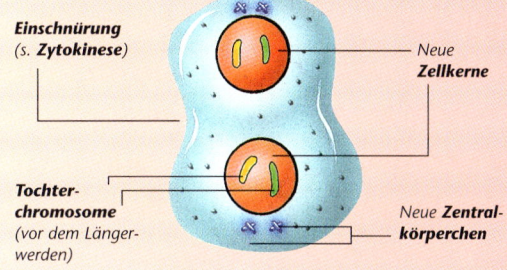

Einschnürung (s. Zytokinese)

Neue Zellkerne

Tochterchromosome (vor dem Längerwerden)

Neue Zentralkörperchen

Zytokinese

Die Teilung des **Zytoplasmas*** einer Zelle. Dabei bilden sich um die neuen **Zellkerne***, die bei der **Mitose** (oder **Meiose***) entstanden sind, neue Zellen. Bei tierischen Zellen entsteht in der Äquatorialebene eine **Einschnürung**, die schließlich zur vollständigen Trennung in zwei Zellen führt. Bei pflanzlichen Zellen bildet sich eine **Zellplatte**, die mit den Längswänden der Mutterzelle verschmilzt, so dass eine neue **Zellwand*** entsteht.

Zytokinese

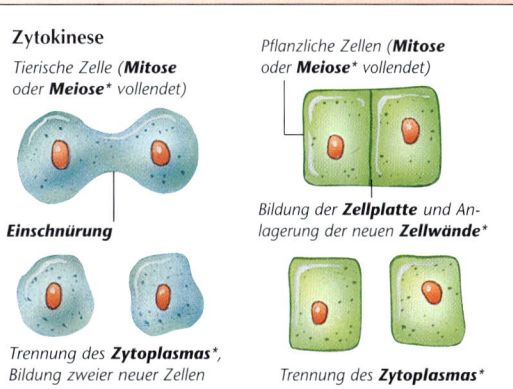

Tierische Zelle (Mitose oder Meiose* vollendet)

Pflanzliche Zellen (Mitose oder Meiose* vollendet)

Einschnürung

Trennung des Zytoplasmas*, Bildung zweier neuer Zellen

Bildung der Zellplatte und Anlagerung der neuen Zellwände*

Trennung des Zytoplasmas*

---

* **Chromatin**, 10 (**Zellkern**); **Chromosom**, 96; **Kernmembran**, 10 (**Zellkern**); **Meiose**, 94; **Zellwand**, 10; **Zytoplasma**, 10.

GEFÄSSPFLANZEN

Mit Ausnahme einfacher Pflanzen wie der Algen, Pilze, Moose und Lebermoose (s. Klassifikation 112) sind alle Pflanzen **Gefäßpflanzen**. Das bedeutet, dass sie alle über komplexe **Leitgewebe** verfügen, in denen der Flüssigkeitstransport stattfindet. Mehr über den Transport in den Leitgeweben auf 24–25.

Leitgewebe

Besonderes Gewebe im Inneren einer **Gefäßpflanze**, das dem Flüssigkeitstransport als Stütze dient. Bei jungen Sprossen ist das Leitgewebe normalerweise in einzelnen Gefäß- und **Leitbündeln** angeordnet. Bei älteren Sprossen bilden sie einen **Gefäßzylinder***. Bei jungen Wurzeln ist die Anordnung etwas anders, und der Gefäßzylinder wird später ausgebildet. Mehr über das Leitgewebe bei älteren Pflanzen, s. 18. Es gibt zwei Arten von Leitgewebe, das **Xylem** und das **Phloem**. Bei den zweikeimblättrigen Pflanzen liegt zwischen ihnen ein Wachstumsgewebe, das **Kambium**.

*Tulpen sind **Monokotyle***. Ihre **Leitbündel** sind im Stängel unregelmäßig angeordnet. Dagegen sind die Leitbündel bei **Dikotylen*** regelmäßiger abgeordnet (s. Schnitt durch Wurzel und Stängel, rechts).*

Junger Spross oder jüngster Teil eines Sprosses (dikotyl*)

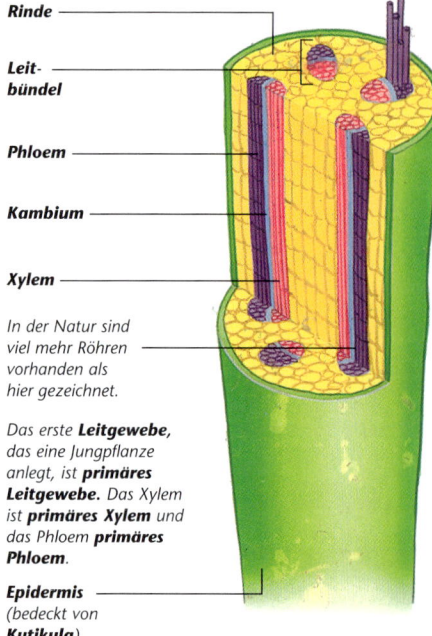

- Rinde
- Leit-bündel
- Phloem
- Kambium
- Xylem

In der Natur sind viel mehr Röhren vorhanden als hier gezeichnet.

*Das erste **Leitgewebe**, das eine Jungpflanze anlegt, ist **primäres Leitgewebe**. Das Xylem ist **primäres Xylem** und das Phloem **primäres Phloem**.*

- **Epidermis** (bedeckt von **Kutikula**)

Querschnitt eines jungen Stängels oder jüngsten Teils eines Stängels (dikotyl*)

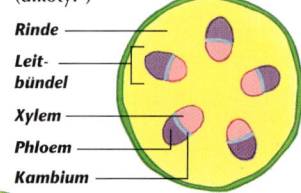

- Rinde
- Leit-bündel
- Xylem
- Phloem
- Kambium

Querschnitt einer jungen Wurzel oder jüngsten Teils einer Wurzel (dikotyl*)

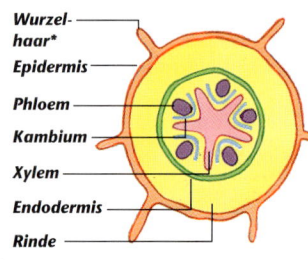

- Wurzel-haar*
- Epidermis
- Phloem
- Kambium
- Xylem
- Endodermis
- Rinde

Längsschnitt einer jungen Wurzel oder des jüngsten Teils einer Wurzel (dikotyl*)

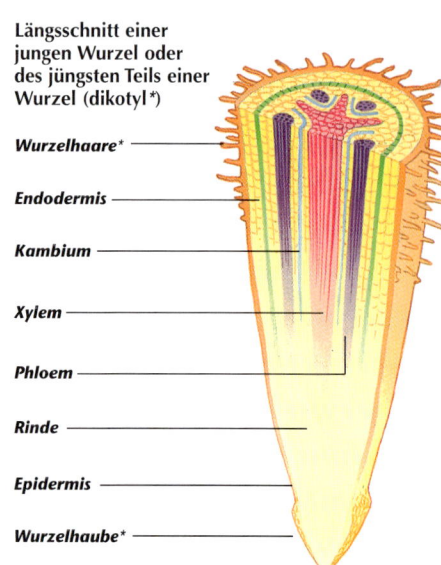

- Wurzelhaare*
- Endodermis
- Kambium
- Xylem
- Phloem
- Rinde
- Epidermis
- Wurzelhaube*

* **Dikotyle, Monokotyle**, 33 (**Keimblatt**); **Gefäßzylinder**, 18; **Wurzelhaube, Wurzelhaar**, 17.

Bestandteile des Leitgewebes

Xylem, Holz- oder Gefäßteil
Dieses Gewebe leitet Wasser von den Wurzeln zu den Blättern. Zwischen den **Gefäßen** oder **Tracheiden** liegen lange dünne Zellen (**Fasern**), die den Zusammenhalt sichern. Bei älteren Pflanzen stirbt das innere Xylem ab; die Gefäße werden ausgefüllt, wobei **Kernholz*** entsteht.

Gefäße und Tracheiden
Langgestreckte Röhren im **Xylem**, die Wasser transportieren. Ihre Zellwände sind durch **Lignin** verholzt. Sie bestehen aus Zellreihen, deren **Protoplasma*** abgestorbenen ist. Die Gefäße sind kürzer und breiter als die Tracheiden.

Kambium
Eine Schicht dünnwandiger Zellen zwischen dem **Xylem** (innen) und dem **Phloem** (außen). Die Kambiumzellen können sich teilen und bilden Xylem und Phloem. Wachstumsgewebe wie das Kambium nennen wir **Meristem***.

Phloem oder Siebteil
Ein Leitgewebe, das die organischen Nährstoffe von den Blättern in Richtung Wurzel transportiert. Es besteht aus **Siebröhren** mit besonderen, parallel verlaufenden **Geleitzellen** sowie weiteren Zellen als Stütze.

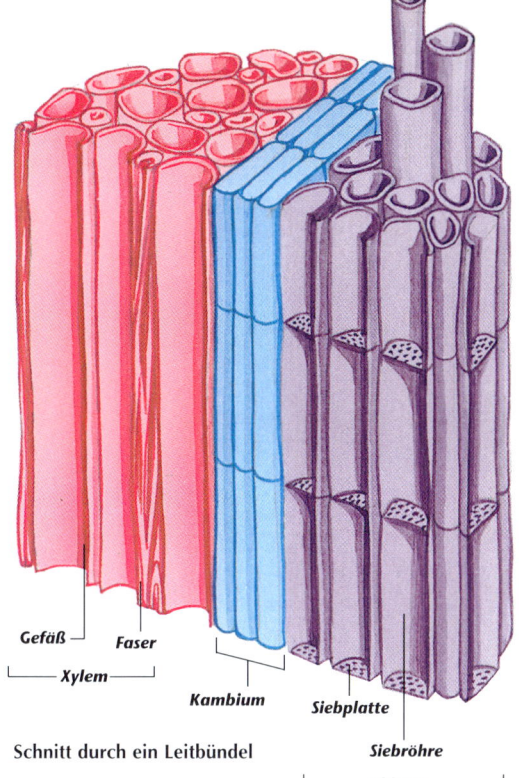

Schnitt durch ein Leitbündel

Gefäß — Faser
Xylem
Kambium — Siebplatte
Siebröhre
Phloem

Siebröhren
In Längsreihen angeordnete Zellen im **Phloem**, die keinen **Zellkern*** und kein **Protoplasma*** besitzen. Die Endwände der Zellen sind siebartig durchlöchert. Diese **Siebplatten** lassen die Nährstoffe durch.

Weitere Gewebe bei Gefäßpflanzen

Epidermis
Dünne Oberhaut, die alle Pflanzengewebe nach außen abschließt. Besonders auf den Blättern weist sie zahlreiche kleine **Spaltöffnungen*** auf. Ältere Sprosse haben an Stelle der Epidermis eine **Korkschicht***. Bei den Wurzeln wird sie durch die **Exodermis*** und dann erst durch eine Korkschicht ersetzt.

Rinde
Gewebeschicht der **Epidermis** von Spross und Wurzel. Hauptsächlich besteht sie aus **Parenchym**, einem Gewebe aus Zellen mit großen Interzellulärräumen. Manche Pflanzen haben auch ein **Kollenchym**, eine Art Stützgewebe mit langen, dickwandigen Zellen. Bei älteren Pflanzen wird die Rinde zusammengedrückt und durch andere Gewebe ersetzt.

Endodermis
Innere Zellschicht der Wurzel-**Rinde**. Flüssigkeit, die zwischen die Rindenzellen gelangt ist, wird durch spezielle **Durchlasszellen** ins Innere des Leitgewebes geleitet.

Mark
Gewebetyp im Inneren von Stängeln, meist aber nicht von Wurzeln. Von Mark spricht man eigentlich nur, wenn der Spross einen **Gefäßzylinder*** entwickelt hat. Das Mark besteht wie die **Rinde** aus **Parenchym**. Es dient der Pflanze als Nährspeicher.

Kutikula
Dünne Außenschicht aus dem wächsernen Stoff **Kutin**. Sie wird von der **Epidermis** produziert und setzt den Wasserverlust herab.

SPROSSE UND WURZELN

Spross und **Wurzel** sind die wichtigsten Stützorgane einer Blüten-
pflanze. Eine besonders wichtige Rolle spielen sie auch beim
Flüssigkeitstransport (s. 14–15, 24–25). Auf
dieser Doppelseite werden die wichtigsten
Organe beschrieben. Mehr über die
Entwicklung des Stängels und
der Wurzel auf 18–19.

Endknospe

Achselknospe

Meristem
Bildungs- oder Teilungsgewebe, von dem
neues Wachstum ausgeht. Die Zellen eines Meristems können
sich teilen und neue Zellen produzieren. Ein Meristem an
der Spitze der Wurzel (**Vegetationspunkt**) oder des Sprosses
(**Endknospe**) heißt **Apikalmeristem**.

Sprossanlagen

Trieb
Ein neuer Spross, der dem Haupt-
spross oder dem Samen entspringt.

Knospe
Ein kleiner Auswuchs an einem Spross.
Die Knospe entwickelt sich zu einem
neuen **Trieb** oder zu einer Blüte.

Endknospe
Knospe, die am Ende eines Stängels oder **Triebes** steht.

Nodium

Achselknospe

Internodium

Achselknospe
Auch **Seitenknospen** genannt.
Knospe in der **Achsel** eines
Seitentriebes, also im Winkel
zwischen dem Trieb und
dem **Spross**, aus dem der
Trieb entspringt.

Stängel

**Achsel-
knospe**

Nodium

*Alle Teile einer Pflanze, die
aus der Erde ragen, nennen
wir **oberirdische Teile**.*

Nodium (Mehrzahl **Nodien**)
Die Ansatzstelle eines gestielten oder un-
gestielten Blattes am Spross, auch Knoten genannt.

Internodium
Abschnitt des **Sprosses** zwischen zwei **Nodien**.

*Lateral bedeutet
„seitlich".*

Teile einer Wurzel

Wurzelhaube
Eine Zellschicht, die die zarten Zellen der Wurzelspitze schützt.

Vegetationspunkt
Ein Punkt direkt hinter der Wurzelspitze. Dort teilen sich die Zellen und erzeugen neues Wachstum.

Zone der Zellstreckung
Das Gebiet mit neu entstandenen Zellen hinter dem **Vegetationspunkt**. Die Zellen nehmen Wasser auf und strecken sich in die Länge, da die **Zellwände*** noch nicht erhärtet sind. Diese Zellstreckung stößt die Wurzelspitze tiefer in den Boden hinein.

Zone der Wurzelhaare
Jüngste Schicht der **Epidermis*** oder äußerste Zellschicht einer Wurzel. Hier bilden sich die **Wurzelhaare**. Sie befinden sich hinter der Zone der **Zellstreckung**. Wenn die Zellwände der Zellstreckungszone erhärten, entwickeln sich die äußeren Zellen zu den Wurzelhaaren. Weiter oben sterben die Wurzelhaare ab und werden von einer Schicht verkorkter Zellen ersetzt, der **Exodermis**, die die äußerste Schicht der **Rinde*** bildet.

Wurzelhaare
Längere zarte, schlauchartige Auswüchse der **Wurzelhaarzone**. Sie nehmen Wasser und darin gelöste Nährsalze auf.

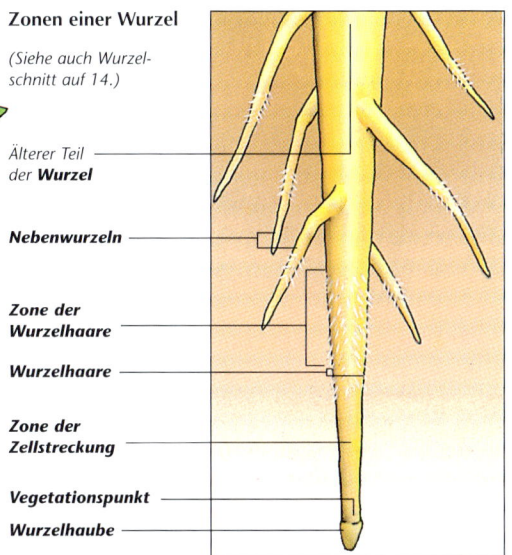

Zonen einer Wurzel

(Siehe auch Wurzel-schnitt auf 14.)

Älterer Teil der **Wurzel**

Nebenwurzeln

Zone der Wurzelhaare

Wurzelhaare

Zone der Zellstreckung

Vegetationspunkt

Wurzelhaube

Wurzeltypen

Pfahlwurzel
Haupt- oder **Primär-wurzel**, die deutlich größer und dicker als die **Nebenwurzeln** wird. Viele Wurzelgemüse haben verdickte Pfahl-wurzeln oder Speicherwurzeln.

Pfahlwurzel **Seiten-**
(Möhre) **wurzel**

Büschelwurzel
Ein System dünner Wur-zeln, die alle ungefähr gleich lang sind und die alle kleinere **Nebenwur-zeln** tragen. Die Keim-wurzel tritt im Gegen-satz zur **Pfahlwurzel** nicht stärker hervor.

Büschelwurzel

Adventivwurzeln
Wurzeln, die aus Sprossachsen hervor-gehen. Wir finden sie z. B. am unteren Ende von **Zwiebeln***, die nichts anderes als gestauchte Sprosse darstellen.

Adventivwurzel

Luftwurzeln
Oberirdisch stehende Adventivwurzeln, die nicht mit dem Boden in Kontakt kommen. Sie dienen zum Klettern (Efeu) und zur Aufnahme von Feuchtigkeit.

Efeu **Luft-**
wur-
zeln

Stelzwurzeln
Eine besondere Form der **Luftwurzeln**. Sie bilden sich an einem Spross und wandern zur Erde. Stelzwurzeln haben z. B. die Mangroven, die sich damit im Schlick von Meeresküsten verankern.

Mangrove **Stelz-**
wurzeln

---

* **Epidermis**, **Rinde**, 15; **Zellwand**, 10; **Zwiebel**, 35.

DAS INNERE EINER ÄLTEREN PFLANZE

Eine Blütenpflanze, die mehrere Jahre lebt, z. B. ein Baum, bildet beim Älterwerden **Sekundärgewebe** aus. Es besteht aus neuen Gewebeschichten, die das ursprüngliche **Primärgewebe*** ergänzen. Im Inneren der Pflanze wird **Leitgewebe*** für die Versteifung und den Flüssigkeitstransport gebildet, während an der Außenseite neue Schutzgewebe entstehen. Die Bildung neuer Leitgewebe heißt **sekundäres Dickenwachstum**, dadurch entsteht eine Holzpflanze.

Neue innere Gewebe

Gefäßzylinder

Beim ersten Schritt des **sekundären Dickenwachstums** entsteht ein Gefäßzylinder. Das **Kambium*** im Inneren der **Leitbündel*** bildet neues **Xylem*** und **Phloem***, und zwar als einen durchgehenden Zylinder aus diesen Leitgeweben.

Sekundäres Dickenwachstum

Die Bildung zusätzlichen flüssigkeitsführenden **Leitgewebes*** bei mehrjährigen, zweikeimblättrigen Pflanzen. Dies hat zur Folge, dass der Durchmesser des Stängels und der Wurzeln nach und nach zunimmt. Jedes Jahr bilden die sich teilenden **Kambium***-Zellen neue **Xylem***-Schichten (**sekundäres Xylem**) und **Phloem***-Schichten (**sekundäres Phloem**). Bei den oberirdischen Sprossen geschieht dies etwas anders als in den Wurzeln. Doch überall vergrößert das Leitgewebe seinen Durchmesser und verdrängt langsam das **Mark***. Der größte Teil des Stammes besteht aus Xylem und ist uns als **Holz** bekannt. Die Phloem-Schicht wird nicht viel dicker, weil das Xylem sie jedes Jahr nach außen abdrängt.

Jahresringe

Die konzentrischen Ringe, wie sie auf dem Querschnitt einer älteren Holzpflanze sichtbar werden. Jeder Jahresring entspricht dem Wachstum des **Xylems*** während einer Vegetationsperiode und zeigt zwei unterscheidbare Gebiete: das weichere **Frühlingsholz** oder **Frühholz** mit weitlumigeren Gefäßen und das härtere **Spät**- oder **Herbstholz** mit viel engeren Gefäßen.

Beim Wachstum verdicken sich Stamm und Wurzel.

Sekundäres Dickenwachstum bei einem Spross

1. Junger Trieb

Leitbündel* —
Xylem* —
Phloem* —
Kambium* —

2. Etwas älterer Spross

Xylem —
Kambium-ring —
Phloem —

3. Noch älterer Spross

Xylem* —
Kambium* —
Phloem* —
Gefäßzylinder *bildet sich*

4. Nach einem weiteren Jahr

*Erste Schicht **sekundären Xylems** mit dem ersten **Jahresring***
Kambium* —
Erste Schicht sekundären Phloems

5. Nach einer Reihe von Jahren

*Viele **Jahresringe** (sekundäres **Xylem**)*
Kambium —
Sekundäres Phloem —
*Zentrales **Mark*** fast völlig verschwunden*

* **Kambium, Mark, Phloem, Xylem**, 15; **Leitbündel**, 14 (**Leitgewebe**); **Primärgewebe**, 14.

Neue äußere Gewebe

Mehrjährige Holzpflanzen bilden nicht nur neue **Leitgewebe***, sondern auch neue Schutzgewebe an der Außenseite. Man unterscheidet die **Korkrinde**, das **Korkkambium** und die **Korkschicht** (von innen nach außen). Diese drei Schichten werden unter der Bezeichnung **Periderm** zusammengefasst.

Korkkambium oder Phellogen

Eine Zellschicht an der Peripherie von Stämmen und Wurzeln älterer Holzpflanzen. Es handelt sich um ein **Meristem***, das ständig neue Zellen bildet. Aus ihm gehen die **Korkrinde** und die **Korkschicht** hervor.

Korkrinde oder Phelloderm

Bezeichnung für die neue Zellschicht, die das **Korkkambium** nach innen produziert. Die Korkrinde ergänzt die **Rinde*** und wird deswegen gelegentlich auch als **sekundäre Rinde** oder als **Bast** bezeichnet.

Korkschicht oder Phellem

Eine neue Zellschicht, die das **Korkkambium** nach außen produziert. Wie der Name sagt, **verkorken** diese Zellen durch die Einlagerung wachsartiger **Suberin**-Schichten. Sie bewirken, dass kein Wasser eindringen kann. Die Korkzellen sterben langsam ab und ersetzen die primäre äußere Zellschicht (**Epidermis*** bei Stämmen, **Exodermis*** bei Wurzeln). Abgestorbene Korkzellen bezeichnen wir als **Borke**.

Borke schützt den Baum vor Austrocknung und Krankheit. Da Borke sich beim Wachstum des Stammes nicht mitdehnt, platzt sie auf oder schält sich ab. Unter dieser Schicht entsteht neue Borke.

Birkenrinde   Eichenrinde   Kiefernrinde   Buchenrinde

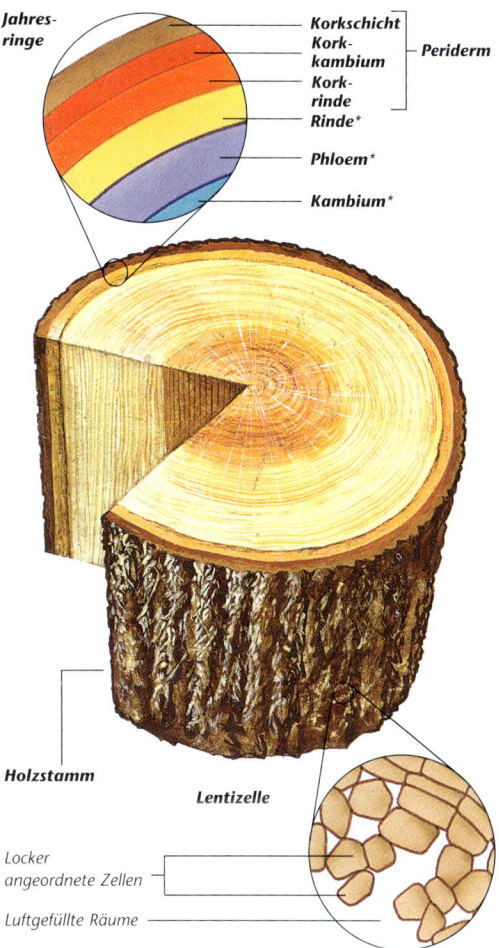

Baum (viele Jahre alt)

Jahres-ringe

Korkschicht
Kork-kambium — Periderm
Kork-rinde
Rinde*

Phloem*

Kambium*

Holzstamm

Lentizelle

Locker angeordnete Zellen

Luftgefüllte Räume

Lentizellen

Kleine, erhabene Poren in der **Korkschicht**, über die eine Holzpflanze den Sauerstoff- und Kohlendioxidaustausch mit der Umwelt bewerkstelligt. Im Inneren liegen die Zellen in lockerer Packung und erlauben den Gasaustausch mit der **Rinde***, die ebenfalls luftgefüllte Zwischenräume aufweist.

Holztypen

Kernholz

Der älteste, zentrale Teil des **Xylems*** einer Holzpflanze. Die **Gefäße*** sind ausgefüllt und transportieren keine Flüssigkeit mehr, dienen aber noch der Versteifung.

Kernholz

Splintholz

Der äußere Teil des **Xylems*** bei einer älteren Holzpflanze. Die **Gefäße*** des Splintholzes leiten weiterhin Wasser. Sie stützen auch den Baum und speichern Nährstoffe.

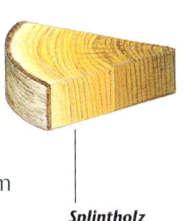

Splintholz

* **Epidermis**, **Gefäß**, **Kambium**, **Phloem**, **Rinde**, **Xylem** 15; **Exodermis**, 17 (**Zone der Wurzelhaare**); **Leitgewebe**, 14; **Meristem**, 16.

BLÄTTER

Die Gesamtheit der **Blätter** einer Pflanze bezeichnen wir als **Laub**. Blätter sind besondere Organe zur Herstellung von Nahrung. Sie erzeugen die Nahrung in dem Vorgang der **Photosynthese** (s. 26–27). Es gibt eine große Vielzahl an Blattformen und Blattgrößen, jedoch nur zwei grundlegende Typen: **Einfache Blätter** mit einer einzigen **Blattspreite** und **zusammengesetzte Blätter**, bei denen an einem Blattstiel mehrere kleine **Teilblättchen** stehen. Mehr über die verschiedenen Blattformen auf 22.

Einfaches Blatt (Stechpalme)

Zusammengesetztes Blatt (Rosskastanie)

Das Innere eines Blattes

Blattnerven, Blattadern, Blattrippen
Versteifte Stellen mit **Leitgewebe*** im Inneren eines Blattes. Sie versorgen es mit Wasser und Nährsalzen und führen die hergestellten Nährstoffe ab. Einige Blätter haben lange, parallele Nerven (Gräser), andere eine **Mittelrippe** (die Verlängerung des Blattstiels) mit zahlreichen, davon abzweigenden Blattnerven.

Blatt-
spitze

Blatt-
rand

Mittel-
rippe

Vergrößerung der Nerven. Die Gesamtheit der **Blattrippen** *nennt man* **Nervatur.**

Blattstiel.
Sitzende Blätter *haben keinen Stiel, sondern sind direkt am Spross befestigt.*

Schwammgewebe
Schicht aus unregelmäßigen **Schwammparenchymzellen** mit Interzellularräumen, in denen Gas zirkuliert. **Palisaden-** und **Schwammgewebe** bilden zusammen das **Mesophyll**.

Palisadengewebe
Eine Zellschicht gerade unterhalb der Blattoberfläche. Sie besteht aus regelmäßigen, länglichen **Palisadenzellen**, die viele **Chloroplasten*** enthalten.

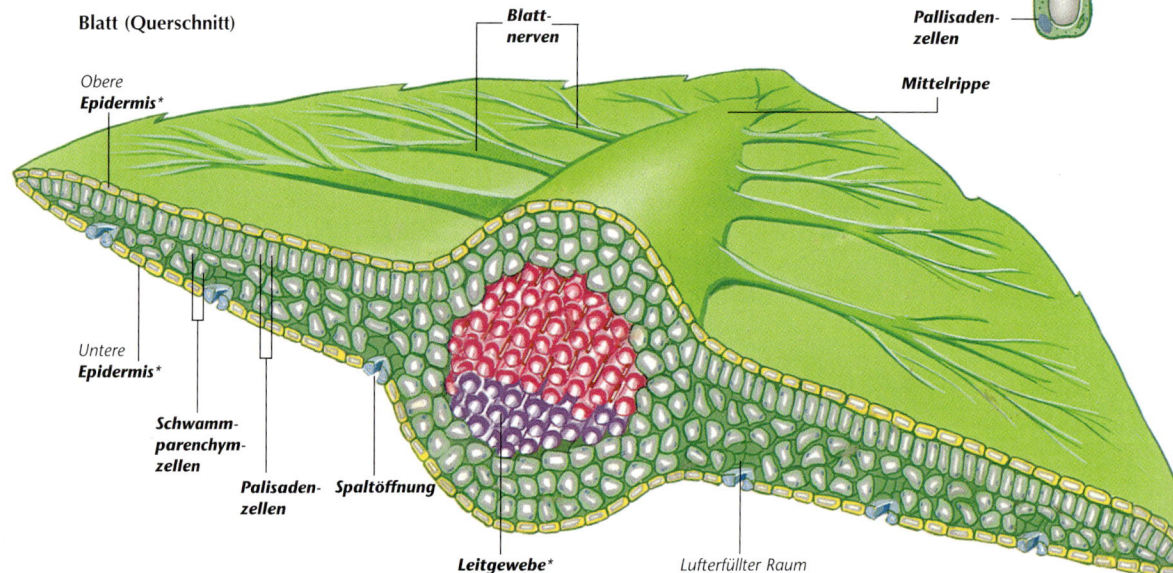

Blatt (Querschnitt)

Blatt-
nerven

Pallisaden-
zellen

Obere
Epidermis*

Mittelrippe

Untere
Epidermis*

**Schwamm-
parenchym-
zellen**

**Palisaden-
zellen**   **Spaltöffnung**

Leitgewebe*

Lufterfüllter Raum

* **Chloroplast**, 26; **Epidermis**, 15; **Leitgewebe**, 14.

Spaltöffnungen

Winzige Öffnungen in der **Epidermis*** (Außen-
haut), durch die Gasaustausch stattfindet und
Wasser verdunstet (**Transpiration***). Sie treten
hauptsächlich auf der Blattunterseite auf.

Schließzellen

Bohnenförmige Zellen zu beiden Seiten einer
Spaltöffnung. Durch Formveränderung können sie
die Spaltöffnung öffnen und schließen und so den
Gas- und Wasseraustausch kontrollieren. Die
Schließzellen verfügen über **Chloroplasten***.

Blattspur

Das **Leitgewebe***, das aus der Sprossachse
in ein Blatt eintritt und zu dessen **Mittel-
rippe** wird.

Trennungszone

Eine Zellschicht am Grund des Blattstiels. Am
Ende der Vegetationsperiode trennen sich dort
die Zellen unter dem Einfluss des **Hormons***
Abscisinsäure. Dies führt zum Blattfall und
hinterlässt an der Sprossachse eine **Blattnarbe**.

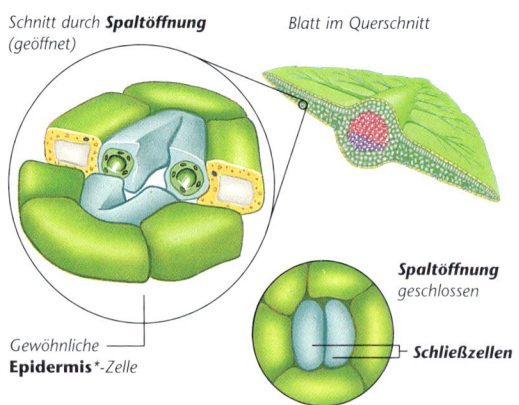

Schnitt durch **Spaltöffnung**
(geöffnet)

Blatt im Querschnitt

Gewöhnliche
Epidermis*-*Zelle*

Spaltöffnung
geschlossen

Schließzellen

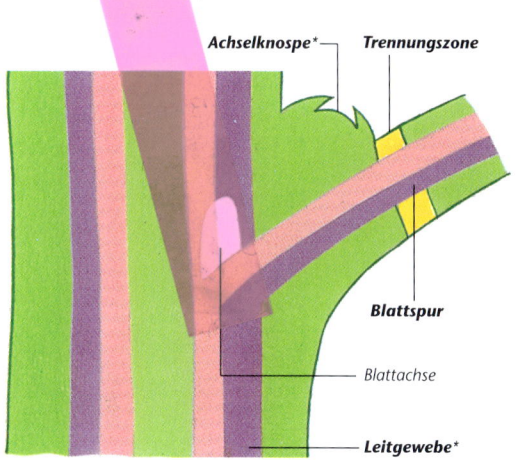

Achselknospe* *Trennungszone*

Blattspur

Blattachse

Leitgewebe*

Sonderformen

Nebenblatt

Ein kleines,
sitzendes
Blatt in der
Achsel eines
gestielten
Laubblattes.

Nebenblatt

Hochblatt

Ein Blatt in
der Achsel
eines Blüten-
triebes.

Hochblatt

Ranke

Ein fadenförmi-
ges Blatt (oder
ein Spross),
das sich um
Stützen wickelt.

Ranke

Dorn

Ein umgebautes Blatt bei
Kakteen. Es hat eine
geringe Oberfläche
zur Begrenzung des
Wasserverlustes.

Dorn

---

* **Achselknospe**, 16; **Chloroplast**, 26; **Epidermis**, 15;
Hormon, 108; **Leitgewebe**, 14; **Transpiration**, 24.

Zusammengesetzte Blätter

Hier sind mehrere Typen aus **Teilblättchen*** zusammengesetzter Blätter sowie einige häufige Blattstellungen und **Blattrand**-Formen abgebildet. (Nicht im gleichen Maßstab.)

Dreiblättrig
Drei **Teilblättchen** entspringen an demselben Punkt.

Weißklee

Teilblättchen

Dreizählig
Eine Sonderform des **dreiblättrigen** Blattes. Jedes **Teilblättchen** hat drei **Lappen**.

Akelei

Teilblatt mit drei Lappen

Gefingert
Die **Teilblättchen** (fünf oder mehr) entspringen einem Punkt.

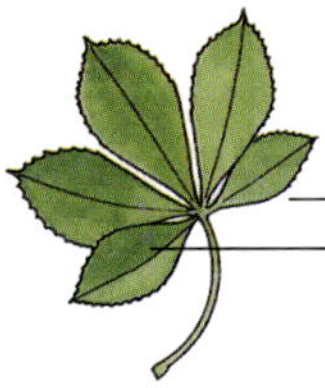

Rosskastanie

Teilblättchen

Gefiedert
Die **Teilblättchen** stehen an einer Achse einander **gegenüber**.

Vogelbeere

Fiederblättchen

Doppelt/dreifach gefiedert
Gefiedertes Blatt mit gefiederten **Teilblättchen**.

Farn

Doppelt gefiedert

Dreifach gefiedert

Palmen haben große **gefiederte** Blätter.

Blattstellungen

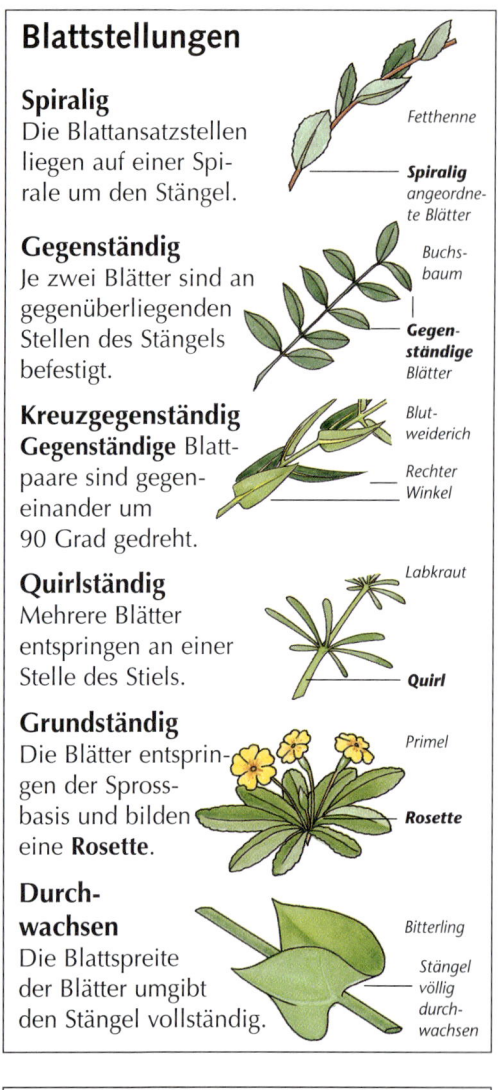

Spiralig
Die Blattansatzstellen liegen auf einer Spirale um den Stängel.

Fetthenne

Spiralig angeordnete Blätter

Gegenständig
Je zwei Blätter sind an gegenüberliegenden Stellen des Stängels befestigt.

Buchsbaum

Gegenständige Blätter

Kreuzgegenständig
Gegenständige Blattpaare sind gegeneinander um 90 Grad gedreht.

Blutweiderich

Rechter Winkel

Quirlständig
Mehrere Blätter entspringen an einer Stelle des Stiels.

Labkraut

Quirl

Grundständig
Die Blätter entspringen der Sprossbasis und bilden eine **Rosette**.

Primel

Rosette

Durchwachsen
Die Blattspreite der Blätter umgibt den Stängel vollständig.

Bitterling

Stängel völlig durchwachsen

Blattrand

Ganzrandig
Der **Blattrand** zeigt keine Form von Einkerbungen.

Flieder

Glatter Rand

Gezähnt
Der **Blattrand** zeigt kleine, aber deutliche „Zähnchen".

Linde

Rand gezähnt

Gelappt
Der **Blattrand** ist in runde **Lappen** unterteilt; auch **gezahnt**.

Eiche

Gelappt

* **Teilblättchen**, 20.

REIZBARKEIT

Pflanzen haben kein Nervensystem. Sie zeigen dennoch eine **Reizbarkeit**, indem sie auf bestimmte Reize durch Wachstum oder Bewegung der Organe reagieren. Wir bezeichnen dies als **Tropismus**. Beim **positiven Tropismus** wenden Pflanzen sich dem Reiz zu, beim **negativen Tropismus** wenden sie sich ab.

Venusfliegen-fallen zeigen **Haptotropismus**. *Ihre Blätter reagieren auf Berührung und schnappen nach Insekten und Fröschen.*

Hydrotropismus
Reaktion auf Wasser. Manche Wurzeln wachsen stärker seitwärts, wenn es dort mehr Wasser gibt.

Geotropismus
Reaktion auf die Schwerkraft. Wir beobachten diese Erscheinung bei Wurzeln, die der Schwerkraft entgegen ins Boden-innere wachsen.

Wurzel wächst der Schwerkraft entgegen.

Wurzeln wachsen dem Wasser zu.

Phototropismus
Reaktion auf Licht. Wenn es sich um Sonnen-licht handelt, spricht man von **Heliotropismus**. Die meisten Grünpflanzen rea-gieren so, indem sie Blätter und Triebe zum Licht wachsen lassen.

Gänsefuß

Stängel krümmen sich dem Licht entgegen.

Wachstumshormone: Stoffe, die das Pflanzenwachstum fördern und regulieren. Sie werden in **Meristemen*** (Gebieten dauernder Zellteilung) produziert. Die wichtigsten Wachstumshormone sind **Auxine**, **Cytokinine** und **Gibberelline**.

Haptotropismus oder Thigmo-tropismus
Reaktion auf Berührung. Die Fanghaare des Sonnentaus z. B. krümmen sich zu einem gefangenen Insekt hin.

Sonnentau

Drüsenhaare reagieren auf Berührung.

Photoperiodismus
Das Verhalten von Pflanzen gegenüber der Tages- oder Nachtlänge (**Photoperioden**), besonders im Hinblick auf das Auftreten von Blüten. Es hängt von einer Reihe von Faktoren ab, z. B. dem Alter der Pflanze und der Temperatur der Umgebung. **Kurztagpflanzen** bringen nur dann Blüten hervor, wenn die Tageslänge eine bestimmte **kritische Schwelle** nicht überschreitet. **Langtagpflanzen** gelangen nur bei Tageslängen über 14 Stunden zum Blühen. Man nimmt an, dass ein **Hormon*** den Befehl zur Blütenbildung an die ent-sprechende Stelle trägt. Dieses Hormon wird unter den richtigen Bedingungen von den Blättern hervorgebracht und heißt **Florigen** oder **Blühhormon**. Einige Pflanzen verhalten sich **tagneutral**. Die Ausbildung von Blüten hängt nicht von der Tageslänge ab.

Diese drei Blütenpflanzen gehören zu verschiedenen **Photoperiodismus**-*Typen.*

Chrysantheme (**Kurztagpflanze**)

Rittersporn (**Langtagpflanze**)

Löwenmaul (**tagneutral**)

FLÜSSIGKEITSTRANSPORT IN DER PFLANZE

Im Innern einer Pflanze sorgen die **Leitgewebe*** mit dem **Xylem*** und dem **Phloem*** für den **Flüssigkeitstransport**. Das Xylem befördert Wasser mit darin gelösten Nährsalzen von der Wurzel zu den Blättern. Das Phloem hingegen transportiert von den Blättern hergestellte Nahrung wurzelwärts.

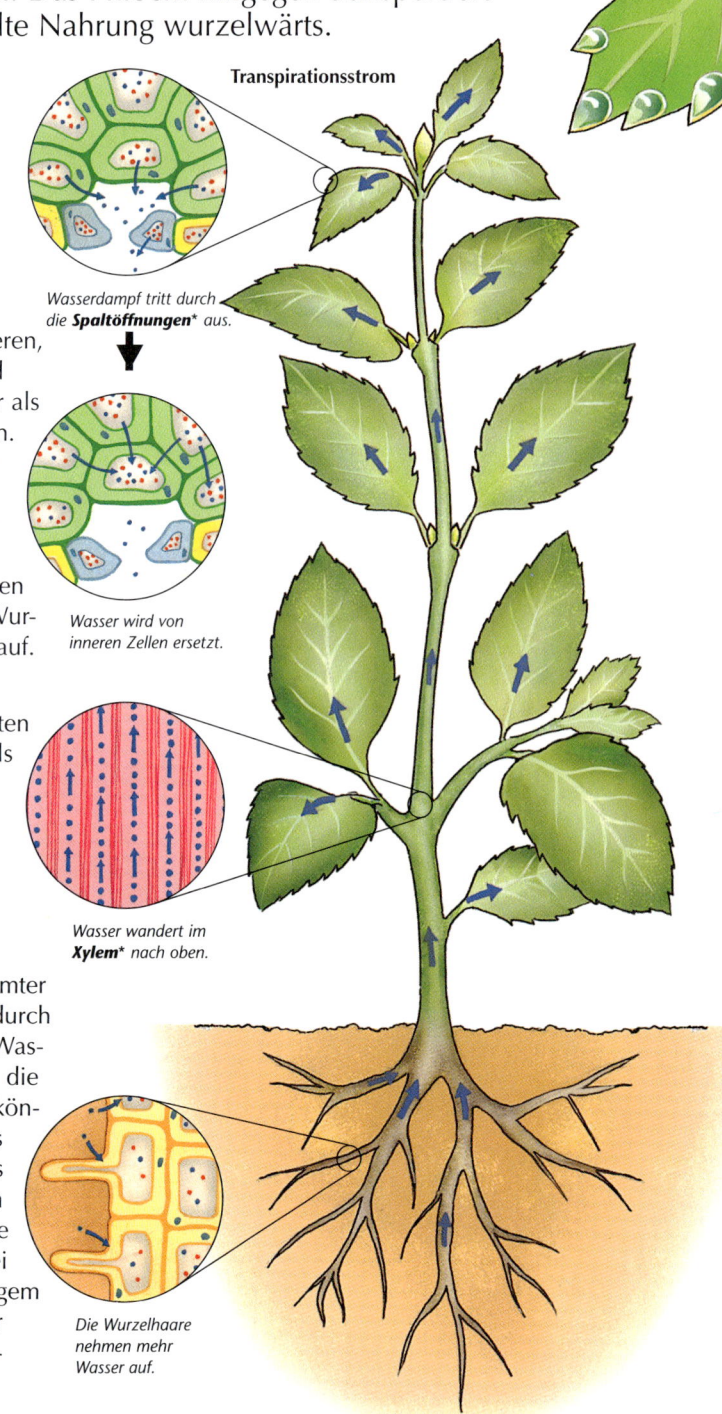

Transpirationsstrom

*Wasserdampf tritt durch die **Spaltöffnungen*** aus.*

Wasser wird von inneren Zellen ersetzt.

*Wasser wandert im **Xylem*** nach oben.*

Die Wurzelhaare nehmen mehr Wasser auf.

Transpiration
Die Abgabe von Wasser durch Verdunstung, besonders durch die zahlreichen kleinen **Spaltöffnungen*** auf der Blattunterseite.

Transpirationsstrom
Wenn die äußeren Blattzellen Wasser durch **Transpiration** verlieren, konzentrieren sich Nährsalze und Zucker in ihren **Vakuolen*** stärker als bei weiter innen gelegenen Zellen. Wasser tritt dann durch **Osmose*** über, und das führt dazu, dass weiteres Wasser über die Gefäße des **Xylems*** nachgezogen wird. Die **Kapillarwirkung** in den dünnen Röhren ist dabei behilflich. Die Wurzeln nehmen dann mehr Wasser auf.

Kapillarwirkung
Erscheinung, durch die Flüssigkeiten in engen Röhren höher steigen, als es der Druck eigentlich zulässt. Die Flüssigkeitsmoleküle werden von den Molekülen der Röhrenwand angezogen und nach oben gehoben.

Wurzeldruck
Ein Druck in den Wurzeln bestimmter Pflanzen. Alle Pflanzen nehmen durch **Osmose*** über die Wurzelzellen Wasser aus dem Boden auf. Pflanzen, die diesen Wurzeldruck entwickeln, können das Wasser in die Gefäße des **Xylems*** pressen, so dass es etwas aufsteigt. Der **Transpirationsstrom** sorgt dann dafür, dass es bis in die äußersten Blattspitzen gelangt. Bei Pflanzen ohne oder mit nur geringem Wurzeldruck wird das Wasser nur über die Kräfte des Transpirationsstromes nach oben „gezogen".

Guttation – Wasser tritt durch Poren aus.

Guttation

Eine Erscheinung, die als Folge des **Wurzeldrucks** auftritt. Durch diesen Druck, der zusätzlich zum **Transpirationssog** auftritt, bilden sich Tropfen auf den Blättern. Das Wasser tritt über besondere Zellen, die Wasserspalten oder **Hydathoden** oder über winzige Poren an der Blattspitze oder an den Blatträndern aus.

Turgor

Beim Zustand des höchsten Turgors einer gesunden Zelle kann sie kein weiteres Wasser aufnehmen. Durch **Osmose*** dringt Wasser in den **Zellsaft***

Gesunde Pflanze

(gelöste Nährsalze und Zucker) der großen zentralen **Vakuole*** ein. Die Vakuole dehnt sich maximal aus, bis sich der nach außen gerichtete **Turgordruck** und der nach innen gerichtete **Wanddruck** der starren **Zellwand*** das Gleichgewicht halten. Die Zellen gesunder Pflanzen zeigen einen hohen Turgordruck und halten die Pflanze dadurch aufrecht und stabil.

Turgor

Wurzelzellen

Vakuole*
mit Zellsaft

Turgordruck

Wurzelhaar*

Es kann kein Wasser mehr eindringen.

Wanddruck

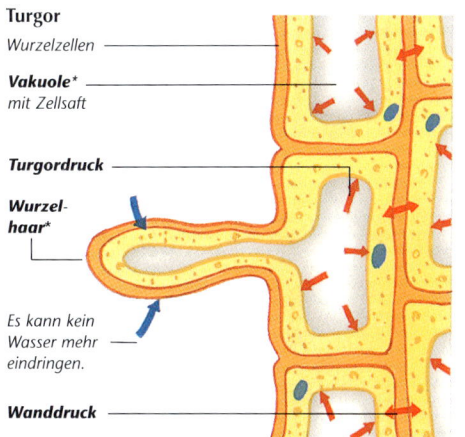

Welken

Schlaffwerden einer Pflanze unter bestimmten äußeren Bedingungen, z. B. bei übergroßer Hitze oder Trockenheit. Die Pflanze verliert durch **Transpiration** mehr Wasser, als sie aufnehmen kann, und der **Turgordruck** (s. **Turgor**) der **Vakuolen*** sinkt. Die Zellen werden schlaff und können die Pflanze nicht mehr länger aufrecht halten.

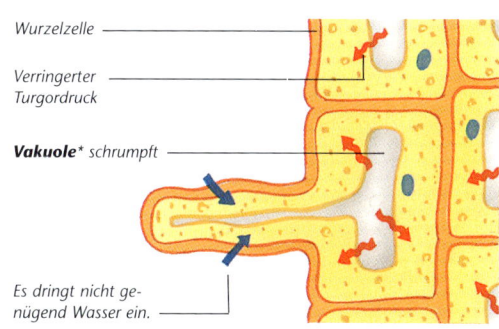

Welkende Pflanze

Welken

Wurzelzelle

Verringerter Turgordruck

Vakuole* schrumpft

Es dringt nicht genügend Wasser ein.

Plasmolyse

Ein extremer Zustand einer Pflanze, der zum Tode führen kann. Solche Pflanzen verlieren einen großen Teil ihres Wassers, oft nicht nur durch **Transpiration** bei großer Hitze (s. **Welken**), sondern auch durch **Osmose*** in sehr trockenen oder stark salzhaltigen Böden. Bei der Plasmolyse schrumpfen die **Vakuolen*** der Pflanzenzellen, so dass sich das **Zytoplasma*** von den **Zellwänden*** ablöst.

Sterbende Pflanze

Plasmolyse

Wurzelzellen

Das **Zytoplasma*** löst sich von der **Zellwand*** ab.

Wasser tritt aus den Zellen in den Boden ein.

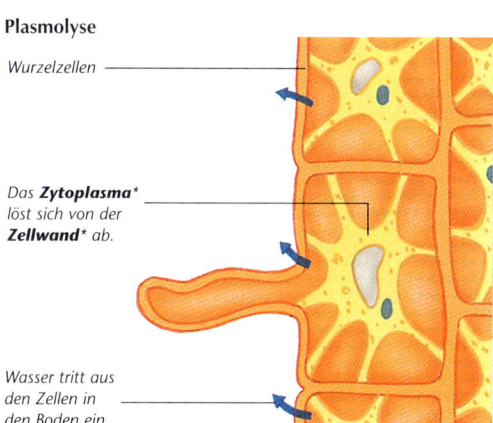

* **Zellsaft**, 10 (**Vakuole**); **Zellwand**, **Zytoplasma**, 10;
  Osmose, 101; **Wurzelhaar**, 17.

NÄHRSTOFF-PRODUKTION

*Pflanzen benötigen Wasser und Kohlendioxid für die **Photosynthese**. Bei Lianen ist der Weg des Wassers bis zu den Blättern, den Orten der Photosynthese, sehr weit.*

Grüne Pflanzen haben die Fähigkeit, die Nahrung, die sie für das Wachstum benötigen, selbst herzustellen. Tiere hingegen müssen Pflanzen als Nahrung aufnehmen. Den Aufbau der Nährstoffe aus anorganischen Substanzen bezeichnen wir als **Photosynthese**.

Photosynthese

Chemische Reaktionen, mit deren Hilfe grüne Pflanzen ihre Nahrung herstellen. Die Photosynthese findet zur Hauptsache in den **Palisadenzellen*** statt. Kohlendioxid und Wasser werden unter Energiezufuhr zusammengeführt. **Chloroplasten** entnehmen die Energie für diese Reaktionen dem Sonnenlicht. Dabei entstehen die Nährstoffe sowie Sauerstoff (s. 27).

Photosynthese bei einem Weidenröschen

Kohlendioxid

Kohlendioxid

Kohlendioxid

Kohlendioxid

Kohlendioxid

Wasser

Nitrate und Mineralstoffe (Phosphat und Kalzium) werden zur Gewebebildung aufgenommen (Proteine).

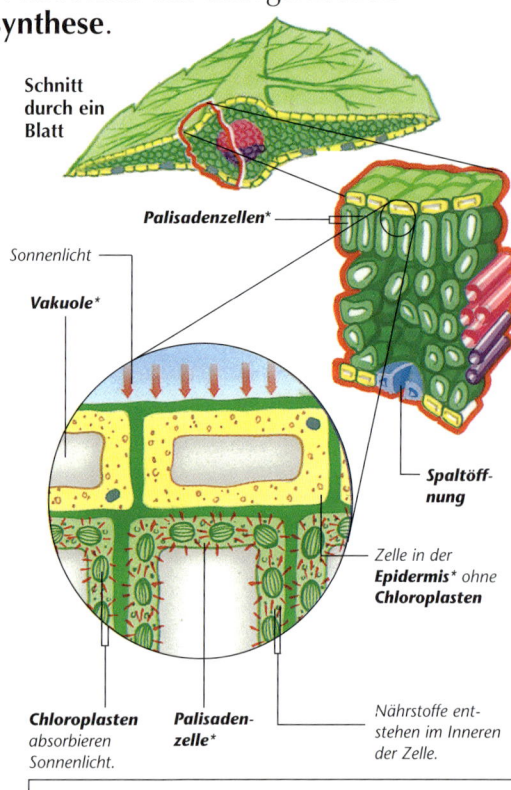

Schnitt durch ein Blatt

Palisadenzellen*

Sonnenlicht

Vakuole*

Spaltöffnung

Zelle in der **Epidermis*** *ohne* **Chloroplasten**

Nährstoffe entstehen im Inneren der Zelle.

Chloroplasten *absorbieren Sonnenlicht.*

Palisadenzelle*

Chloroplasten

Kleine Organellen in Pflanzenzellen, hauptsächlich in den Blättern. Die Chloroplasten enthalten den grünen Farbstoff **Chlorophyll**. Dieser fängt Sonnenlicht auf und stellt die Energie für die **Photosynthese** zur Verfügung. Die Chloroplasten können sich innerhalb einer Zelle bewegen (s. auch 12).

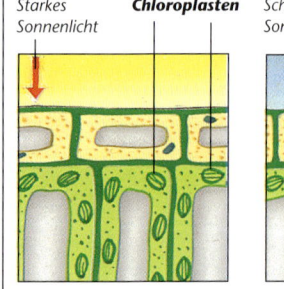

Starkes Sonnenlicht   **Chloroplasten**

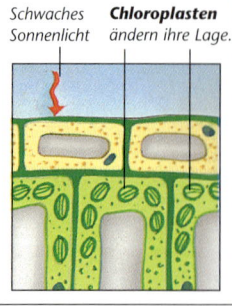

Schwaches Sonnenlicht   **Chloroplasten** *ändern ihre Lage.*

26 * **Epidermis**, 15; **Palisadenzellen**, 20 (**Palisadengewebe**); **Vakuole**, 10; **Zellatmung**, 106.

Produkte der Photosynthese

Der Vorgang der Photosynthese geht Hand in Hand mit der **Zellatmung***, dem Abbau der Nahrung zur Energiegewinnung. Bei der Photosynthese entstehen Sauerstoff und Kohlenhydrate, die von der Zellatmung benötigt werden. Diese wiederum produziert Kohlendioxid und Wasser, beides Ausgangsstoffe für die Photosynthese. Meistens überwiegt einer dieser beiden Vorgänge und geht schneller vonstatten.

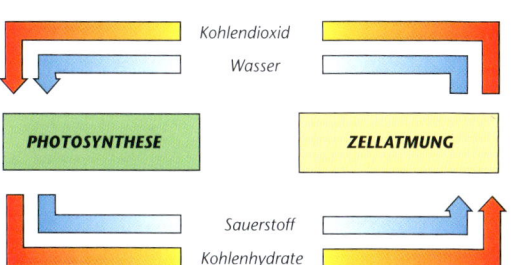

Kohlendioxid

Wasser

PHOTOSYNTHESE   ZELLATMUNG

Sauerstoff

Kohlenhydrate

Das bedeutet, dass Überschussmengen der betreffenden Stoffe produziert werden und gleichzeitig ein Mangel an den anderen Stoffen entsteht. Diese müssen teils von außen aufgenommen werden, während die Überschussmengen abgegeben oder gespeichert werden (s. Bild 2 und 4 unten).

Pigmente

Chemische Stoffe, die Licht absorbieren. Weißes Licht besteht aus einem Spektrum verschiedener Farben. Jedes Pigment absorbiert gewisse Farben und reflektiert andere.

Chlorophyll kommt in allen Blättern vor. Es absorbiert blaues, violettes und rotes Licht und reflektiert grünes. Deswegen sind Blätter grün.

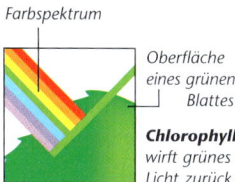

Farbspektrum

Oberfläche eines grünen Blattes

Chlorophyll wirft grünes Licht zurück.

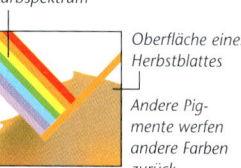

Farbspektrum

Oberfläche eines Herbstblattes

Andere Pigmente werfen andere Farben zurück.

In den Blättern sind noch weitere Pigmente enthalten, z. B. **Xanthophyll**, **Karotin** und **Tannin**. Sie reflektieren orangefarbenes bzw. gelbes oder rotes Licht. Während der Vegetationsperiode werden diese Farben allerdings vom Grün der Chloroplasten überdeckt. Im Herbst hingegen wird das Chlorophyll abgebaut, und es erscheint die Herbstfärbung mit den Gelb- und Rottönen.

Herbstfarben entstehen beim Abbau von **Chlorophyll**.

Kompensationspunkte

Zwei bestimmte Zeitpunkte innerhalb einer Periode von 24 Stunden, an denen sich die beiden Vorgänge der **Photosynthese** und der **Zellatmung*** (s. 28) die Waage halten. Die Photosynthese produziert gerade so viel Kohlenhydrate und Sauerstoff, dass es für die Zellatmung ausreicht. Diese wiederum ergibt gerade genügend Kohlendioxid und Wasser für die Photosynthese.

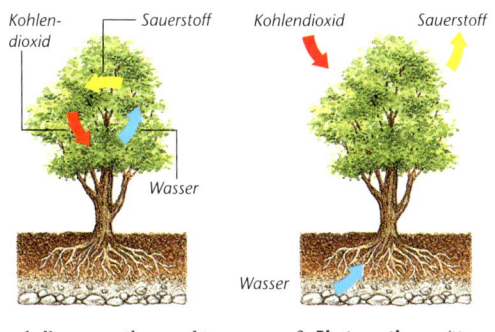

Kohlendioxid   Sauerstoff

Wasser

1. **Kompensationspunkt** in der Morgendämmerung

Kohlendioxid   Sauerstoff

Wasser

2. **Photosynthese** mittags bei Tageslicht

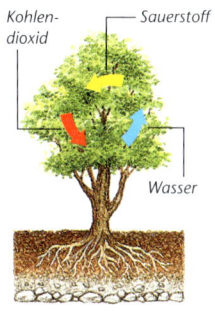

Kohlendioxid   Sauerstoff

Wasser

3. **Kompensationspunkt** in der Abenddämmerung

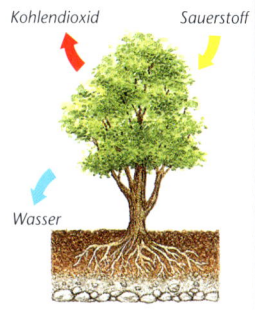

Kohlendioxid   Sauerstoff

Wasser

4. Um Mitternacht keine **Photosynthese** (fehlendes Licht)

* **Zellatmung**, 106.

BLÜTEN

Die **Blüten** einer Pflanze enthalten die Organe für die **Fortpflanzung*** (s. 30). Zwittrige Pflanzen, z. B. Hahnenfuß oder Klatschmohn, haben in jeder Blüte männliche und weibliche Organe. Einhäusige oder **monözische** Pflanzen wie Mais haben auf derselben Pflanze zwei Blütentypen – männliche mit **Staubblättern** und weibliche mit **Stempeln**. Zweihäusige oder **diözische** Pflanzen (Stechpalme) haben männliche und weibliche Blüten auf verschiedenen Individuen.

Blütenboden
Die verbreiterte Spitze des Blütenstiels, an dem die Blüte ansetzt.

Kronblätter
Die zarten, meist bunt gefärbten Blätter, die um die Fortpflanzungsorgane stehen. Sie duften oft, um Insekten anzuziehen, und heißen insgesamt **Krone**.

Kelchblätter
Die kleinen grünen, laubblattähnlichen Organe um die Blütenknospe, insgesamt auch als **Kelch** bezeichnet. Beim Hahnenfuß z. B. bleiben die Kelchblätter um die geöffneten **Kronblätter** bestehen, beim Mohn fallen sie ab.

Nektarien
Gewebebildungen am Grund der **Kronblätter**, die eine zuckerhaltige Flüssigkeit, den **Nektar**, hervorbringen. Dieser lockt Insekten an, die für die **Bestäubung*** notwendig sind. Manche Kronblätter zeigen dunkle Zeichnungen am Grunde. Man nimmt an, dass diese **Saftmale** die Aufgabe haben, Insekten direkt zum Nektar zu leiten.

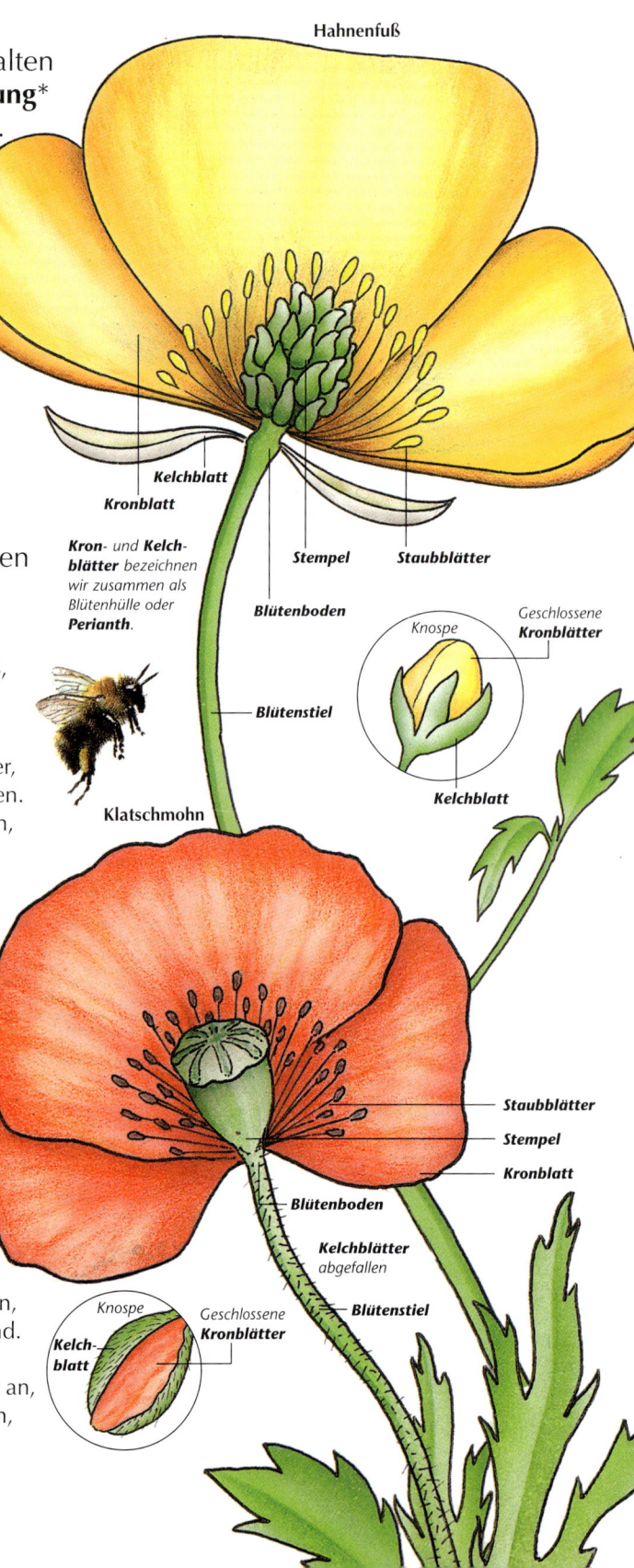

Hahnenfuß

Kron- und **Kelchblätter** bezeichnen wir zusammen als Blütenhülle oder **Perianth**.

Kelchblatt

Kronblatt

Stempel

Staubblätter

Blütenboden

Knospe

Geschlossene Kronblätter

Blütenstiel

Kelchblatt

Klatschmohn

Nektar hier enthalten

Staubblätter

Stempel

Kronblatt

Blütenboden

Kelchblätter abgefallen

Knospe

Geschlossene Kronblätter

Kelchblatt

Blütenstiel

* **Bestäubung**, **Fortpflanzung**, 30.

Die weiblichen Organe

Stempel oder Pistill

Weibliches Fortpflanzungsorgan, bestehend aus **Fruchtknoten**, **Griffel** und **Narbe**. Einige Blüten haben nur einen Stempel, andere hingegen mehrere zusammengefügte.

Fruchtknoten

Weibliche Fortpflanzungsstruktur. Er ist der Hauptteil des **Stempels**, in dem die **Samenanlagen*** eingeschlossen sind. Jede enthält eine weibliche Geschlechtszelle. Die Samenanlage ist durch den Samenstiel (**Funikulus**) mit der **Plazenta** an der Innenwand des Fruchtknotens verbunden. Den Anheftungspunkt des Stiels an der Samenanlage bezeichnen wir als **Chalaza**.

Narbe

Der oberste Teil des **Stempels**, mit klebriger Oberfläche, an der die **Pollen***-Körner bei der **Bestäubung*** haften bleiben.

Griffel

Der Teil des **Stempels**, der die **Narbe** mit dem **Fruchtknoten** verbindet. Viele Blüten haben einen deutlichen Griffel, z. B. Osterglocken. Bei anderen hingegen ist der Griffel sehr kurz (Hahnenfuß) oder fehlt fast ganz (Klatschmohn).

Gynözium

Die Gesamtheit des weiblichen Fortpflanzungsapparates, bestehend aus einem oder mehreren **Fruchtblättern**.

Stempel des Hahnenfußes

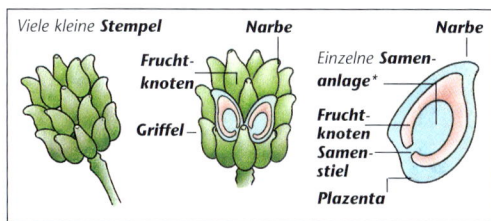

Viele kleine **Stempel** — Narbe — Narbe

Frucht-knoten — Einzelne **Samenanlage***

Griffel — **Frucht-knoten** — **Samen-stiel** — Plazenta

Stempel des Mohns

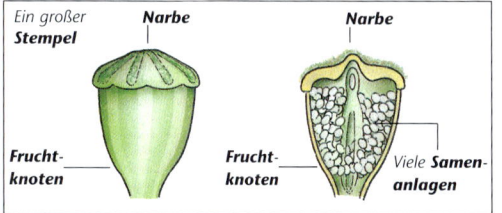

Ein großer **Stempel** — Narbe — Narbe

Frucht-knoten — **Frucht-knoten** — Viele **Samen-anlagen**

Die männlichen Organe

Staubblätter oder Staubgefäße

Die männlichen Fortpflanzungsorgane. Jedes hat einen dünnen Stiel (**Filament**) und an der Spitze einen Staubbeutel (**Anthere**) mit Pollensäcken und den **Pollenkörnern*** darin.

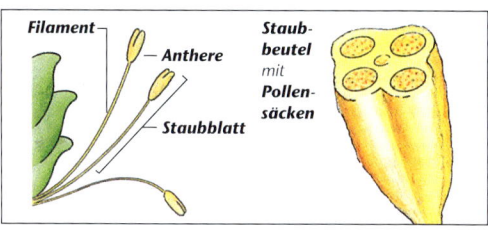

Filament — **Staubbeutel** mit **Pollensäcken**
— Anthere
— Staubblatt

Staubblatt

Andrözium

Die Gesamtheit aller männlichen Fortpflanzungsorgane in einer Blüte, d. h. alle **Staubblätter**.

Die Anordnung der Blütenteile

Hypogyne Blüte

Der oder die **Stempel** sitzen an der Spitze des **Blütenbodens**. Alle anderen Blütenteile sind an dessen Basis befestigt. Der Fruchtknoten ist **oberständig**.

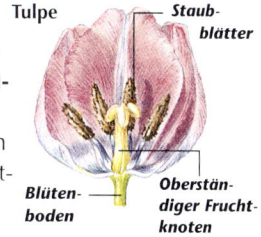

Tulpe — Staub-blätter

Blütenboden — Oberständiger Fruchtknoten

Perigyne Blüte

Der oder die **Stempel** liegen im schüsselförmigen **Blütenboden**. Alle anderen Blütenteile entspringen an dessen Rand. Der Fruchtknoten ist **mittelständig**.

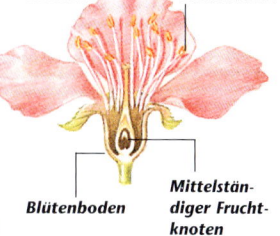

Kirsche — Staubblätter

Blütenboden — Mittelständiger Fruchtknoten

Epigyne Blüte

Die Blütenteile entspringen an der Spitze des **Blütenbodens**. Dieser schließt den oder die **Fruchtknoten** völlig ein, nicht aber den **Griffel** und die **Narbe**. Der Fruchtknoten ist **unterständig**.

Osterglocke

Narbe — Staub-blatt — Griffel — Unterständiger Fruchtknoten — Blütenboden

FORTPFLANZUNG EINER BLÜTENPFLANZE

Durch **Fortpflanzung** entsteht neues Leben. Blütenpflanzen vermehren sich durch **geschlechtliche Fortpflanzung***. Ein männlicher **Gamet*** (Geschlechtszelle) verschmilzt mit einem weiblichen. Männliche Gameten (**Spermakerne***) liegen in den **Pollenkörnern**, weibliche in den **Samenanlagen**.

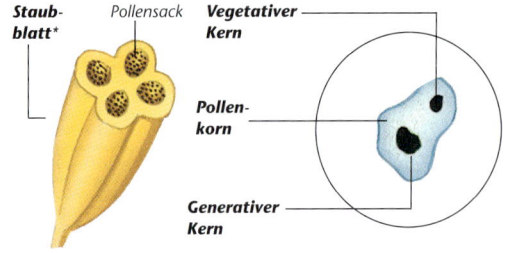

*Insekten spielen bei der **Fremdbestäubung** einiger Pflanzenarten eine große Rolle (s. 31).*

Pollen
Winzige Körner, die von den **Staubblättern*** (männliche Blütenteile) gebildet werden (s. Bild rechts). Jedes Pollenkorn besitzt zwei **Zellkerne***. Wenn ein Pollenkorn auf den weiblichen **Fruchtknoten*** (weibliche Blütenteile) gelangt, teilt sich der **generative Kern** und bildet zwei männliche **Spermakerne**.

Staubblatt* — Pollensack — Vegetativer Kern — Pollenkorn — Generativer Kern

Samenanlagen
Feine Strukturen im Inneren des weiblichen **Fruchtknotens***. Aus ihnen entwickeln sich nach der **Befruchtung** die Samen. Jede Samenanlage besteht aus einer ovalen Zelle, dem **Embryosack**. Dieser ist, mit Ausnahme der **Mikropyle**, ganz von **Integumenten** umschlossen. Vor der Befruchtung macht der **Zellkern*** des Embryosacks mehrere Teilungen durch (s. **weibliche Keimzellenbildung** 95). Daraus gehen neue Zellen sowie zwei nackte Polkerne hervor, die schließlich miteinander verschmelzen. Eine der neuen Zellen ist der weibliche **Gamet*** (Geschlechtszelle), auch **Eizelle** genannt.

Bestäubung
Ein **Pollenkorn** überträgt seine **Spermakerne** (s. **Pollen**) in den **Fruchtknoten*** einer Blüte. Das Pollenkorn gelangt auf die **Narbe*** und wächst unter der Kontrolle des **vegetativen Kerns** (der sich nicht geteilt hat) zu einem **Pollenschlauch** aus. Dieser dringt durch die **Mikropyle** in eine **Samenanlage** ein. Die beiden Spermakerne wandern in die Spitze des Pollenschlauchs.

Befruchtung
Nach der **Bestäubung** verschmilzt ein **männlicher Spermakern** (s. **Pollen**) mit der **Eizelle** in der **Samenanlage** und bildet eine **Zygote*** (die erste Zelle einer neuen Pflanze). Der andere Spermakern verschmilzt mit den beiden Polkernen und bildet das **Endosperm***.

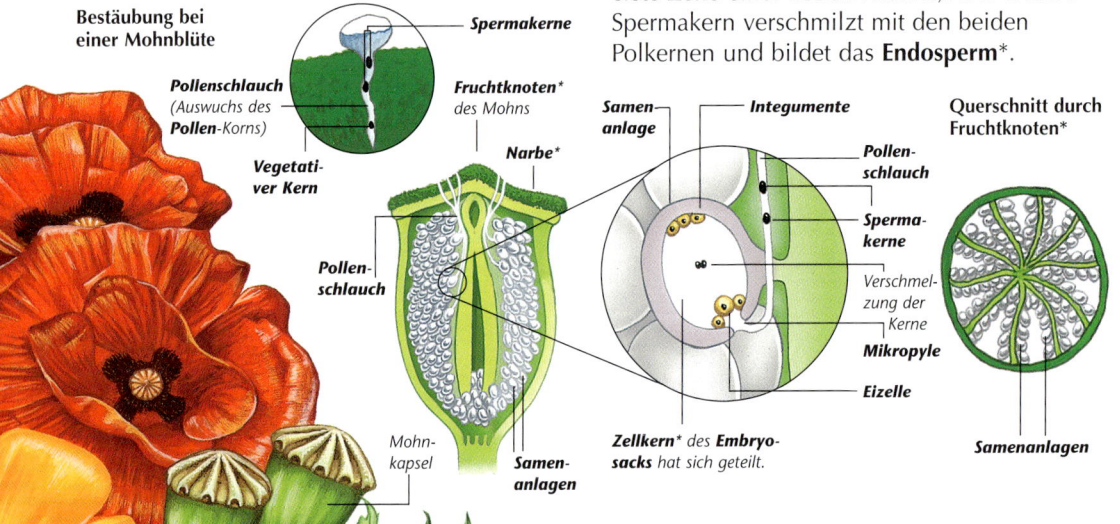

Bestäubung bei einer Mohnblüte

Spermakerne

Pollenschlauch (Auswuchs des Pollen-Korns)

Fruchtknoten* des Mohns

Vegetativer Kern

Narbe*

Pollenschlauch

Mohnkapsel

Samenanlagen

Samenanlage — Integumente

Pollenschlauch

Spermakerne

Verschmelzung der Kerne

Mikropyle

Eizelle

Zellkern* des Embryosacks hat sich geteilt.

Querschnitt durch Fruchtknoten*

Samenanlagen

* **Endosperm**, 33; **Fruchtknoten**, 29; **geschlechtliche Fortpflanzung**, 92; **Spermakern**, 92; **Narbe, Staubblatt** 29; **Zellkern**, 10; **Zygote**, 92.

Fremdbestäubung

Die **Bestäubung** einer Pflanze durch **Pollen** einer anderen Pflanze derselben Art. (Gelangt ein Pollenkorn auf die Narbe einer anderen Pflanzenart, entwickelt sich kein **Pollenschlauch**.) Der Pollen wird durch Wind oder durch Insekten, die **Nektar*** saugen, übertragen.

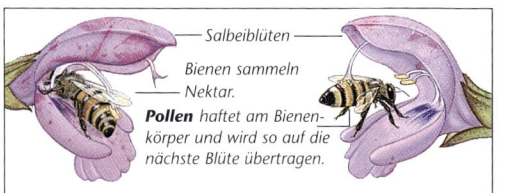

Salbeiblüten
Bienen sammeln Nektar.
Pollen haftet am Bienenkörper und wird so auf die nächste Blüte übertragen.

Selbstbestäubung

Die **Bestäubung** einer Pflanze mit ihrem eigenen **Pollen**. Die Bienenragwurz zieht z. B. männliche Langhornbienen für die **Fremdbestäubung** an, indem sie wie eine weibliche Biene aussieht. Ohne Fremdbestäubung neigen sich die **Staubblätter*** und übertragen Pollen auf die **Narbe*** des **Stempels***.

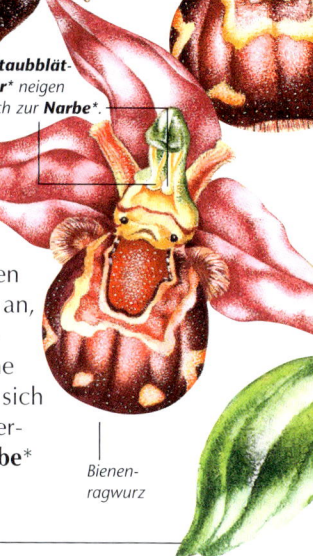

Staubblätter* neigen sich zur Narbe*.

Bienenragwurz

Blütenformen und Blütenstände

Blütenstand
Eine Gruppe einzelner Blüten oder **Körbchen**.

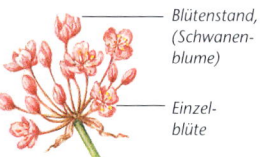

Blütenstand, (Schwanenblume)

Einzelblüte

Körbchen
Ein Blütenstand aus dicht stehenden, kleineren **Einzelblüten**.

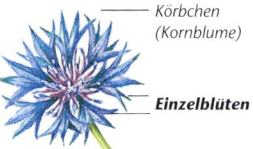

Körbchen (Kornblume)

Einzelblüten

Dolde
Ein schirmartiger **Blütenstand**, bei dem die Blütenstiele einem Punkt entspringen.

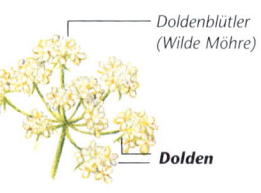

Doldenblütler (Wilde Möhre)

Dolden

Zungenblüten
Einzelblüten mit einem langen Kronblatt.

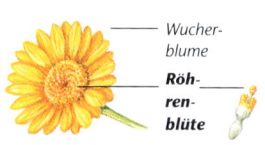

Maßliebchen

Zungenblüte

Röhrenblüten
Kronblätter der **Einzelblüten** mit gleicher Länge.

Wucherblume

Röhrenblüte

Glockenblüte
Die Kronblätter sind miteinander verwachsen und ergeben die röhrenartige Glockenform.

Nesselblättrige Glockenblume

Glockenblüte

Spornblüte
Kronblätter sind hinten zu einem hohlen kegelartigen **Sporn** verlängert.

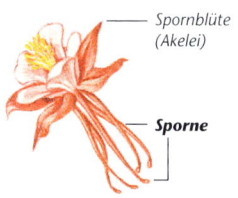

Spornblüte (Akelei)

Sporne

Lippenblüte
Eine Blüte mit einer oberen, oft kappenförmigen, und einer unteren „Lippe".

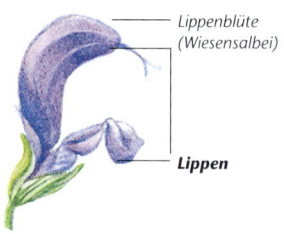

Lippenblüte (Wiesensalbei)

Lippen

Schmetterlingsblüte
Eine Blüte mit einem oberen Kronblatt (**Fahne**), zwei seitlichen Kronblättern (**Flügel**) und zwei unteren Kronblättern (**Schiffchen**, darin Geschlechtsorgane).

Schmetterlingsblüte (Stechginster)

Fahne

Flügel

Schiffchen

SAMEN UND KEIMUNG

Nach der **Befruchtung*** entwickelt sich die **Samen-anlage*** einer Blütenpflanze zum **Samen**. Dieser enthält den Embryo, aus dem die neue Pflanze hervorgeht, sowie gespeicherte Nährstoffe. Der **Fruchtknoten*** reift zur Frucht heran und enthält den Samen. (Mehr zu Fruchtformen auf 34.)

Vogelbeeren gehören zu den Schließfrüchten.

Samenverbreitung

Die Samen stellen das Verbreitungsstadium der Blütenpflanzen dar. Sie können sich auf ganz unterschiedliche Weise von der Mutter-pflanze entfernen, wobei man **Streufrüchte** und **Schließfrüchte** unterscheidet.

Streufrucht

Streufrüchte öffnen sich und geben die Samen frei, bevor sie selbst auseinander fallen. Die Mohn-kapsel verfügt z. B. über Löcher, aus denen die Samen herausfallen, wenn der Wind die Früchte bewegt. Die Hülsen der Erbse öffnen sich selbsttätig und werfen die Samen aus. Samen von Streu-früchten werden dann von Wind, Wasser oder auf ande-ren Wegen weiter ver-breitet.

Aufplatzende Erbsenhülse

Mohnkapsel – Samen werden ausgeschüttet

Schließfrucht

Schließfrüchte lösen sich ganz von den Pflanzen und zerfallen erst dann, um die Samen freizugeben. Die Flügelfrüchte der Ahorne oder die „Fallschirme" des Löwen-zahns werden vom Wind verbreitet, während sich Kletten am Fell von Tieren festheften. Wenn die Früchte verrotten, geben sie den Samen frei. Essbare Früchte werden von Tieren aufgenommen, die die Samen mit ihrem Kot wie-der nach außen abgeben.

Erdbeeren werden von Tieren gefressen.

Löwenzahn-„Fallschirme" werden vom Wind verteilt.

Die Große Klette haftet an Fell.

Keimung

Unter günstigen Bedingungen **keimt** der Samen aus. Die **Sprossknospe** und die **Radicula** treten aus der Samenschale aus und wachsen zum **Keimling** heran.

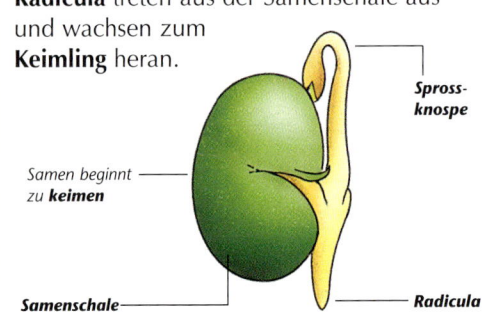

*Samen beginnt zu **keimen***

Spross-knospe

Samenschale

Radicula

Hypogäisch

Eine Art der **Keimung**, z. B. bei der Erbse, bei der die **Keimblätter** unter der Erde in der **Samenschale** verbleiben. Die **Sprossknospe** wächst als einziges Teil nach oben und verlässt den Boden.

Hypogäisch (Erbse)

Sprossknospe *durchstößt den Boden.*

Radicula *wächst nach unten.*

Keimblätter *blei-ben im Boden.*

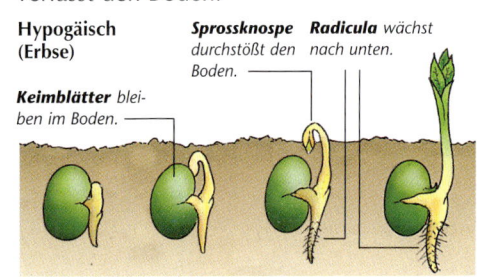

* **Befruchtung**, 30; **Fruchtknoten**, 29; **Samenanlage**, 30.

Teile eines Samens

Hilum
Die Stelle an der Samenschale, wo die **Samenanlage*** mit dem **Fruchtknoten*** befestigt war, auch Nabel genannt.

Samenschale oder Testa
Die Samenschale geht aus den **Integumenten*** hervor.

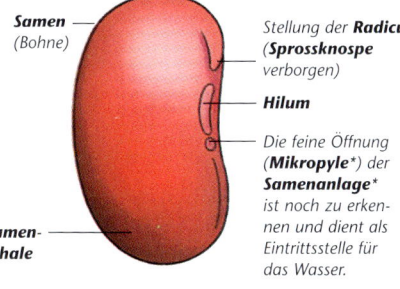

Samen (Bohne)

Stellung der **Radicula** (**Sprossknospe** verborgen)

Hilum

Die feine Öffnung (**Mikropyle***) der **Samenanlage*** ist noch zu erkennen und dient als Eintrittsstelle für das Wasser.

Samenschale

Sprossknospe
Die erste oder **primäre Knospe** einer Pflanze. Sie entwickelt sich zum Anfangsspross der neuen Pflanze.

Radicula
Die erste oder **primäre Wurzel** einer neuen Pflanze. Sie versorgt den Keimling mit dem benötigten Wasser.

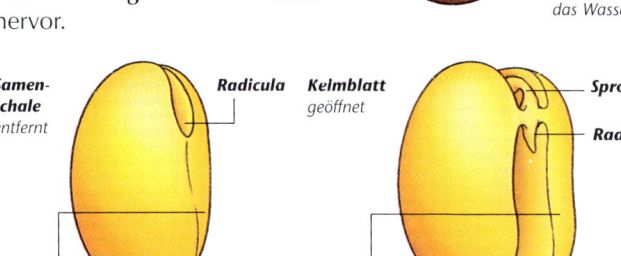

Samenschale entfernt

Radicula

Keimblatt geöffnet

Sprossknospe

Radicula

Keimblatt

Keimblatt

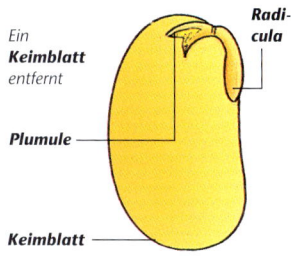

Ein **Keimblatt** entfernt

Radicula

Plumule

Keimblatt

Endosperm
Das Nährgewebe, das im Inneren eines Samens den Keimling umgibt und diesen mit Nährstoffen versorgt. Bei einigen Pflanzen, z. B. Erbse, nehmen die **Keimblätter** das gesamte Endosperm in sich auf, bevor der Samen reif wird. Bei anderen Pflanzen, z. B. Gräsern, wird das Endosperm erst nach der **Keimung** völlig aufgebraucht.

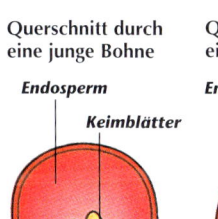

Querschnitt durch eine junge Bohne

Endosperm

Keimblätter

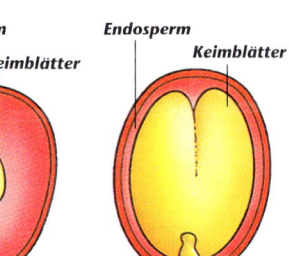

Querschnitt durch eine reife Bohne

Endosperm

Keimblätter

Keimblatt
Ein blattartiges Organ, das den jungen Keimling schützt und für ihn Nährstoffe speichert. Bei den Bohnen absorbieren die Keimblätter alle Nährstoffe aus dem **Endosperm**. Die **Monokotylen** oder einkeimblättrigen Pflanzen haben nur ein Keimblatt (z. B. Gräser). Bei den **Dikotylen** sind es zwei.

Epigäisch
Eine Art der **Keimung,** bei der die **Keimblätter** den Boden verlassen, z. B. Bohnen. Über den Keimblättern entwickeln sich die ersten echten Laubblätter.

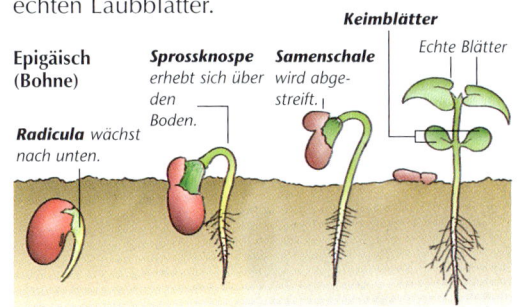

Epigäisch (Bohne)

Radicula wächst nach unten.

Sprossknospe erhebt sich über den Boden.

Samenschale wird abgestreift.

Keimblätter

Echte Blätter

Koleoptile
Das erste Blatt vieler **Monokotylen** (s. **Keimblatt**). Es beschützt als Keimscheide die erste Knospe. Aus ihr gehen die ersten Blätter hervor.

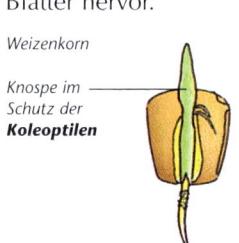

Weizenkorn

Knospe im Schutz der **Koleoptilen**

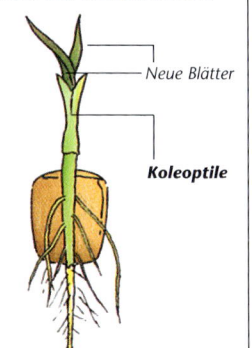

Neue Blätter

Koleoptile

DIE FRUCHT

Die **Frucht** enthält die Samen einer Pflanze. Früchte entwickeln sich aus den **Fruchtknoten***; bei einigen kann auch der **Blütenboden*** beteiligt sein, z. B. Erdbeeren. Die Fruchtwand heißt **Perikarp**. Bei den meisten Früchten ist das Perikarp in ein äußeres **Exokarp**, ein meist fleischiges **Mesokarp** und ein inneres **Endokarp** gegliedert.

Grapefruit

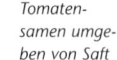
Same

Beere
Eine fleischige Frucht mit vielen Samen. Beispiele dafür sind die Tomate und die Grapefruit.

Tomaten-samen umgeben von Saft

Karyopse
Eine Sonderform der Nuss, auch **Grasfrucht** genannt. Bei ihr verwachsen Fruchtwand und Samenschale, z. B. beim Weizen.

Karyopse des Weizens

Hülse
Besteht aus einem Fruchtblatt und öffnet sich an der Mittelrippe und an der Bauchnaht. Hülsen haben z. B. Erbsen, Bohnen.

Same

Hülse der Erbse

Nuss
Eine trockene Schließfrucht mit harter Schale. Sie enthält nur einen einzigen Samen, z. B. Haselnuss und Walnuss.

Walnuss

Schale

Same

Steinfrucht
Eine fleischige Frucht mit einem harten Steinkern in der Mitte, z. B. Pflaume.

Pflaume

Stein-kern

Apfelfrucht
Eine Frucht mit einer dicken fleischigen Außenschicht und einem Kerngehäuse, das die Samen enthält. Apfelfrüchte sind eigentlich besonders fleischige **Steinfrüchte**.

Apfel

Same

Gehäuse

Spaltfrucht
Eine trockene Schließfrucht, die in mehrere Teilfrüchtchen mit je nur einem Samen zerfällt. Die wohl bekannteste Spaltfrucht hat der Ahorn. Sie heißt auch **Flügelfrucht**.

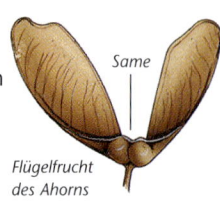
Same

Flügelfrucht des Ahorns

Künstliche Vermehrung

Steckling

Künstliche Vermehrungen sind alle Verfahren in Landwirtschaft und Gartenbau, bei denen die **vegetative Vermehrung** der Pflanzen ausgenutzt wird. Denn neue Pflanzen müssen nicht immer zwangsläufig aus Samen hervorgehen, sondern können auch auf anderen Wegen gewonnen werden.

Steckling
Bei der Stecklingsgewinnung schneidet man einen Teil eines Pflanzensprosses ab und steckt ihn in die Erde, wo er sich zu einer neuen Pflanze entwickelt. Manche Stecklinge stellt man zuerst für einige Zeit ins Wasser.

Schnitt eines Stecklings *Steckling in Wasser* *Eingepflanzter Steckling*

VEGETATIVE VERMEHRUNG

Abgesehen von der Samenbildung haben manche Blütenpflanzen eine besondere Form der **ungeschlechtlichen Fortpflanzung*** entwickelt. Bei dieser **vegetativen Vermehrung** entwickelt sich ein Teil der Pflanze zu einer neuen.

Wurzelstock oder Rhizom

In der Erde waagerecht verlaufende, verdickte Sprosse mit schuppigen Blättern. Die Rhizome bilden auf ihrer ganzen Länge Wurzeln sowie Knospen und oberirdische Seitentriebe aus. Wurzelstöcke finden wir z. B. bei Lilien, Gräsern, Knöterich und Farnen.

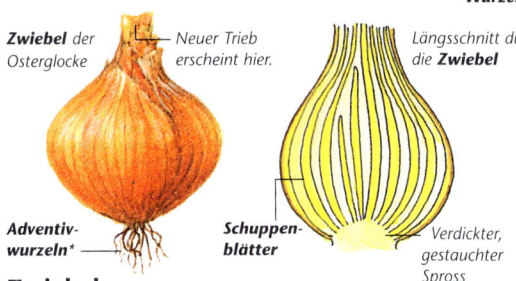

Zwiebel der Osterglocke — Neuer Trieb erscheint hier.

Längsschnitt durch die Zwiebel

Adventivwurzeln*

Schuppenblätter

Verdickter, gestauchter Spross

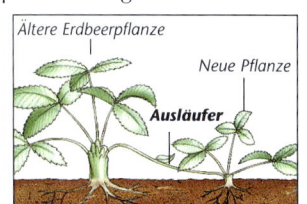

Wurzelstock *der Minze*

Längsschnitt durch **Wurzelstock**

Neuer Seitentrieb

Wurzeln

Zwiebel

Ein gestauchter dicker Spross, umgeben von fleischigen, schalenförmigen Blättern (**Schuppenblätter**), die als Nährstoffspeicher dienen. Zwiebeln werden unterirdisch von absterbenden Pflanzen gebildet. Es kommt auch vor, dass eine Zwiebel mehrere Tochterzwiebeln entwickelt. In der nächsten Vegetationsperiode bildet sich aus der Zwiebel ein neuer Trieb, z. B. Osterglocke.

Ausläufer

Lange, oberirdische Seitensprosse, die von der Basis einer Mutterpflanze ausgehen und sich in einiger Entfernung von ihr bewurzeln. Daraus entsteht eine neue Pflanze. Die bekannteste Ausläuferart ist die Erdbeere.

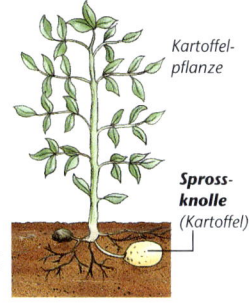

Ältere Erdbeerpflanze

Neue Pflanze

Ausläufer

Krokusknolle

Kurzer, verdickter Stängel, ähnlich der **Zwiebel**. Jedoch werden die Nährstoffe im Spross gespeichert, z. B. Krokus.

*Krokus-**Knolle***

Adventivwurzeln*

Sprossknolle

Kurzer, gestauchter unterirdischer Spross, der viel Nährstoffe speichert. Aus den Augen oder Knospen entstehen neue Pflanzen. Sprossknollen hat z. B. die Kartoffel.

Kartoffelpflanze

Sprossknolle *(Kartoffel)*

Pfropfung

Bei der Pfropfung wird ein Stück eines Pflanzensprosses abgeschnitten und wieder so befestigt, dass es anwächst. Das Sprossstück kann entweder wieder auf dieselbe Pflanze, von einem zum anderen Individuum derselben Pflanzenart oder zwischen zwei verschiedenen Arten verpflanzt werden. Der Spross wird als **Pfropfreis**, die Empfängerpflanze als **Unterlage** bezeichnet.

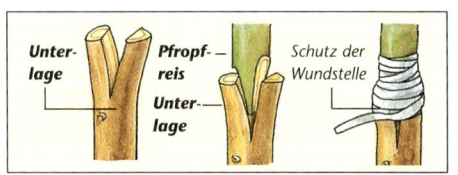

Pfropfung

Unterlage

Pfropfreis

Unterlage

Schutz der Wundstelle

Okulieren

Eine Knospe des Edelreises wird in einen T-förmigen Spalt geschoben.

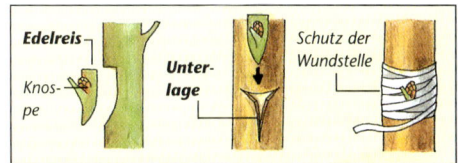

Okulieren

Edelreis

Knospe

Unterlage

Schutz der Wundstelle

* **Adventivwurzel**, 17; **ungeschlechtliche Fortpflanzung**, 93.

DER KÖRPERBAU DER TIERE

Tiere gibt es angefangen von Einzellern bis zu höchst differenzierten Arten aus vielen Millionen Zellen. Wie man sie **klassifiziert***, also in ein System einreiht, hängt hauptsächlich von der Komplexität ihres Körperbaus ab. Die beiden Begriffe **höhere Tiere** und **niedere Tiere** werden in diesem Zusammenhang oft gebraucht. Je höher ein Tier, umso differenzierter sind seine inneren Organe. Allgemein unterscheidende Merkmale bei höheren Tieren sind **Segmentation**, Leibeshöhlen sowie bestimmte Formen des Skeletts.

Segmentation oder Metamerie

Aufteilung des Körpers in einzelne Abschnitte oder **Segmente**. Im Vergleich zu einem einfachen, ungeteilten Körper stellt die Segmentation einen höheren Grad an Komplexität dar. Im Allgemeinen gilt aber, dass ein Tier umso komplexer ist, je weniger deutlich seine Segmente ausgebildet sind. Die primitivste Form der Segmentation ist die **homonome Metamerie**: Die Segmente oder **Metameren** sehen dabei einander sehr ähnlich. Jedes Metamer enthält ungefähr dieselben Teile der inneren Organe. Sie sind miteinander verbunden, obwohl die einzelnen Segmente durch Scheidewände abgetrennt sind. Diese Art der Segmentation finden wir bei Ringelwürmern. Komplexere Formen der Metamerie sind weniger auffällig. Der Körper der Insekten z. B. ist in drei Abschnitte gegliedert: Kopf, Brust (**Thorax**) und Hinterleib (**Abdomen**). Jeder dieser Abschnitte oder **Tagmata** (Einzahl **Tagma**) besteht aus einer Gruppe von Segmenten, die nur noch an äußeren Kennzeichen zu unterscheiden sind.

Prachtlibelle

Brust

Segmente an Markierungen erkennbar

Kopf

Anhang (Bein)

Hinterleib

Anhang

Ein untergeordneter Körperteil, der aus den allgemeinen Körperumrissen herausragt, z. B. Arm, Bein, Flügel, Flosse.

Symmetrieverhältnisse

Bilaterale Symmetrie

Die Körperteile sind so angeordnet, dass sie nur eine Symmetrie-Ebene zulassen und man nur mit einem Schnitt zwei spiegelbildliche Hälften erhält. Typisch für fast alle frei beweglichen Tiere. Bei Blüten spricht man von Dorsiventralität oder **Zygomorphie** (z. B. Löwenmäulchen).

Frosch

Bilaterale Symmetrie

Nur eine Symmetrie-Ebene ergibt spiegelbildliche Hälften.

Radiäre Symmetrie

Anordnung der Körperteile an einer zentralen Achse mit mehreren möglichen Symmetrie-Ebenen. Die verschiedenen Symmetrie-Ebenen ergeben spiegelbildliche Hälften. Vor allem Hohltiere und Stachelhäuter sind radiärsymmetrisch. Bei Blüten spricht man von **Aktinomorphie** (z. B. Hahnenfuß).

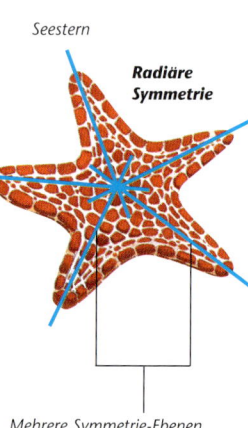

Seestern

Radiäre Symmetrie

Mehrere Symmetrie-Ebenen ergeben spiegelbildliche Hälften.

Homonome Metamerie *beim Regenwurm*

Metamer

* **Klassifikation**, 112.

Leibeshöhlen

Fast alle vielzelligen Tiere haben eine flüssigkeitsgefüllte Leibeshöhle. Sie dient als Stoßdämpfer für die Körperorgane und kann ganz unterschiedlich sein. Die meisten Tiere haben jedoch entweder ein **Zölom** oder ein **Hämozöl**. Bei Tieren mit weichem Körper ist die Leibeshöhle auch wesentlich für die Bewegung. Denn sie stellt einen nicht komprimierbaren „Sack" dar und ist damit ein Widerlager für die sich bewegenden Muskeln (**hydrostatisches Skelett**).

Längsschnitt durch einen Spritzwurm.
Nicht alle Körperorgane dargestellt.

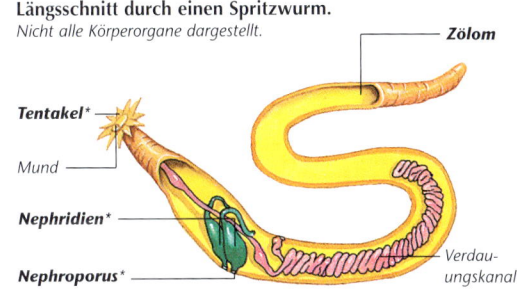

Zölom

Tentakel*

Mund

Nephridien*

Nephroporus*

Verdauungskanal

Zölom

Die Leibeshöhle von höheren Würmern, **Stachelhäutern***, z.B. Seesternen, und **Wirbeltieren***, z.B. Vögeln. Das Zölom ist mit einer Flüssigkeit gefüllt, um Stöße abzupuffern. Es wird vom **Peritoneum** umgeben, einer dünnen Membran, die die Körperhöhle auskleidet. Bei niederen Tieren, z.B. Würmern, spielt das Zölom auch eine Rolle bei der Ausscheidung. Ihre Ausscheidungsorgane, die **Nephridien***, ragen in das Zölom hinein und entfernen flüssige Abfallstoffe. Bei höheren Tieren übernehmen komplexere Organe diese Aufgabe.

Längsschnitt durch eine Spinne
Nicht alle Körperorgane dargestellt.

Hämozöl   Herz   Auge

Malpighische Gefäße*

Verdauungskanal   **Seidendrüse**   **Fächerlunge***   Mund   Giftklauen

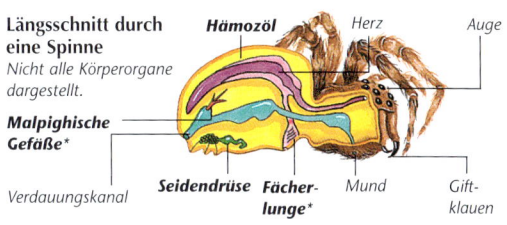

Hämozöl

Die flüssigkeitsgefüllte Leibeshöhle der **Gliederfüßer***, z.B. der Insekten, sowie der **Weichtiere***, etwa der Schnecken. Bei Weichtieren ist die Leibeshöhle mehr ein schwammartiges Gewebe als eine echte Höhlung. Im Gegensatz zum **Zölom** fließt im Hämozöl Blut. Man kann es deswegen auch als weiträumigen Teil des Blutgefäßsystems auffassen. Bei einigen Tieren spielt das Hämozöl auch eine Rolle bei der Ausscheidung. Insekten geben Wasser und Abfallstoffe in die Hämozölflüssigkeit ab. **Malpighische Gefäße*** nehmen die Abfallstoffe auf und scheiden sie aus.

Mantelhöhle

Körperhöhle bei **Weichtieren***, z.B. Gehäuseschnecken. Sie liegt zwischen dem **Mantel** (Hautfalte, die die Schale auskleidet) und dem restlichen Körper. Das Tier gibt darin die Abfallstoffe der Verdauung zur Ausscheidung ab. Bei wasserbewohnenden Weichtieren liegen dort auch die **Kiemen***, die bei landbewohnenden Schnecken als Lunge funktionieren.

Längsschnitt durch eine Wellhornschnecke
Nicht alle Organe dargestellt.

Herz   Schale

Mantel

*Die Niere gibt ihre Abfallstoffe in die **Mantelhöhle** ab.*

Kiemen*

Sipho*

Mund

Mantelhöhle

Abgabe der Verdauungsreste und Ausscheidung durch einen Schalenschlitz.

Verdauungskanal

Schwammiges **Hämozöl**

Magen

Operculum
Eine harte Platte, die das Schneckenhaus abschließt, wenn sich das Tier darin zurückzieht.

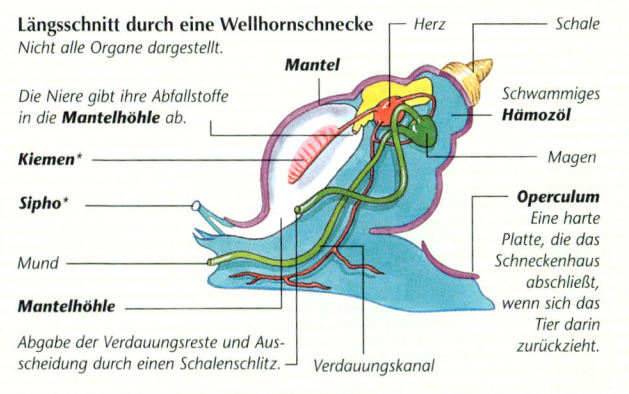

DIE KÖRPERDECKE BEI TIEREN

Alle Tiere haben eine äußere Körperdecke, meist mit einer weiteren Schutzschicht. In vielen Fällen besteht diese Haut aus mehreren Schichten; ähnlich wie die menschliche Haut (s. 82–83). Höhere Tiere haben in der Regel noch eine weiche Schutzdecke über der Haut, z. B. Haare, Fell oder Federn. Harte äußere Schichten finden wir bei vielen niederen Tieren, z. B. Insekten und Muscheln. Man spricht dann von einem Außenskelett oder **Exoskelett**. Das Gegenstück dazu ist das Innenskelett oder **Endoskelett**.

Kutikula

Ohrwurm

Wasserabstoßende tote Außenschicht, die von der Haut vieler Tiere ausgeschieden

Kutikula (Skleriten)

wird. Bei den meisten **Gliederfüßern*** bildet sie das stützende **Exoskelett**, z. B. bei Krebsen und Insekten. Der Begriff Kutikula wird vor allem für die Außenhülle von Insekten verwendet, die aus dem Polysaccharid **Chitin** und aus dem zähen Protein **Skelerotin** aufgebaut ist. Das Außenskelett der Insekten besteht meist aus einzelnen Abschnitten, den **Skleriten**, die untereinander beweglich verbunden sind. Bei anderen Tieren, z. B. den Regenwürmern, bildet die Kutikula eine wächserne, weiche Außenschicht auf der Haut. (Der Begriff Kutikula wird auch für die **Stratum corneum*** verwendet.)

Schuppen

Die Schuppen der Knochenfische, z. B. Karpfen sind rundliche, oft verknöcherte Platten in der Haut. Die Schuppen der meisten **Reptilien*** hingegen, z. B. die Beine der Schildkröten, sind verdickte Hautgebilde.

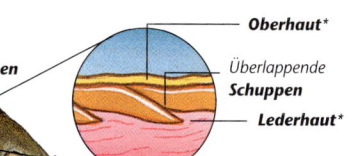

Karpfen

Schuppen

Oberhaut*

Überlappende Schuppen

Lederhaut*

Krabbe

Carapax

Carapax

Panzer der Krabben und Rückenschild der Schildkröten. Bei Schildkröten besteht er aus knöchernen Platten, die unter Hornschildern oder einer ledrigen Haut liegen; bei Krebsen aus ausgehärteter **Kutikula**.

Schildkröte

Hautzähne oder Plakoidschuppen

Scharfe, nach hinten gerichtete Platten, die den Körper der Knorpelfische bedecken. Sie sind ähnlich wie Zähne und stehen im Gegensatz zu **Schuppen** aus der Haut hervor.

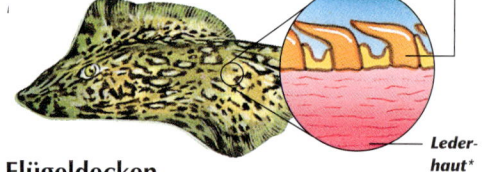

*Hautzähne stoßen durch die **Oberhaut***.*

Lederhaut*

Flügeldecken oder Elytren

Das Vorderflügelpaar bei Käfern. Es ist stark abgewandelt und bildet einen dicken Panzer, der den Hinterleib und die häutigen Hinterflügel bedeckt.

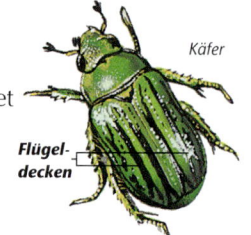

Käfer

Flügeldecken

Scutum oder Schild

Allgemeine Bezeichnung für eine große, harte Platte in der Körperdecke, besonders für die großen Bauchschuppen der Schlangen.

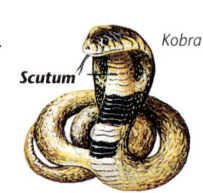

Kobra

Scutum

* **Gliederfüßer**, 113; **Lederhaut**, **Oberhaut**, 82; **Reptilien**, 113; **Stratum corneum**, 82.

Federn

Die isolierende, meist wasserabstoßende Schutzschicht über dem Vogelkörper besteht aus **Federn**; insgesamt spricht man vom **Gefieder**. Die Feder ist ein leichtes Gebilde aus Hornsubstanz, dem **Keratin**. Jede hat einen zentralen **Schaft** mit feinen **Ästen**. Die Äste aller **Konturfedern** (alle Federn außer die **Daunen**) tragen sehr feine Nebenäste oder **Federstrahlen**. Federn besitzen wie Körperhaare Nervenendigungen und stehen mit Muskeln in Verbindung, die die Federn bei Kälte für eine bessere Isolierung aufrichten (s. **Haarmuskeln** 82).

Die Krallen der Vögel sind meist nicht von Federn bedeckt, aber durch kleine Schuppen geschützt.

Amerikanischer Waldsänger (Parula americana)

*Die Federn auf dem Rücken und an den Schultern gehören zu den **Deckfedern**.*

***Steuerfedern** oder **Rectrices**. Die Konturfedern des Schwanzes, mit denen der Vogel die Flugrichtung ändert.*

***Bürzel**. Enthält die **Bürzeldrüse**, die eine ölige Flüssigkeit ausscheidet, die der Vogel beim Putzen verteilt.*

Schnabel *mit Ober- und Unterschnabel*

*Die **Flügeldecken** stehen an der Basis der Flügel.*

Handschwingen *(weit vom Körper entfernt) bilden den Endabschnitt des Flügels.*

Armschwingen *(näher am Körper)*

Flügelfedern, **Remiges** (Einzahl **Remix**)
Die für den Vogelflug bedeutsamen Federn. Bestehend aus langen, starken **Handschwingen** oder **Schwungfedern erster Ordnung** und den kürzeren **Armschwingen** oder **Schwungfedern zweiter Ordnung**.

Daunenfedern oder Plumae
Federn mit schlaffem, schwachem **Schaft** und kaum entwickelter **Fahne**. Die Äste sind sehr biegsam; echte Nebenäste fehlen. Daunenfedern dienen dem Kälteschutz. Sie sind vor allem bei Jungvögeln und bei Schwimmvögeln vorhanden.

Federfollikel
Kleine Taschen in der Vogelhaut. Aus jedem Follikel wächst eine Feder, ähnlich wie bei den Säugetieren ein Haar aus einem **Haarfollikel*** entsteht. Die heranwachsende Feder ist anfänglich durchblutet und stirbt erst später ab.

Fahne. *Flache, feste Oberfläche, entstanden durch den Zusammenhalt der Äste und Nebenäste.*

Schaft (Rhachis)

Ast **Nebenast**

*Die **Nebenäste** eines **Astes** haken sich an den Nebenästen des nächsten Astes fest.*

Daunenfeder

FORTBEWEGUNG

Die meisten Tiere können sich von einer Stelle zur anderen fortbewegen (**Lokomotion**), mindestens in einem Stadium ihres Lebens. Höhere Pflanzen hingegen können nur einzelne Teile ihres Organismus bewegen (s. **Tropismus** 23). Welche Körperteile die Tiere bewegen, ist sehr unterschiedlich. Die höheren Formen haben Muskeln und Knochen wie der Mensch (s. 50–55).

Fische nutzen **Flossen** zur Fortbewegung.

Fortbewegung bei niederen Tieren

Pseudopodien (Einzahl **Pseudopodium**) oder Scheinfüßchen

Vorübergehend gebildete Fortsätze des Zellkörpers oder **Zytoplasmas*** eines einzelligen Lebewesens. Sie werden gebildet, um entweder die Fortbewegung zu ermöglichen oder um Nahrungsteilchen aufzunehmen. Dieser Vorgang heißt **Phagozytose**.

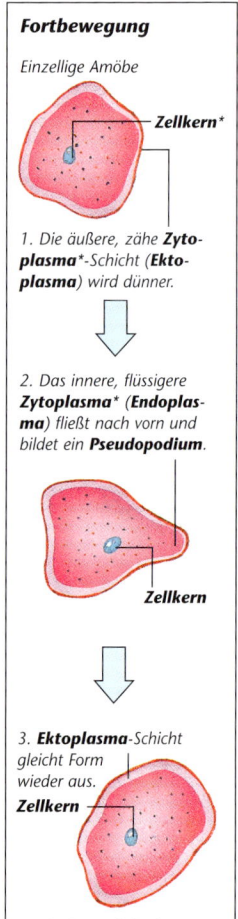

Fortbewegung

Einzellige Amöbe

Zellkern*

1. Die äußere, zähe **Zytoplasma***-Schicht (**Ektoplasma**) wird dünner.

2. Das innere, flüssigere **Zytoplasma*** (**Endoplasma**) fließt nach vorn und bildet ein **Pseudopodium**.

Zellkern

3. **Ektoplasma**-Schicht gleicht Form wieder aus.
Zellkern

Amöbe hat sich fortbewegt.

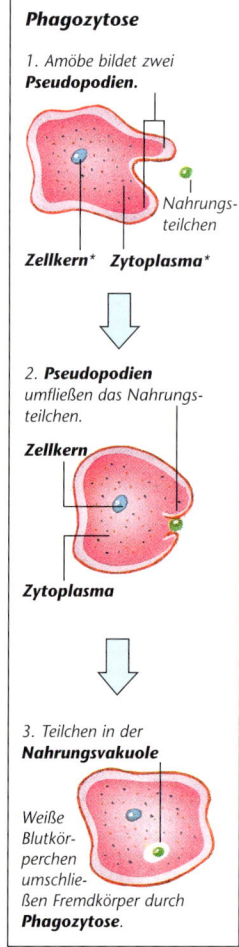

Phagozytose

1. Amöbe bildet zwei **Pseudopodien**.

Nahrungs-teilchen

Zellkern* Zytoplasma*

2. **Pseudopodien** umfließen das Nahrungsteilchen.
Zellkern

3. Teilchen in der **Nahrungsvakuole**

Weiße Blutkör-perchen umschlie-ßen Fremdkörper durch **Phagozytose**.

Wimpern und Cilien

Winzige, haarähnliche Gebilde auf der Körperoberfläche vieler kleiner Lebewesen. Die Wimpern schlagen vorwärts und rückwärts und erzeugen dadurch eine Bewegung. Wimpern findet man auch in höheren Lebewesen, z.B. in den Bronchien. Dort fangen sie Fremdkörper auf und transportieren sie in den Rachen.

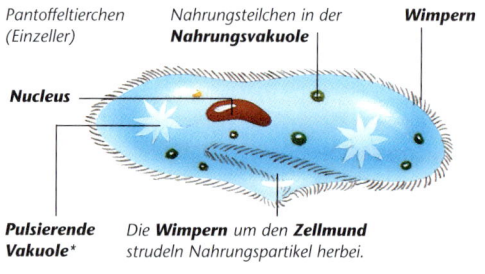

Pantoffeltierchen (Einzeller)   Nahrungsteilchen in der **Nahrungsvakuole**   **Wimpern**

Nucleus

Pulsierende Vakuole*   Die **Wimpern** um den **Zellmund** strudeln Nahrungspartikel herbei.

Geißeln

Lange, fädige Fortsätze an der Körperoberfläche. Geißeln haben vor allem sehr viele Einzeller, die Geißeltierchen (**Flagellaten**). Mit schnellem Schlag treiben die Geißeln diese Lebewesen im Wasser voran.

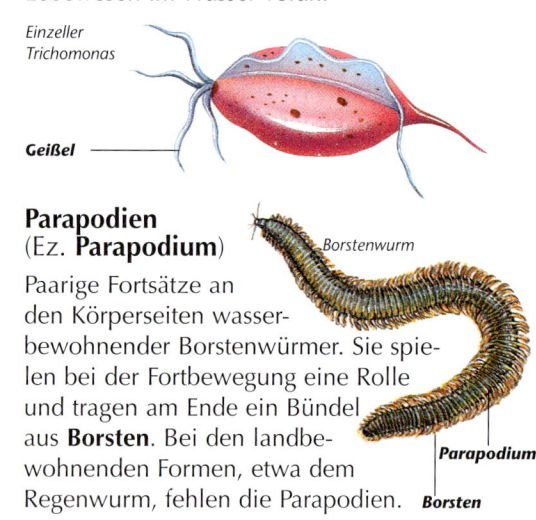

Einzeller Trichomonas

Geißel

Parapodien (Ez. **Parapodium**)

Paarige Fortsätze an den Körperseiten wasserbewohnender Borstenwürmer. Sie spielen bei der Fortbewegung eine Rolle und tragen am Ende ein Bündel aus **Borsten**. Bei den landbewohnenden Formen, etwa dem Regenwurm, fehlen die Parapodien.

Borstenwurm

Parapodium

Borsten

* **Pulsierende Vakuole**, 45; **Zellkern**, **Zytoplasma**, 10.

Schwimmen

Flossen

Körperfortsätze, mit denen Fische ihre Richtung stabilisieren und verändern. Die Flossen werden von **Strahlen** gestützt, die, je nach systematischer Zugehörigkeit (s. 113), aus **Knorpel*** oder Knochen sind. Jeder Fisch hat **paarige** und **unpaarige Flossen**.

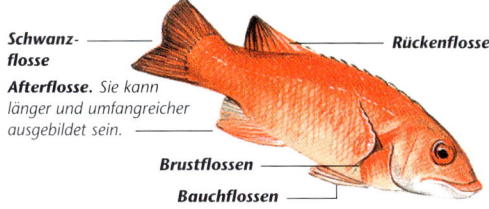

Schwanz-flosse

Afterflosse. Sie kann länger und umfangreicher ausgebildet sein.

Rückenflosse

Brustflossen

Bauchflossen

Bei einigen Fischen stehen die **Bauchflossen** vor den **Brustflossen**.

Unpaarige Flossen

Flossen, die in der Symmetrieebene des Fisches stehen. Die Aale haben eine sehr lange, durchgehende unpaarige Flosse. Bei den meisten anderen Fischen unterscheiden wir jedoch **Rückenflosse**, **Schwanzflosse** und **Afterflosse**. Die Rückenflosse und die Afterflosse helfen bei der Bewegungsrichtung und stabilisieren die Lage des Fischkörpers. Die Schwanzflosse vergrößert die Schlagfläche.

Paarige Flossen

Flossen, die doppelt vorhanden sind. Dazu gehören die **Bauchflossen** und die **Brustflossen**. Sie kontrollieren die Aufwärts- und Abwärtsbewegung beim Schwimmen.

Schwimmblase

Langer, luftgefüllter Sack im Körperinnern der meisten Knochenfische. Wenn der Fisch die Luftmenge in der Schwimmblase verändert, kann er damit die Tauchtiefe regulieren. Nur Fische mit einer Schwimmblase können ohne Körperbewegung eine bestimmte Wassertiefe beibehalten.

Schwimmblase

Medial bedeutet „in der Mitte" oder „in der Symmetrieebene zwischen zwei spiegelbildlichen Hälften stehend". Unpaarige Flossen stehen medial. **Dorsal** bedeutet „auf dem Rücken stehend".

Caudal bedeutet „am Schwanz stehend" oder „in Richtung auf den Schwanz zu". Die Bauchflossen stehen meistens stärker caudal als die Brustflossen. **Ventral** bedeutet „auf dem Bauch stehend" oder „gegen die Bauchseite zu stehend".

* **Biotop**, 5; **Knorpel**, 53; **Säugetiere**, 113.

Fliegen

Brustmuskeln

Zwei große paarige Muskeln, die bei vielen **Säugetieren*** ausgebildet sind. Besonders kräftig sind sie jedoch bei Vögeln entwickelt. Jeder Flügel hat einen großen Brustmuskel (**Pectoralis major**) und einen kleinen Brustmuskel (**Pectoralis minor**). Beide sind am **Brustbeinkamm** befestigt, einem blattartigen Fortsatz des Brustbeins. Die Muskeln ziehen sich bei der Flügelbewegung abwechselnd zusammen.

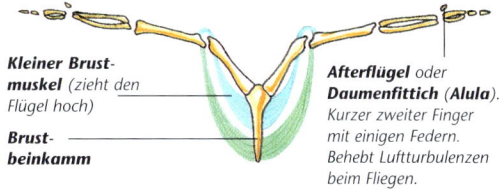

Kleiner Brustmuskel (zieht den Flügel hoch)

Brustbeinkamm

Afterflügel oder **Daumenfittich (Alula).** Kurzer zweiter Finger mit einigen Federn. Behebt Luftturbulenzen beim Fliegen.

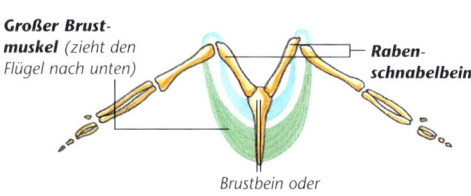

Großer Brustmuskel (zieht den Flügel nach unten)

Rabenschnabelbein

Brustbein oder **Sternum**

Gehen

Zehenspitzengänger

Gehen auf Hufen an den Spitzen der Zehen, z. B. Pferde.

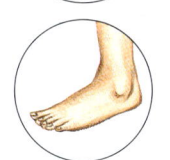

Zehengänger

Setzen beim Gehen die Unterseite der Zehen auf, z. B. Hunde und Katzen.

Sohlengänger

Setzen die Unterseite des ganzen Fußes auf, z. B. Mensch.

Kamele sind **Huftiere**, die sich an ihr **Biotop*** angepasst haben. Die breiten, behaarten Hufen haben eine große Oberfläche. Auf ihnen verteilt sich das Gewicht und die Tiere sinken nicht in den weichen Wüstensand ein.

ERNÄHRUNG

Tiere zeigen eine große Vielfalt der Ernährungsweisen. Je nach Tiergruppe sind ganz unterschiedliche Körperteile damit befasst. Manche verfügen über hoch spezialisierte **Verdauungsapparate**. Bei anderen Gruppen sind sie ähnlich wie beim Menschen ausgebildet. (s. 66–67).

See-
anemone

Nesselzellen

Spezialisierte Zellen auf den **Tentakeln*** der **Nesseltiere*** z. B. der Seeanemonen und Quallen. Jede Nesselzelle enthält einen eng aufgewickelten **Nesselfaden** und an der Spitze ein Stilett. Wenn ein Fortsatz an der Nesselzelle berührt wird, springt diese auf. Das Stilett durchschlägt die Haut des Beutetieres, und der Nesselfaden dringt in die Wunde ein.

Schnitt durch einen **Tentakel***

Nesselzelle

Nesselfaden stülpt sich aus

Filtrierer

Tiere, die Nahrungsteilchen einer bestimmten Größe aus dem Wasser seihen. Die Seepocken z. B. filtern die winzig kleinen Lebewesen des **Planktons*** mit beborsteten Rankenfüßen oder **Cirren** (Einzahl **Cirrus**) aus dem Wasser.

Cirren

Seepocken strecken die **Cirren** heraus, wenn sie mit Wasser bedeckt sind.

Die größten Walarten seihen mit mehreren hundert quer gestellten Hornlamellen, den **Barten**, die Garnelen des **Krills** aus dem Wasser.

Krill

Diastema (Mehrzahl Diastemata)

Eine Lücke zwischen den vorderen Schneidezähnen und den rückwärtigen Zähnen bei vielen Pflanzenfressern. Das Diastema ist besonders wichtig bei Nagetieren wie Mäusen.

Mäuseschädel

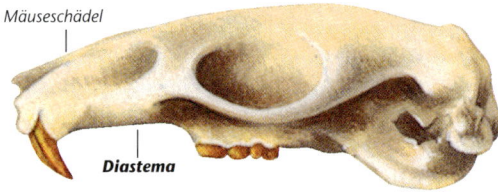

Diastema

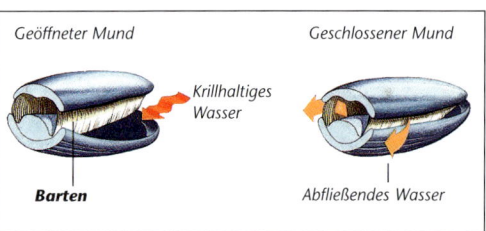

Geöffneter Mund | Geschlossener Mund

Krillhaltiges Wasser

Barten

Abfließendes Wasser

Reißzähne

Zwei besonders angepasste Zähne im Gebiss von Raubtieren: der zweite obere **Backenzahn*** und der untere **Mahlzahn*** zum Zerschneiden von Fleisch.

Ein Grauwal filtert Wasser durch die **Barten**.

Radula

Die hornige Raspelzunge vieler **Weichtiere***, z. B. der Schnecken. Die Radula trägt viele spitze Zähnchen zum Abraspeln der Pflanzennahrung.

Mundteile der Gliederfüßer

Der Mund der **Gliederfüßer***, vor allem der Insekten, setzt sich aus verschiedenen Teilen zusammen. Je nach Ernährungsweise nehmen diese Teile unterschiedliches Aussehen an. Die grundlegenden Mundwerkzeuge aller Insekten sind die **Mandibeln** (Oberkiefer), die **Maxillen** (Unterkiefer), das **Labrum** (Oberlippe) und das **Labium** (Unterlippe). Mandibeln und Maxillen treten bei Krabben und Hundertfüßern auf, teils mit zwei Maxillenpaaren.

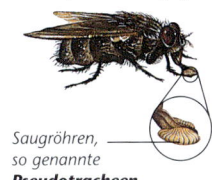

*Die **Maxillen** der Schmetterlinge sind verlängert und bilden den langen **Saugrüssel** (leckend-saugende Mundwerkzeuge).*

*Die Unterlippe (**Labium**) der Stubenfliegen ist zu einem Rüssel verbreitert, der als Saugorgan dient.*

*Saugröhren, so genannte **Pseudotracheen***

Typische Anordnung der Mundwerkzeuge (Heuschrecken)

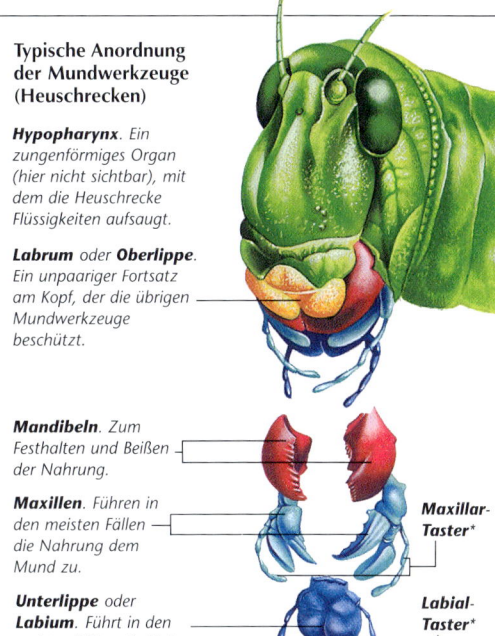

__Hypopharynx.__ Ein zungenförmiges Organ (hier nicht sichtbar), mit dem die Heuschrecke Flüssigkeiten aufsaugt.

__Labrum__ oder __Oberlippe__. Ein unpaariger Fortsatz am Kopf, der die übrigen Mundwerkzeuge beschützt.

__Mandibeln__. Zum Festhalten und Beißen der Nahrung.

__Maxillen__. Führen in den meisten Fällen die Nahrung dem Mund zu.

__Maxillar-Taster__*

__Unterlippe__ oder __Labium__. Führt in den meisten Fällen die Nahrung zur Mundöffnung.

__Labial-Taster__*

Verdauungsorgane

Kropf

Dünnwandige Erweiterung der **Speiseröhre*** bei Vögeln. Die Tiere speichern die Nahrung erst im Kropf, bevor sie in den **Muskelmagen** gelangt. Kropfartige Bildungen finden wir z. B. auch bei Schnecken, Ringelwürmern und Heuschrecken.

Muskelmagen

Muskelwandiger Beutel am Anfang der **Speiseröhre*** bei Tieren mit **Kropf**. Vögel haben keine Zähne und zerkleinern ihre Nahrung im Muskelmagen. Sehr viele verschlucken dazu kleine Kiesel, die wie Mühlsteine wirken. Andere Vogelarten haben an den Wänden des Muskelmagens harte, zahnartige Strukturen zum Zerreiben der Nahrung.

Taube

__Kloake.__ In die Kloake münden Verdauungskanal sowie Geschlechts- und Ausscheidungsgänge.

__Kropf__

__Muskelmagen__

__Kloakenöffnung__

Pansen

Erste große Kammer des kompliziert aufgebauten Magens einiger Pflanzen fressender **Säugetiere***, z. B. der Wiederkäuer Kühe. Er enthält Bakterien, die imstande sind, **Zellulose*** abzubauen. Für die meisten anderen Tiere gilt Zellulose als Abfall, weil sie sie nicht verdauen können. Bei den Wiederkäuern hingegen macht sie den größten Teil ihrer Nahrung aus. Die vorverdaute Nahrung gelangt vom Pansen in den **Netzmagen**. Dann wird sie von den Tieren wieder hochgewürgt und **wiedergekaut**. Danach gelangt die Nahrung in den dritten (**Blättermagen**) und vierten Magen (**Labmagen**, dem eigentlichen Magen bei anderen Säugetieren), um weiter verdaut zu werden.

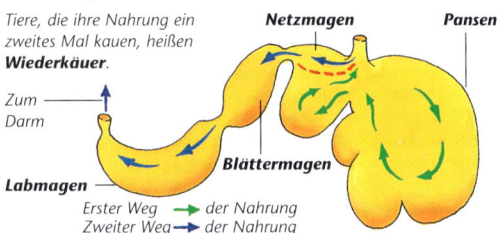

*Tiere, die ihre Nahrung ein zweites Mal kauen, heißen **Wiederkäuer**.*

__Netzmagen__   *__Pansen__*

Zum Darm

__Labmagen__

__Blättermagen__

Erster Weg → der Nahrung
Zweiter Weg → der Nahrung

Blinddarm

Blind geschlossener Darmabschnitt beim Übergang vom Dünn- zum Dickdarm. Bei Hasen ist der Blinddarm lebenswichtig, weil dort der Abbau von **Zellulose*** mithilfe von Bakterien (s. **Pansen**) stattfindet. Beim Menschen hat der Blinddarm keine Funktion mehr (s. **Dickdarm***).

---

* **Dickdarm**, 67; **Gliederfüßer**, **Säugetiere**, 113; **Speiseröhre**, 66; **Taster**, 46; **Zellulose**, 10 (**Zellwand**).

ATMUNG DER TIERE

Die **Atmung** umfasst eine Reihe verschiedenartiger Vorgänge (s. Einführung, 70). In jedem Fall wird Sauerstoff aufgenommen und von Körperzellen zum Abbau der Nahrung verwendet. Gleichzeitig geben die Zellen und der ganze Körper Kohlendioxid ab. Auf diesen Seiten werden einige der wichtigsten Atmungsorgane beschrieben.

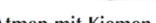

*— Durch diese schmalen Schlitze fließt das Wasser aus den **Kiemen** ab.*

Kiemen

Kiemen oder **Branchien**. Atmungsorgane der meisten wasserbewohnenden Tiere. Sie enthalten viele Blutgefäße, die den Sauerstoff über die Schleimhaut der Kiemen direkt aus dem Wasser aufnehmen. Kohlendioxid wird in umgekehrter Richtung ins Wasser abgegeben. Man unterscheidet zwei Typen von Kiemen, **innere** und **äußere**.

Innere Kiemen

Kiemen im Inneren des Körpers. Sie treten in unterschiedlichsten Formen bei allen Fischen, den meisten **Weichtieren*** und **Krebstieren** auf. Die meisten Fische haben vier Kiemenpaare mit Zwischenräumen, den **Kiemenspalten**. Bei den höheren Fischen werden die Kiemen von einem beweglichen **Kiemendeckel** geschützt. Bei primitiveren Fischen, z. B. Haien, enden sie als längliche Öffnungen der Haut. Jede Kieme besteht aus einem gekrümmten Stab, dem **Kiemenbogen**. Daran sind zahlreiche feine **Kiemenfäden** mit den **Kiemenblättchen** befestigt. Sie vergrößern die Oberfläche für den Gasaustausch und enthalten zahlreiche Blutgefäße.

Atmen mit Kiemen

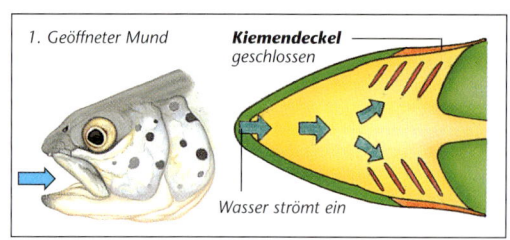

1. Geöffneter Mund — **Kiemendeckel** geschlossen

Wasser strömt ein

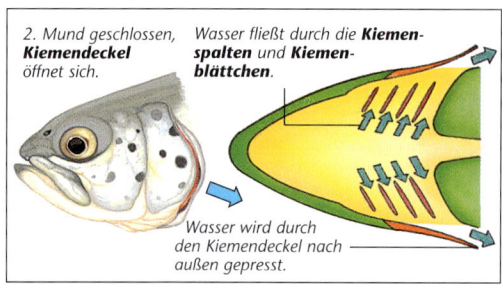

2. Mund geschlossen, **Kiemendeckel** öffnet sich. — Wasser fließt durch die **Kiemenspalten** und **Kiemenblättchen**.

Wasser wird durch den Kiemendeckel nach außen gepresst.

Äußere Kiemen

Kiemen an der Außenseite des Körpers, meist bei Jugendstadien der Fische und **Amphibien*** sowie bei wasserbewohnenden **Larven*** und **Nymphen*** vieler Insekten. Die Form der äußeren Kiemen variiert zwischen den Tiergruppen. Oft sind es büschelig verzweigte Auswüchse in der Nähe des Kopfes, z. B. bei jungen Kaulquappen.

Kaulquappe — **Äußere Kiemen** sind weich und verzweigt.

Sipho

Allgemeine Bezeichnung für eine Röhre, die Atemwasser zu den **Kiemen** wasserbewohnender Weichtiere führt (z. B. Wellhornschnecke, s. Bild auf 37) oder von dort abführt. Im Besonderen ist der **Trichter*** gemeint, der bei **Kopffüßern** zur Fortbewegung Wasser aus der Mantelhöhle ausstößt.

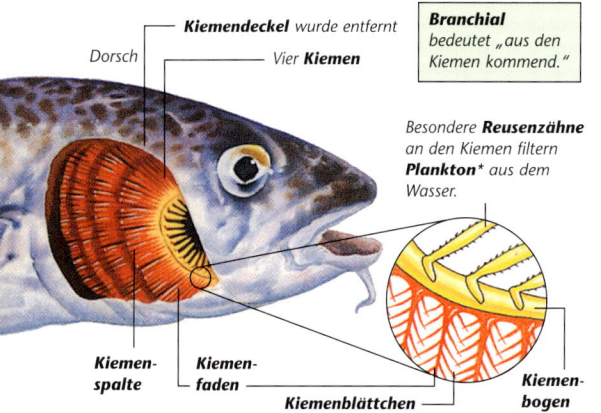

Dorsch — **Kiemendeckel** wurde entfernt — Vier **Kiemen**

Branchial bedeutet „aus den Kiemen kommend."

Besondere **Reusenzähne** an den Kiemen filtern **Plankton*** aus dem Wasser.

Kiemenspalte — **Kiemenfaden** — **Kiemenblättchen** — **Kiemenbogen**

Weitere Atmungsorgane

Stigmen (Einzahl Stigma)

Öffnungen der Tracheen bei vielen **Gliederfüßern***, vor allem den Insekten. Die Stigmen liegen in der seitlichen Körperhaut und können bei manchen Tieren verschlossen werden.

Tracheen

Dünne Röhren, die bei den **Gliederfüßern***, vor allem den Insekten, von den Stigmen ins Körperinnere führen. Die Tracheen sind stark verzweigt (**Tracheolen**) und enden blind. Sauerstoff aus der Luft dringt durch die Wand der Tracheen und Tracheolen und gelangt zu den Körperzellen. Das Kohlendioxid nimmt den umgekehrten Weg.

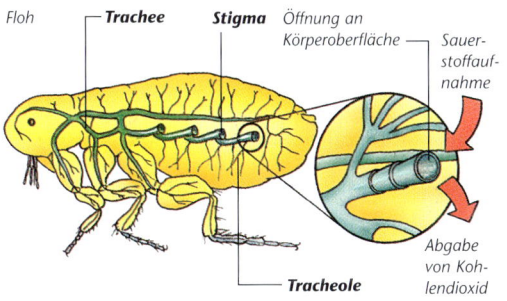

Floh — **Trachee** — **Stigma** — Öffnung an Körperoberfläche — Sauerstoffaufnahme
— Abgabe von Kohlendioxid
Tracheole

Fächerlungen oder Tracheenlungen

Paarige Atmungsorgane vieler landbewohnender Spinnentiere, z. B. Skorpione mit vier Paaren, primitive Spinnen mit einem oder zwei. Jede Tracheenlunge besteht aus zahlreichen stark durchbluteten Atemtaschen, die ähnlich wie die Seiten eines Buches angeordnet sind. Sauerstoff dringt durch ein **Stigma** (je eines pro Fächerlunge) und wird vom Blut aufgenommen. Kohlendioxid nimmt den umgekehrten Weg.

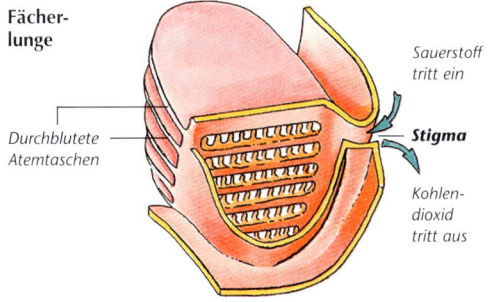

Fächerlunge
Sauerstoff tritt ein
Durchblutete Atemtaschen
Stigma
Kohlendioxid tritt aus

Ausscheidung bei Tieren

Ausscheidung oder Exkretion

Entfernung von Abfallstoffen und giftigen Stoffwechselprodukten aus dem Körper. Dadurch wird ein ausgewogener Flüssigkeitshaushalt aufrecht erhalten. (s. **Homeostasis** 107).

Pulsierende Vakuolen

Kleine, flüssigkeitsgefüllte Bläschen in einzelligen Lebewesen des Süßwassers. Überschüssig aufgenommenes Wasser gelangt über mehrere Kanäle in die Vakuole. Wenn sie gefüllt ist, zieht sie sich zusammen und entleert ihren Inhalt nach außen.

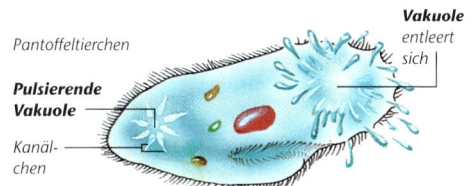

Pantoffeltierchen
Vakuole entleert sich
Pulsierende Vakuole
Kanälchen

Nephridien (Einzahl Nephridium)

Röhrenförmige Ausscheidungsorgane bei vielen Würmern, bei **Larven*** zahlreicher **Weichtiere***, z. B. Muscheln. Bei höheren Würmern nehmen die Nephridien die Abfallstoffe aus dem **Zölom*** auf (s. Bild auf 37). Niedere Würmer und Weichtierlarven haben die primitiveren **Protonephridien**. Die flüssigen Abfallstoffe dringen in die hohlen **Solenozyten** ein, angetrieben durch **Wimpern***-Flammen. Bei Nephridien und Protonephridien verlassen die Abfallstoffe den Körper durch eine feine Öffnung, den **Nephroporus**.

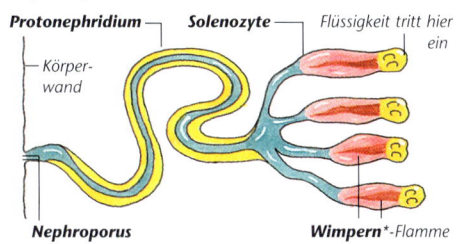

Protonephridium — **Solenozyte** — Flüssigkeit tritt hier ein
Körperwand
Nephroporus — **Wimpern***-Flamme

Malpighi'sche Gefäße

Lange Röhren im Körper vieler **Gliederfüßer***, z. B. der Insekten. Sie transportieren gelöste Abfallstoffe aus der Hauptleibeshöhle (**Hämozöl***) in den letzten Darmabschnitt (s. Bild auf 37).

---

* **Gliederfüßer**, 113; **Hämozöl, Zölom** 37; **Larve**, 49; **Weichtiere**, 113; **Wimpern**, 40.

SINNESLEISTUNGEN UND KOMMUNIKATION BEI TIEREN

Alle Tiere zeigen eine **Reizbarkeit**. Sie reagieren auf äußere Reize wie Licht oder Schallwellen. Bei uns Menschen sind alle Sinne recht gut entwickelt. Manche Tiere zeigen jedoch eine stärkere Spezialisierung und bringen es zu viel höheren Sinnesleistungen, z. B. Falken beim Sehen. Hier sind einige der wichtigsten tierischen Sinnesorgane beschrieben. Sie nehmen den Reiz auf und leiten Nervenimpulse ans Gehirn oder primitive Nervenzentren weiter. Diese setzen die Reizantwort in Gang.

Fühlen, Riechen und Schmecken

Fühler oder Antennen

Peitschenartige, aus vielen Einzelgliedern zusammengesetzte Sinnesorgane am Kopf von Insekten, Tausendfüßern und **Krebstieren** (Gruppe der **Gliederfüßer***), z. B. von Garnelen. Insekten und Tausendfüßer haben ein Fühlerpaar, Krebstiere zwei Paare. An den Fühlern liegen Sinnesorgane für Berührung, Temperaturänderung sowie für Geschmack oder Geruch. Einige Krebstiere verwenden sie auch zum Schwimmen oder zum Festhalten.

*Die Gelbe Haarqualle nutzt ihre **Tentakel** zum Fang von Fischen. Bei großen Haarquallen können die Tentakel eine Länge von bis zu 30 Metern erreichen.*

Tentakel

Lange, bewegliche Gliedmaßen, z. B. bei vielen **Weichtieren*** wie Kraken oder bei **Nesseltieren***, etwa den Quallen. In den meisten Fällen tragen die Tentakel Tastsinnesorgane und dienen dem Nahrungserwerb. Landschnecken tragen am Kopf zwei Paar Tentakel, von denen das kürzere am Ende Augen trägt.

Garnele — **Fühler**

*Scheren zur Aufnahme von Nahrung, so genannte **Chelen***

*Garnelen haben einen **Cephalothorax** (Verschmelzung von Kopf und **Brust***).*

*Das letzte Segment der meisten **Gliederfüßer*** heißt **Telson**.*

Krake

Tentakel oder Fangarme

Trichter. Der Krake stößt Mantelwasser ruckartig aus dem Trichter und erzeugt dadurch einen Rückstoßantrieb.

Vibrissen

Steife lange Haare im Gesicht vieler **Säugetiere***, z. B. die Schnurrbarthaare um die Nase der Katze. Die Vibrissen stehen mit Tastsinnesorganen in Verbindung.

Fühler

Taster

Das Fühlerpaar der Heuschrecken ist sehr lang.

Taster

Fortsätze der Mundwerkzeuge von **Gliederfüßern***, z. B. der Insekten. An den Tastern sitzen chemische Sinnesorgane für Geruch oder Geschmack oder Tastsinnesorgane.

Borsten

Tympanalorgan (s. 47)

Borsten

Lange Haare in der Haut vieler **Wirbelloser***, z. B. von Insekten. Sie nehmen Luftströmungen oder Berührungen wahr.

*** Brust**, 36 (**Segmentation**); **Gliederfüßer, Nesseltiere, Säugetiere, Weichtiere, Wirbellose**, 113.

Gehör und Gleichgewicht

Seitenlinien
Zwei wassergefüllte, in die Haut versenkte Röhren, je eine auf einer Körperseite. Sie treten bei allen Fischen und bei solchen **Amphibien*** auf, die den größten Teil ihres Lebens im Wasser verbringen, z. B. Kröten. Mithilfe der Seitenlinien nehmen die Tiere Wasserströmungen und Druckunterschiede wahr und dienen somit der Orientierung.

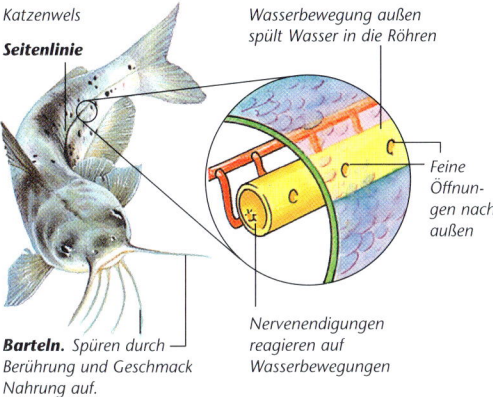

Katzenwels

Seitenlinie

Wasserbewegung außen spült Wasser in die Röhren

Feine Öffnungen nach außen

Barteln. *Spüren durch Berührung und Geschmack Nahrung auf.*

Nervenendigungen reagieren auf Wasserbewegungen

Tympanalorgane
Organe zur Wahrnehmung von Schallwellen, bei einigen Insekten und am Kopf von an Land lebenden **Wirbeltieren***, z. B. Fröschen. Sie bestehen aus einem luftgefüllten Sack, der von einer dünnen Gewebeschicht verschlossen wird. Sinneszellen im Inneren nehmen hochfrequente Schallwellen wahr.

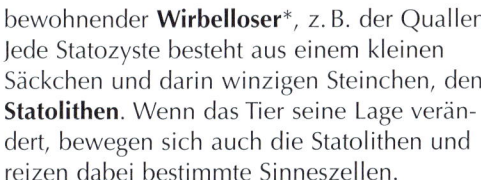

Tympanalorgan *seitlich des Kopfes*

Frosch

Statozysten
Winzige Gleichgewichtsorgane vieler wasserbewohnender **Wirbelloser***, z. B. der Quallen. Jede Statozyste besteht aus einem kleinen Säckchen und darin winzigen Steinchen, den **Statolithen**. Wenn das Tier seine Lage verändert, bewegen sich auch die Statolithen und reizen dabei bestimmte Sinneszellen.

Haltèren
Umgewandeltes zweites Flügelpaar bei Insekten, das den Flug stabilisiert.

Fliege

Haltèren

Sehen

Zusammengesetzte Augen (Komplexaugen)
Die Augen vieler Insekten und einiger anderer **Gliederfüßer***, z. B. der Krabben. Jedes besteht aus Hunderten von Einzelaugen, **Ommatidien** (Einzahl **Ommatidium**). Jedes Ommatidium hat ein eigenes Linsensystem, das die Lichtstrahlen zum **Rhabdom** hin bricht. Dieser durchsichtige Stab ist von lichtempfindlichen Sehzellen umgeben.

Komplexauge Bild einer Blüte (Mosaikbild)

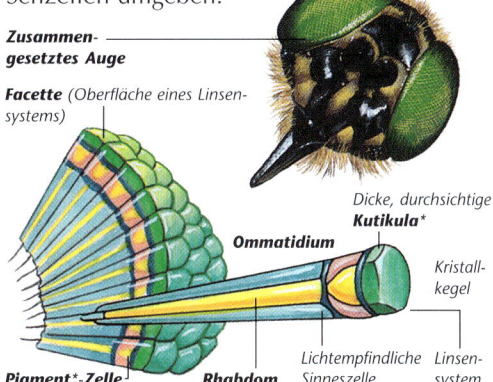

Zusammengesetztes Auge

Facette *(Oberfläche eines Linsensystems)*

Dicke, durchsichtige **Kutikula***

Ommatidium

Kristallkegel

Pigment*-**Zelle**

Rhabdom

Lichtempfindliche Sinneszelle

Linsensystem

Jedes Ommatidium hat einen etwas anderen Sehwinkel und nimmt unterschiedliche Lichtintensitäten und Farbwerte wahr. Das Gehirn vereinigt die zahlreichen Einzelinformationen der Ommatidien zu einem vollständigen **Mosaikbild**. Ihr Auflösungsvermögen ist nicht so gut wie das unseres Linsenauges.

Kommunikation

Pheromone
Chemische Stoffe, die ein Tier nach außen abgibt, um anderen Individuen derselben Art Informationen zu übermitteln, z. B. Sexuallockstoffe vieler Insekten.

Stridulation
Aneinanderreiben unterschiedlicher Körperteile zur Lauterzeugung, um Partner anzulocken. Laubheuschrecken verwenden dazu ihre Flügelkanten.

Syrinx
Das Stimmorgan der Vögel, ähnlich unserem **Kehlkopf***, aber an der Gabelung der Stammbronchien gelegen.

---

* **Amphibien**, **Gliederfüßer**, **Wirbellose**, **Wirbeltiere**,113; **Kehlkopf**, 70; **Kutikula**, 38; **Pigment**, 27.

FORTPFLANZUNG UND ENTWICKLUNG

Fortpflanzung ist die Schaffung neuen Lebens. Die meisten Tiere kennen eine **geschlechtliche Fortpflanzung***, bei der Geschlechtszellen, die weibliche **Eizelle** mit der männlichen **Samenzelle**, verschmelzen. Folgend werden die Hauptbegriffe der Fortpflanzungsbiologie erklärt.

*Küken schlüpft aus einem **beschalten Ei**.*

Vivipar

Bei viviparen Lebewesen findet die Verschmelzung der Geschlechtszellen (**Befruchtung**) und die Entwicklung des **Embryos*** im Inneren des weiblichen Körpers statt (**innere Befruchtung**). Das Weibchen gebärt ein lebendes Jungtier.

*Saugende junge Ferkel. Schweine sind **vivipar**.*

Ovipar

Die Entwicklung des **Embryos*** oviparer Tiere findet im Inneren eines Eies statt, das das Weibchen abgelegt hat. In einigen Fällen, z. B. bei Vögeln, verschmelzen die männlichen und weiblichen Geschlechtszellen im Inneren des weiblichen Körpers (**innere Befruchtung**), so dass das Ei bereits einen Embryo enthält. In anderen Fällen, vor allem bei Fischen, enthalten die Eier bei der Ablage nur die weibliche Geschlechtszelle oder **Eizelle**. Das Männchen legt den Samen (männliche Geschlechtszellen) darüber (**äußere Befruchtung**).

*Aus dem Ei schlüpfende Schlangen. Die meisten Schlangenarten sind **ovipar**.*

Eier

Es gibt zwei Haupttypen von Eiern. **Beschalte Eier** legen die meisten landbewohnenden Tiere, z. B. Vögel, die meisten **Reptilien*** sowie einige Wassertiere, z. B. Haie. Sie isolieren den **Embryo*** von seiner Umgebung. Nur Gase können durch die Schale hindurchtreten, (Abfallstoffe werden gespeichert). Das Ei enthält Nährstoffe (**Dotter**) für die Entwicklung des Embryos. Das Jungtier sieht beim Schlupf ähnlich aus wie das erwachsene Tier. Der zweite Eityp hat eine dünne Außenhaut, durch die Wasser, Gase und Abfallstoffe hindurchtreten können. Dieser Eityp tritt bei vielen Fischen auf. Die schlüpfenden Jungtiere sind nicht voll entwickelt.

Beschaltes Ei

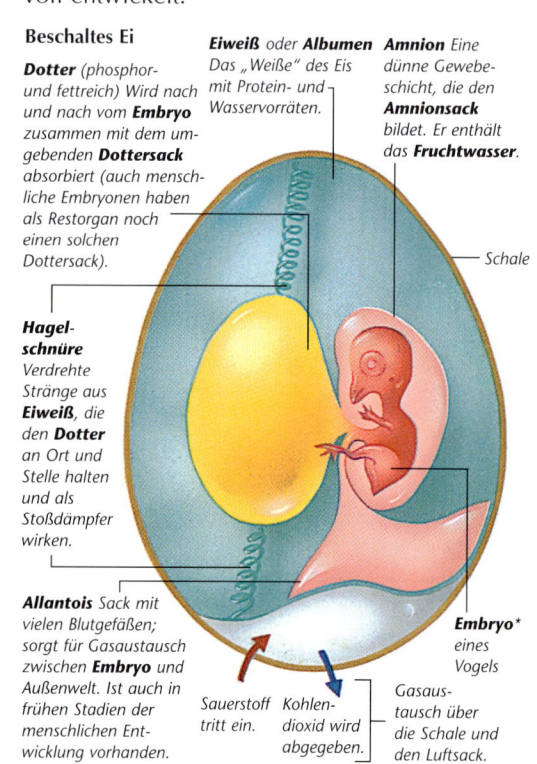

Dotter (phosphor- und fettreich) Wird nach und nach vom **Embryo** zusammen mit dem umgebenden **Dottersack** absorbiert (auch menschliche Embryonen haben als Restorgan noch einen solchen Dottersack).

Eiweiß oder **Albumen** Das „Weiße" des Eis mit Protein- und Wasservorräten.

Amnion Eine dünne Gewebeschicht, die den **Amnionsack** bildet. Er enthält das **Fruchtwasser**.

Hagelschnüre Verdrehte Stränge aus **Eiweiß**, die den **Dotter** an Ort und Stelle halten und als Stoßdämpfer wirken.

Schale

Allantois Sack mit vielen Blutgefäßen; sorgt für Gasaustausch zwischen **Embryo** und Außenwelt. Ist auch in frühen Stadien der menschlichen Entwicklung vorhanden.

Sauerstoff tritt ein.

Kohlendioxid wird abgegeben.

Embryo* eines Vogels

Gasaustausch über die Schale und den Luftsack.

Eileiter oder Ovidukt

Ein Gang im weiblichen Körper, durch den **Eier** oder **Eizellen** (weibliche Geschlechtszellen) abgegeben werden. Bei manchen Tieren, z.B. Vögeln, sind die Eier bei der Abgabe bereits **befruchtet** (s. **ovipar**).

Ovipositor

Ein Organ am Hinterleibsende vieler weiblicher Insekten, mit dem **Eier** gelegt werden. Oft ist der Ovipositor lang und scharf und imstande, tierische oder pflanzliche Gewebe zu durchstoßen.

Samenbehälter

Ein Säckchen für die Aufbewahrung von männlichem **Samen** im Körper vieler weiblicher **Wirbelloser***, z.B. Insekten, sowie bei niederen **Wirbeltieren***, z.B. Molchen. Das Weibchen bewahrt die Samen so lange auf, bis seine Eizellen reif für die **Befruchtung** sind.

*Zwittrige Tierarten (mit weiblichen und männlichen Geschlechtsorganen), z.B. Regenwürmer, besitzen **Samenbehälter**. Sie tauschen Samen bei der Paarung.*

Metamorphose

Entwicklung und Wachstum eines Tieres über ein oder mehrere Larvenstadien, die sich vom erwachsenen Tier mehr oder minder deutlich unterscheiden. Man spricht deswegen auch von Verwandlung. Während der Metamorphose verwandelt sich das Jungtier langsam zum erwachsenen Tier.

Alle Insekten, die meisten meeresbewohnenden **Wirbellosen***, z.B. Hummer, und die meisten **Amphibien***, z.B. Frösche, durchlaufen eine Metamorphose. Zwischenformen treten dabei häufig auf, z.B. beinlose **Kaulquappen** bei Fröschen und Kröten. Unten sind die **vollkommene** und die **unvollkommene Metamorphose** dargestellt.

*Vollkommene Metamorphose: zwei verschiedene Formen, zwischen **Ei** und erwachsenem Tier, nämlich Larve und Puppe. Die Insekten mit vollkommener Verwandlung, z.B. die Schmetterlinge, heißen auch **Endopterygota**.*

*Unvollkommene Metamorphose: Die Entwicklung verläuft über mehrere Larvenstadien, die den erwachsenen Tieren schon weitgehend ähneln. Tiere mit unvollkommener Verwandlung heißen auch **Exopterygota**.*

Nymphe ——— **Nymphe** einer Heuschrecke

Männchen und Weibchen des Roten Scheckenfalters bei der Paarung. Die Weibchen legen die Eier auf Pflanzen ab.

Nymphe: Schlüpft aus dem Ei und sieht bei unvollkommener Verwandlung dem erwachsenen Tier ähnlich. Die Flügel fehlen aber noch oder sind nur ansatzweise angelegt. Auch fehlen viele innere Organe.

*Larve: Schlüpft aus dem Ei; volkstümliche Namen, z.B. **Made** (Fliegen), **Engerling** (Maikäfer), **Raupe** (Schmetterlinge). Die Larve häutet sich mehrmals im Lauf ihres Wachstums. Diese **Häutung** ist ein Merkmal aller **Gliederfüßer***.*

*Nymphen durchlaufen mehrere **Häutungen** (s. **Larve**), bei denen sich die Merkmale des erwachsenen Tieres ausbilden.*

Alte Haut

*Die letzte **Häutung** (s. **Larve**) führt zur **Puppe**. Die Außenhaut ist eine harte, schützende Hülle. Die Hülle von Mottenlarven bildet einen speziellen Schutz in Form eines **Kokons** aus gesponnener Seide.*

*Aus der letzten **Häutung** geht das vollentwickelte Insekt (**Imago**) hervor.*

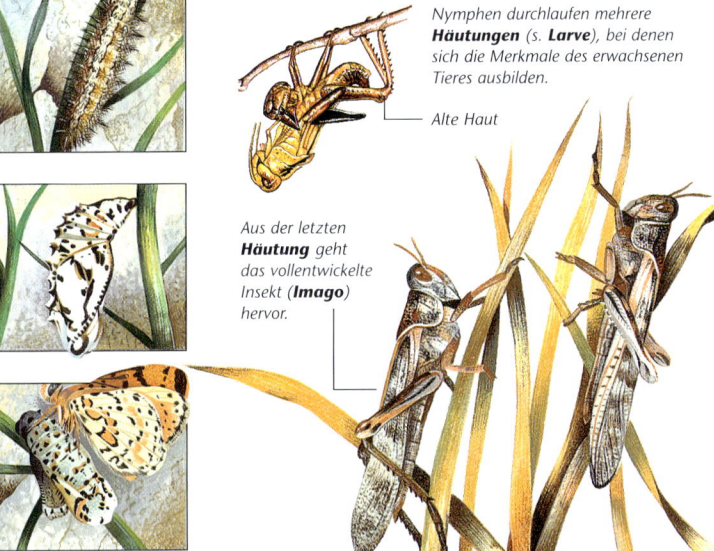

*Die harte Hülle platzt, ein vollentwickeltes Insekt (**Imago**) schlüpft. Die Imago sucht einen Partner, paart sich und der Kreislauf beginnt von vorn.*

* **Amphibien**, **Gliederfüßer**, **Wirbellose**, **Wirbeltiere**, 113.

DAS SKELETT

Das menschliche **Skelett** besteht aus über 200 Knochen. Es stützt und schützt die **inneren Organe** und bildet ein festes Gerüst, an dem die Muskeln angreifen können.

Schädel

Er beschützt das Gehirn (**Hirnschädel**) und die Gesichtsorgane (**Gesichtsschädel**). Die Knochen sind über **Suturen** (Schädelnähte) miteinander verbunden. Der Oberkiefer (**Maxille**) besteht aus zwei verwachsenen Knochen.

Schädel

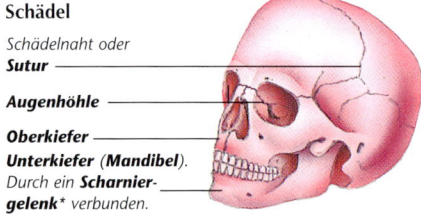

Schädelnaht oder
Sutur

Augenhöhle

Oberkiefer
Unterkiefer (Mandibel).
*Durch ein **Scharniergelenk*** verbunden.*

Brustkorb

Der Brustkorb wird von zwölf Paar **Rippen**, den **Brustwirbeln** und dem **Brustbein** gebildet. Die Rippen sind mit dem Brustbein durch Bänder aus **Knorpel*** verbunden, den **Rippenknorpeln**. Nur die ersten sieben Paare setzen direkt am Brustbein an. Die übrigen nennt man **falsche Rippen**. Die obersten drei sind indirekt über den Rippenknorpel der siebten Rippe mit dem Brustbein verbunden. Die untersten beiden Rippenpaare heißen **freie Rippen**, weil sie nur mit den Brustwirbeln verbunden sind.

Brustkorb

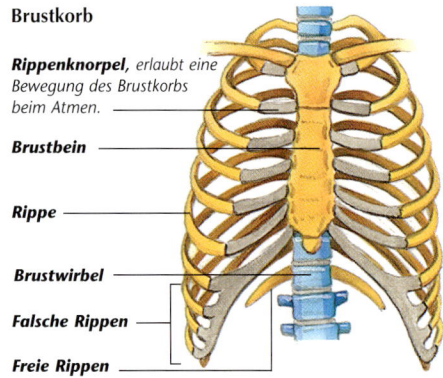

Rippenknorpel, *erlaubt eine Bewegung des Brustkorbs beim Atmen.*

Brustbein

Rippe

Brustwirbel

Falsche Rippen

Freie Rippen

Die Knochen des Skeletts

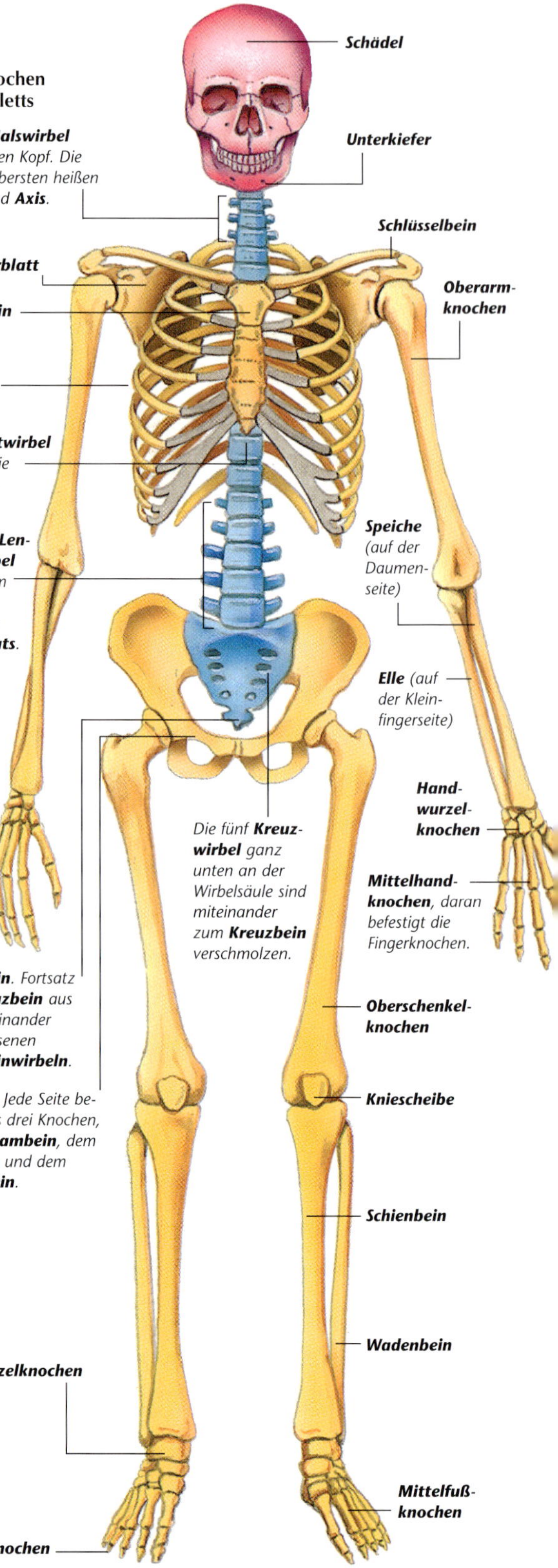

*Sieben **Halswirbel** tragen den Kopf. Die beiden obersten heißen **Atlas** und **Axis**.*

Schulterblatt

Brustbein

Rippen

*12 **Brustwirbel** tragen die **Rippen**.*

*Die fünf **Lendenwirbel** liegen am unteren Ende des **Rückgrats**.*

*Die fünf **Kreuzwirbel** ganz unten an der Wirbelsäule sind miteinander zum **Kreuzbein** verschmolzen.*

Steißbein. *Fortsatz am **Kreuzbein** aus vier miteinander verwachsenen **Steißbeinwirbeln**.*

Becken. *Jede Seite besteht aus drei Knochen, dem **Schambein**, dem **Sitzbein** und dem **Darmbein**.*

Fußwurzelknochen

Zehenknochen

Schädel

Unterkiefer

Schlüsselbein

Oberarmknochen

Speiche
(auf der Daumenseite)

Elle *(auf der Kleinfingerseite)*

Handwurzelknochen

Mittelhandknochen, *daran befestigt die Fingerknochen.*

Oberschenkelknochen

Kniescheibe

Schienbein

Wadenbein

Mittelfußknochen

* **Knorpel**, 53; **Scharniergelenk**, 52.

Wirbelsäule

Eine bewegliche Kette von 33 **Wirbeln**, auch **Rückgrat** genannt. Die Wirbelsäule schützt das **Rückenmark***, trägt den Kopf und dient als Anheftungsstelle für das **Becken** und den **Brustkorb**.

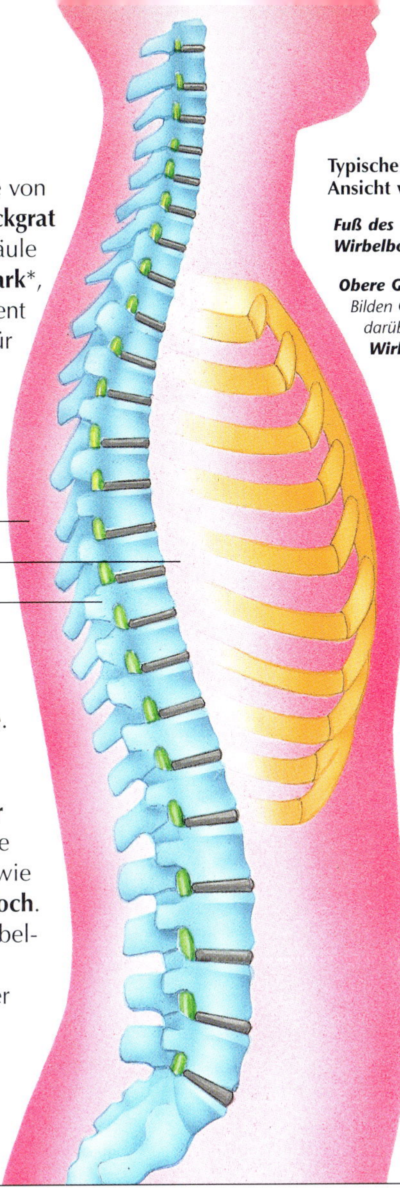

Wirbelsäule ——————

Brustkorb ——————

Wirbel ——————

Wirbel

Einer der 33 Knochen der **Wirbelsäule**. Ein typischer Wirbel hat einen umfangreichen **Wirbelkörper** und mehrere Fortsätze (Namen, s. unten) sowie ein zentrales **Wirbelloch**. Dieses wird vom Wirbelbogen umschlossen. Die Gesamtheit dieser Wirbellöcher bildet den **Wirbelkanal**, in dem das **Rückenmark*** verläuft.

Typischer Wirbel (Brustwirbel). Ansicht von oben

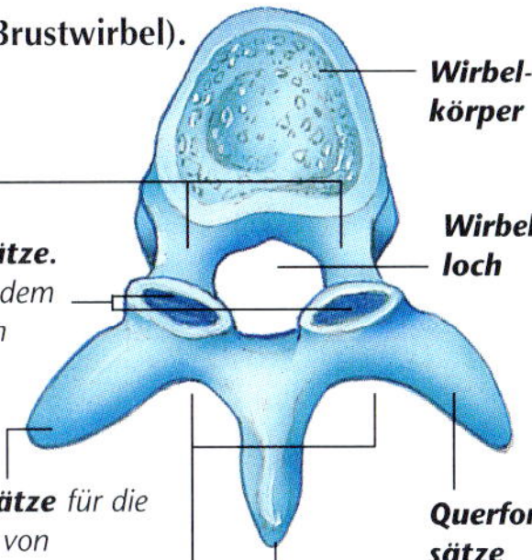

Wirbelkörper

Fuß des Wirbelbogens

Obere Gelenkfortsätze. Bilden Gelenke mit dem darüber liegenden **Wirbel**.

Wirbelloch

Querfortsätze für die Anheftung von Muskeln.

Querfortsätze

Untere Gelenkfortsätze (in der Zeichnung nicht sichtbar), bilden Gelenke mit dem darunter liegenden **Wirbel**.

Dornfortsatz. Dient als Ansatzstelle für Muskeln.

Typischer Wirbel (Brustwirbel). Ansicht von der Seite

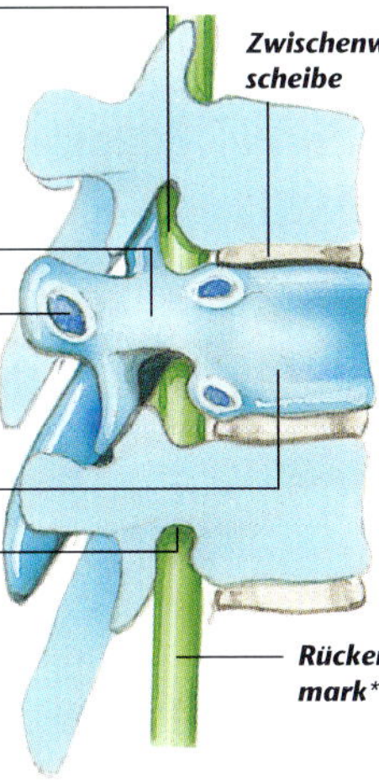

Wirbelloch

Zwischenwirbelscheibe

Wirbel

Gelenkfläche für die Rippen.

Wirbelkörper

Wirbelkanal

Rückenmark*

Bau der Wirbelsäule

Die oberen 24 Wirbel sind beweglich und untereinander durch **Zwischenwirbelscheiben** (Bandscheiben) aus **Knorpel*** verbunden. Die unteren neun sind miteinander verschmolzen. Alle Wirbel zeigen die oben beschriebene Struktur, mit Ausnahme der oberen beiden (**Altas** und **Axis**). Der **Altas** bildet mit dem **Schädel** ein besonderes Gelenk, das Bewegungen in alle Richtungen erlaubt. Die **Axis** hat einen **Zahnfortsatz**, der sich in den Atlas einfügt. Er bildet dort ein **Drehgelenk**, das Drehbewegungen des Kopfes erlaubt.

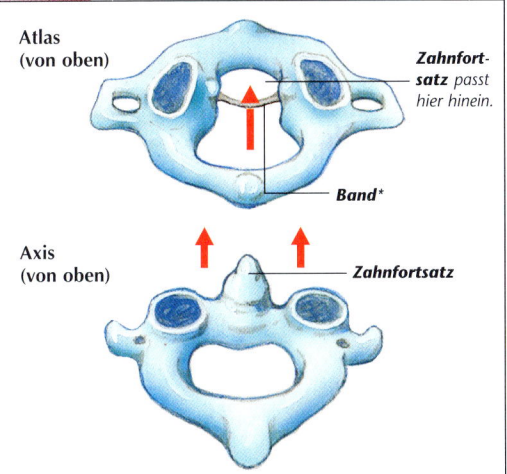

Atlas (von oben)

Zahnfortsatz passt hier hinein.

Band*

Axis (von oben)

Zahnfortsatz

GELENKE UND KNOCHEN

Jede Verbindung von Knochen bezeichnet man als **Gelenk**. Die festen Knochenverbindungen oder **Haften** erlauben keine Bewegungen, z. B. die **Schädelnähte***. Die meisten Knochenverbindungen sind jedoch echte bewegliche Gelenke, die dem Körper Geschmeidigkeit verleihen.

Scharniergelenke

Diese Gelenke erlauben Bewegungen nur in einer Ebene. Scharniergelenke befinden sich z. B. im Ellbogen, im Knöchel, in den Zehen- und Fingerknochen und im Knie.

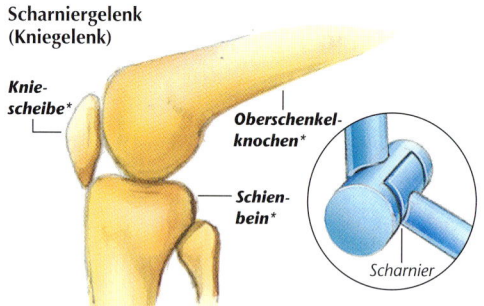

Scharniergelenk
(Kniegelenk)

Knie-
scheibe*

Oberschenkel-
knochen*

Schien-
bein*

Scharnier

Flache Gelenke

Gelenke, in denen sich die flachen Gelenkflächen gegeneinander verschieben, z. B. bei **Handwurzelknochen***. Sie sind beweglicher als **Scharniergelenke**.

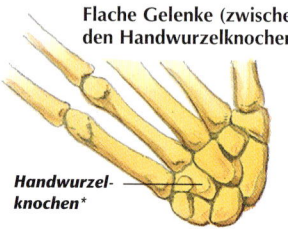
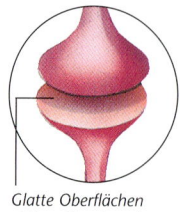

Flache Gelenke (zwischen den Handwurzelknochen*)

Handwurzel-
knochen*

Glatte Oberflächen gleiten übereinander.

Kugelgelenke

Die weitaus beweglichsten Gelenke, die eine Bewegung in alle drei Ebenen ermöglichen. Der Gelenkkopf passt in die Gelenkpfanne. Kugelgelenke finden wir in der Hüfte und in der Schulter.

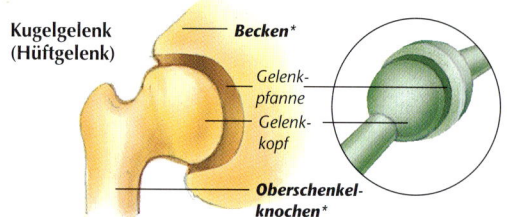

Kugelgelenk
(Hüftgelenk)

Becken*

Gelenk-
pfanne

Gelenk-
kopf

Oberschenkel-
knochen*

Stützgewebe

Es gibt viele verschiedene Typen von **Stützgewebe** im Körper. Sie stützen und verbinden Zellen und Organe und bestehen aus unterschiedlichem toten Material (**Matrix**), in das die lebenden Zellen eingestreut sind. Die Gewebetypen, die an Gelenken zu finden sind, einschließlich der **Knochen**, sind Bindegewebe. Sie bestehen aus den zähen **kollagenen Fasern** oder aus den dehnbaren **elastischen Fasern**.

Der Zeitraum, in dem die verschiedenen Gewebetypen heilen, hängt von der Durchblutung ab. **Knochenhaut** ist **vaskulär** (von Gefäßen durchzogen) und heilt daher schneller als **avaskulärer Knorpel**, der keine Blutgefäße enthält.

Knochenhaut

Eine dünne Schicht elastischen Bindegewebes. Es umgibt alle Knochen mit Ausnahme der Gelenke, wo anstelle von Knochenhaut **Knorpel** auftreten. Die Knochenhaut enthält Knochenbildungszellen oder **Osteoblasten**, die für das Knochenwachstum wichtig sind.

Bänder

Zugfestes Bindegewebe, das die Knochen eines Gelenkes miteinander verbindet und viele Organe an Ort und Stelle fixiert. Die meisten Bänder sind zäh und fest, doch einige sind auch elastisch, etwa zwischen den **Wirbeln***.

Schleimbeutel

Ein stoßdämpfender „Sack", gefüllt mit klebriger Gelenkschmiere (**Synovialflüssigkeit**), umgeben von elastischem Bindegewebe. Die meisten beweglichen Gelenke, z. B. das Knie, weisen einen solchen **Schleimbeutel** zwischen den Knochen auf.

* **Becken**, **Handwurzelknochen**, **Kniescheibe**, **Oberschenkelknochen**, **Schädelnähte**, **Schienbein**, 50; **Wirbel**, 51.

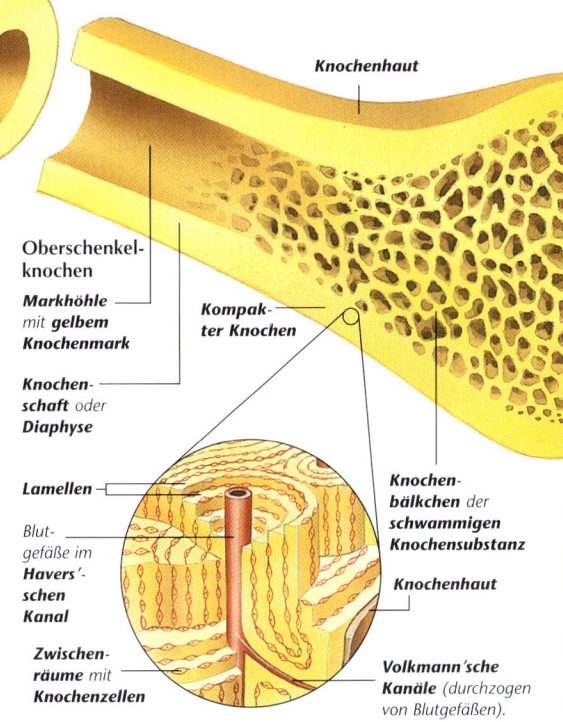

Knochenhaut

**Oberschenkel-
knochen**

Markhöhle
mit **gelbem
Knochenmark**

**Kompak-
ter Knochen**

**Knochen-
schaft** *oder*
Diaphyse

Lamellen

*Blut-
gefäße im*
**Havers'-
schen
Kanal**

**Knochen-
bälkchen** *der*
**schwammigen
Knochensubstanz**

Knochenhaut

**Zwischen-
räume** *mit*
Knochenzellen

**Volkmann'sche
Kanäle** *(durchzogen
von Blutgefäßen).*

Schwammige Knochensubstanz

Substanz, die in kurzen und flachen Knochen, z. B. **Brust-bein***, vorkommt; füllt die Gelenkenden langer Knochen, z. B. **Oberschenkelknochen***. Sie besteht aus einer schwammigen Struktur mit zahlreichen **Knochen-bälkchen**. Die großen Zwischenräume sind mit rotem **Knochenmark** angefüllt.

Kompakter Knochen

Bildet die äußere Schicht aller **Knochen**. Er hat weniger Zwischenräume als die schwammige Substanz und liegt in konzentrischen Schichten oder **Lamellen** um die **Havers'schen Kanäle**. Darin befinden sich Blutgefäße und Nerven, die zu den Knochenzellen ziehen.

Knochen oder Knochengewebe

Eigentlich eine besondere Form des Bindegewebes. Knochengewebe wird hart durch Einlagerung von Phosphor- und Kalziumverbindungen. Die lebenden Knochenzellen oder Osteozyten befinden sich in winzigen Zwischenräumen in der anorganischen Grundsubstanz.

Knochenmark

Es gibt zwei Typen von Knochenmark. Das rote Knochenmark titt in **schwammiger Substanz** auf und stellt rote und einige weiße Blutkörperchen her. **Gelbes Knochenmark** findet sich in **Markhöhlen** der **Röhrenknochen** und dient als Fettspeicher.

Sehnen

Bänder aus zähem Bindegewebe, die Muskeln und Knochen verbinden. Sie sind die Fortsetzung der bindegewebigen Haut, die jeden Muskel umgibt.

Knorpel

Ein druckfestes Stützgewebe. Aus Knorpel sind z. B. die Band- oder Zwischenwirbelscheiben, die für eine federnde Verbindung zwischen den **Wirbeln*** sorgen. In Gelenken mit **Schleimbeuteln** bedecken **Gelenkknorpel** den Knochen. Die Nasenspitze und die Ohrmuschel sind beweglich und enthalten elastischen Knorpel. In einem frühen Stadium weist der Embryo ein Knorpelskelett auf. Später findet die **Verknöcherung** oder **Ossifikation** statt.

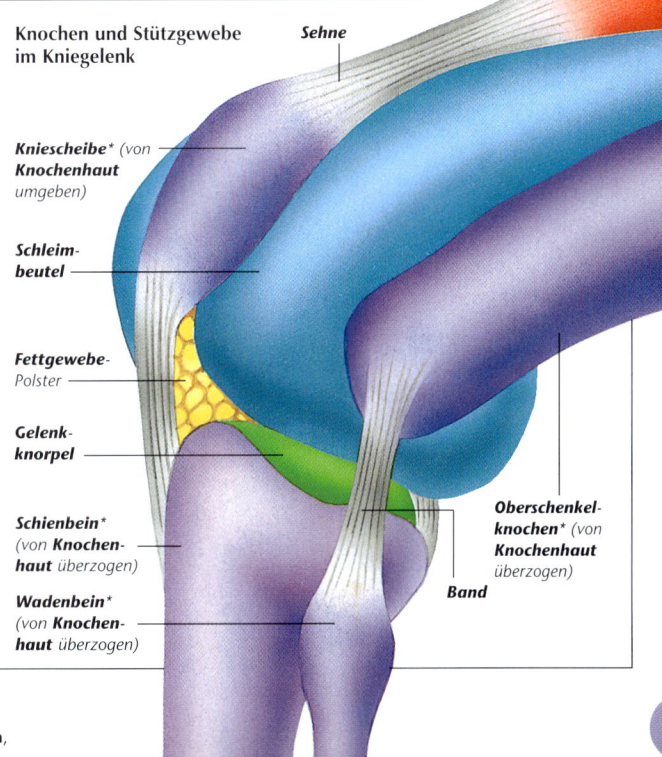

**Knochen und Stützgewebe
im Kniegelenk**

Sehne

Kniescheibe* *(von* **Knochenhaut** *umgeben)*

**Schleim-
beutel**

Fettgewebe-
Polster

**Gelenk-
knorpel**

Schienbein*
(von **Knochen-
haut** *überzogen)*

Wadenbein*
(von **Knochen-
haut** *überzogen)*

**Oberschenkel-
knochen*** *(von*
Knochenhaut
überzogen)

Band

MUSKELN

Muskeln bestehen aus einem besonderen elastischen Gewebe und kommen überall im Körper vor. Man unterscheidet **willkürliche Muskeln**, die wir beeinflussen und steuern können, und **unwillkürliche Muskeln**, die nicht der Kontrolle des Willens unterliegen.

Antagonisten

Zusammenschluss von Muskeln in entgegengesetzt arbeitenden Muskelpaaren. Der Muskel, der sich für eine Bewegung zusammenzieht, wird **Agonist** (Beuger) genannt. Der Muskel, der sich in diesem Moment entspannt, heißt **Antagonist** (Strecker).

Muskeltypen

Skelettmuskeln

Muskeln, die mit den Knochen des Skeletts verbunden sind. Sie kontrahieren sich gleichzeitig oder in zeitlicher Abfolge und können dadurch alle Körperteile bewegen. Die Skelettmuskeln sind **willkürliche Muskeln** und bestehen durchweg aus **quer gestreifter Muskulatur.** Die Benennung erfolgt nach ihrer Lage, Form oder Größe, z. B. bewirken **Beuger** eine **Beugung** des Muskels, während **Strecker** Muskeln geradeziehen.

Herzmuskel

Der Muskel, aus dem fast die gesamte Herzwand besteht. Der Herzmuskel ist ein **unwillkürlicher Muskel** und untersteht nicht dem Willen. Er ist aus einem besonderen Gewebetyp aufgebaut, der **Herzmuskulatur.**

Eingeweidemuskeln

Die Muskeln in den Wänden vieler Organe, z. B. des Darms und der Blutgefäße. Sie alle gehören zu den **unwillkürlichen Muskeln** und bestehen aus **glatter Muskulatur.**

Beispiel von Antagonisten (Bizeps und Trizeps)

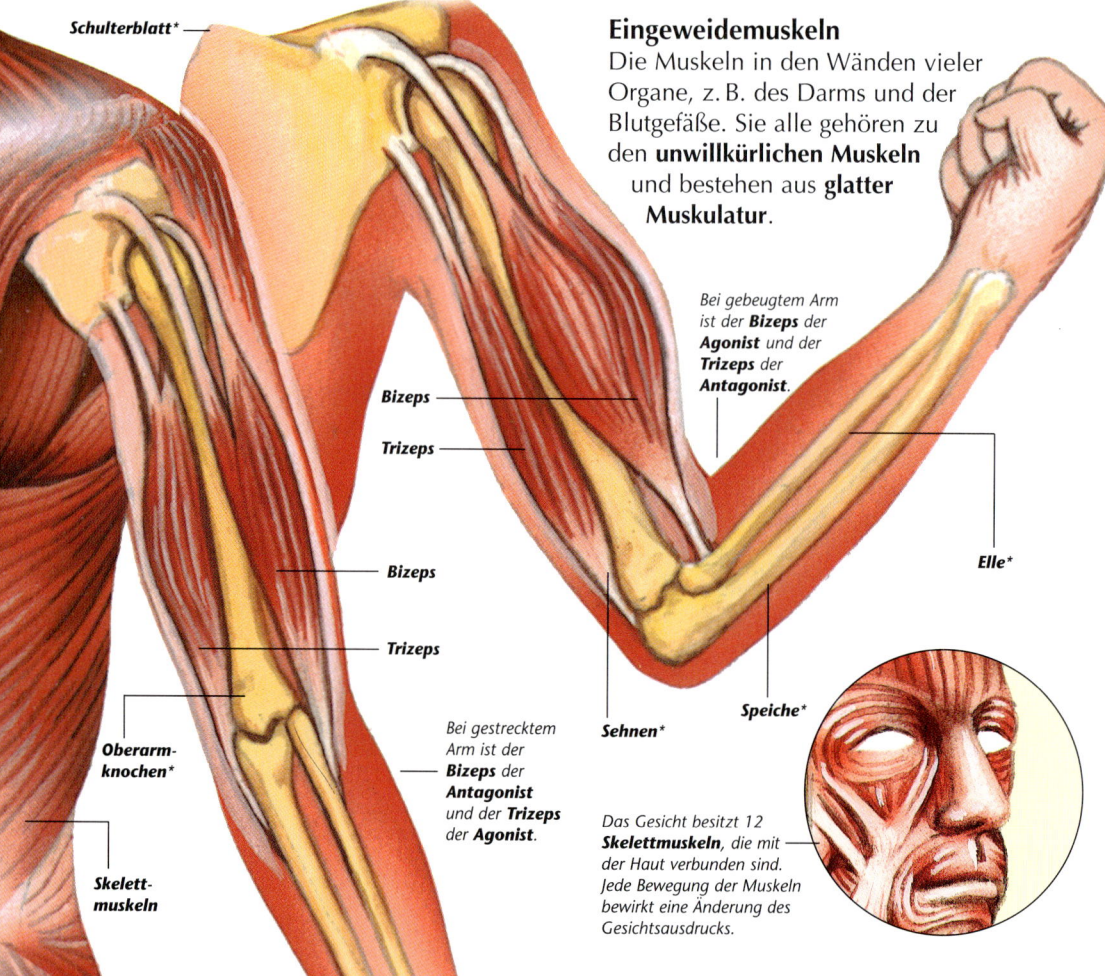

Schulterblatt*

*Bei gebeugtem Arm ist der **Bizeps** der **Agonist** und der **Trizeps** der **Antagonist**.*

Bizeps

Trizeps

Bizeps

Trizeps

Elle*

Oberarmknochen*

*Bei gestrecktem Arm ist der **Bizeps** der **Antagonist** und der **Trizeps** der **Agonist**.*

Sehnen*

Speiche*

Skelettmuskeln

*Das Gesicht besitzt 12 **Skelettmuskeln**, die mit der Haut verbunden sind. Jede Bewegung der Muskeln bewirkt eine Änderung des Gesichtsausdrucks.*

* **Elle**, **Oberarmknochen**, **Schulterblatt**, **Speiche**, 50; **Sehne**, 53.

Der Aufbau des Muskelgewebes

Die verschiedenen Muskeltypen des menschlichen Körpers bestehen aus unterschiedlichen Arten von Muskelgewebe. Jedes Muskelgewebe weist viele Blutgefäße auf, die Nährstoffe für die Energiegewinnung herantransportieren. Es besitzt außerdem viele Nerven, die die Muskeln zur Bewegung reizen.

Quer gestreifte Muskulatur

Muskeltyp, aus dem die **Skelettmuskeln** aufgebaut sind. Sie bestehen aus langen **Muskelfasern**, die zu **Muskelfaserbündeln** zusammengefasst sind. Jede einzelne Muskelfaser sieht **quer gestreift** aus und besteht aus zahlreichen Längszylindern, den **Myofibrillen**. Sie ziehen sich zusammen, wenn sie von einem Nerv erregt werden. Die Myofibrillen bestehen aus ineinander greifenden Arten von **Filamenten** oder **Protofibrillen**; den dünnen Filamenten aus **Actin** und den dickeren aus **Myosin**. Beide verschieben sich bei einer Kontraktion parallel zueinander.

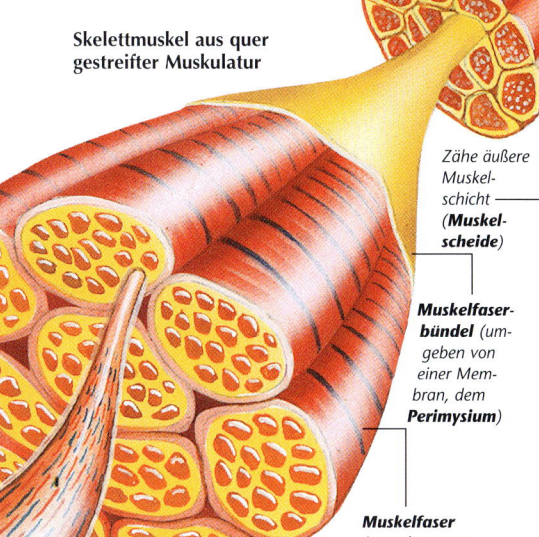

Skelettmuskel aus quer gestreifter Muskulatur

Zähe äußere Muskelschicht (**Muskelscheide**)

Muskelfaserbündel (umgeben von einer Membran, dem **Perimysium**)

Muskelfaser (umgeben vom **Sarkolemm**)

Filamente

Myofibrille

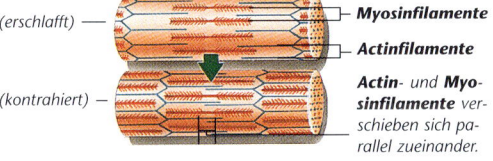

(erschlafft)

(kontrahiert)

Myosinfilamente

Actinfilamente

Actin- und **Myosinfilamente** verschieben sich parallel zueinander.

Herzmuskulatur

Eine besondere Form der **quer gestreiften Muskulatur**; sie findet sich nur im **Herzmuskel**. Die rhythmischen Kontraktionen dieses Organs werden von bestimmten Gebieten auf dem Muskel ausgelöst, die elektrische Impulse erzeugen. Dieser Rhythmus kann von außen nur beschleunigt oder verlangsamt werden.

Glatte Muskulatur

Baut die **Eingeweidemuskeln** auf. Sie bestehen aus spindelförmigen, kurzen Zellen. Ungeklärt ist, wie sich die glatte Muskulatur zusammenzieht. Sie enthält aber auch **Actin** und **Myosin** und wird von Nerven gereizt.

Reizung durch Nerven

Die meisten Muskeln werden von Nerven, die durch den ganzen Körper ziehen, zur Bewegung und Kontraktion veranlasst, s. 80–81.

Muskelspindel

Eine Gruppe von **Muskelfasern** (s. **quer gestreifte Muskulatur**), die von den Endfasern einer **sensiblen Nervenzelle**[*] umhüllt werden. Die Endfasern münden in eine einzige Nervenfaser (**Dendrit**[*]). Bewegt sich der Muskel, senden die Nervenfasern Informationen in Form von Impulsen ans Gehirn, so dass dieses über den neuen Bewegungszustand informiert ist. Es kann dann die Befehle für weitere zusätzliche Bewegungen erteilen.

Motorische Endplatte

Verbindungsstelle zwischen Endfasern einer **motorischen Nervenzelle**[*] und **Muskelfaser**. Diese Endfasern sind Abzweigungen eines langen Nervenfortsatzes, **Axon**[*] (**Neurit**). Er überträgt die Nervenimpulse, die zur Kontraktion des Muskels führen. Jeder Impuls wird verdoppelt und in jede Endfaser gesandt, so dass der gesamte Muskel eine große Zahl von Nervenimpulsen erhält.

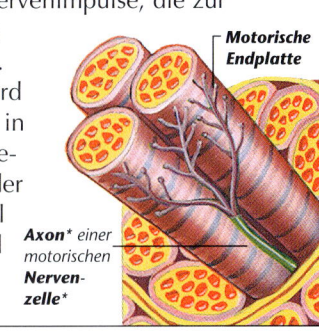

Motorische Endplatte

Axon[*] *einer motorischen* **Nervenzelle**[*]

[*] **Axon**, 76; **Dendrit**, 76 ; **motorische Nervenzelle, sensible Nervenzelle**, 77.

ZÄHNE

Die **Zähne** bereiten die Nahrung für die Verdauung vor, indem sie die Nahrung in kleine Stücke schneiden und zerreiben. Jeder Zahn sitzt im Kieferknochen und ist von einer weichen Gewebeschicht, dem **Zahnfleisch**, umgeben. Der Mensch bekommt zweimal in seinem Leben ein **Gebiss**. Das **Milchgebiss** besteht aus 20 **Milchzähnen**. Das **Dauergebiss** mit den **bleibenden Zähnen** setzt sich aus insgesamt 32 Zähnen zusammen.

Aufbau des Zahns

Krone
Der sichtbare Teil des Zahns. Die Krone ist von **Zahnschmelz** bedeckt und ist vor allem äußeren Einwirkungen ausgesetzt, etwa dem Zahnzerfall.

Wurzel
Der untere Teil des Zahns, der in einem Fächer im Kieferknochen ruht. **Schneidezähne** und **Eckzähne** haben eine Wurzel, **Backenzähne** (**Prämolare**) eine oder zwei und **Mahlzähne** (**Molare**) zwei oder drei Wurzeln. Jede Wurzel wird von den zähen Fasern eines **Bandes***, der **Wurzelhaut**, festgehalten. Diese Fasern sind am einen Ende am Kieferknochen, am anderen Ende am **Zement** befestigt; sie dienen auch als Stoßdämpfer.

Zahnbein oder Dentin
Gelbliche Substanz, die die zweite Schicht im Zahn bildet. Sie weist, wie der **Zahnschmelz**, Knochenbestandteile auf, ist aber weicher und enthält auch **kollagene Fasern*** sowie lebende Zellen mit **Zytoplasma***. Diese ragen von der Pulpa in die **Pulpahöhle** hinein.

Zahnhals
Abschnitt des Zahns auf der Höhe des Zahnfleisches zwischen **Krone** und **Wurzel**.

Zahnschmelz
Knochenähnliche Substanz, ohne lebende Zellen, die die härteste Substanz im Körper darstellt. Schmelz besteht aus eng gepackten **Hydroxylapatit**-Kristallen. Chemisch gesehen handelt es sich dabei um Kalziumphosphat mit Fluoreinlagerungen.

Zement
Eine knochenähnliche Substanz, ähnlich dem **Zahnschmelz**, aber viel weicher. Der Zement umgibt die dünne Oberflächenschicht der **Wurzel** und ist über die **Wurzelhaut** mit dem Kieferknochen verbunden.

Pulpahöhle
Die zentrale Höhle eines Zahns. Die Pulpahöhle ist überall vom **Zahnbein** oder **Dentin** umgeben. Sie enthält ein weiches Gewebe, die **Pulpa**, mit Blutgefäßen und Nervenendigungen. Unten an der **Wurzel** treten die Blutgefäße und Nerven über die **Wurzelkanäle** in die Pulpahöhle ein. Die Nervenendigungen dienen als **Rezeptoren*** für den Schmerz.

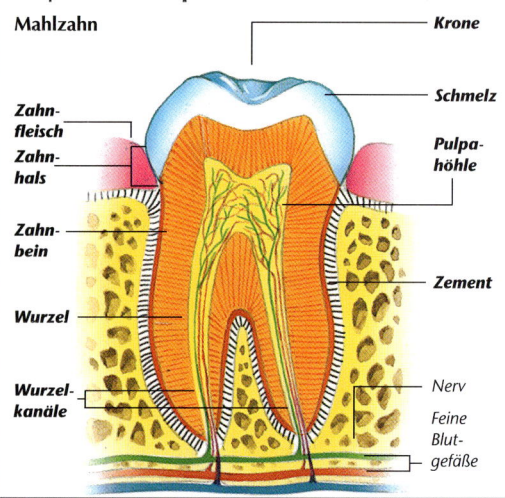

Mahlzahn

Krone

Zahn-fleisch

Zahn-hals

Zahn-bein

Wurzel

Wurzel-kanäle

Schmelz

Pulpa-höhle

Zement

Nerv

Feine Blut-gefäße

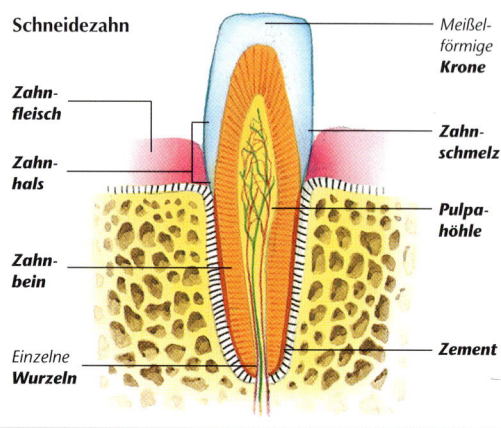

Schneidezahn

Zahn-fleisch

Zahn-hals

Zahn-bein

Einzelne **Wurzeln**

Meißel-förmige **Krone**

Zahn-schmelz

Pulpa-höhle

Zement

* **Band**, 52; **kollagene Faser**, 52 (**Stützgewebe**); **Schmerzrezeptor**, 83; **Zytoplasma**, 10.

Zahntypen

Schneidezähne

Scharfe, meißel- oder schaufelförmige Zähne zum Beißen und Schneiden. Jeder Schneidezahn hat eine Wurzel, und in jedem Kiefer stehen vorn vier Schneidezähne.

Eckzähne

Kegelförmige Zähne, die zum Zerreißen der Nahrung dienen. Jeder Eckzahn hat eine scharfe **Kauspitze** und eine **Wurzel**. In jedem Kiefer stehen zwei Eckzähne, je einer hinter den **Schneidezähnen**. Bei manchen Raubtieren sind die Eckzähne lang und scharf ausgebildet.

Backenzähne oder Prämolaren

Stumpfe, breite Zähne zum Zerkleinern und Zerreiben der Nahrung. Backenzähne kommen nur im Dauergebiss vor. In jedem Kiefer stehen vier, je zwei hinter dem **Eckzahn**. Backenzähne haben zwei scharfe **Kauspitzen** und eine **Wurzel**. Nur die ersten oberen Backenzähne haben zwei Wurzeln.

Mahlzähne oder Molaren

Stumpfe, breite Zähne, ähnlich den **Backenzähnen** oder **Prämolaren**. Sie zermahlen die Nahrung sehr fein. Dazu verfügen sie über je vier **Kauspitzen**. Die unteren Mahlzähne haben je zwei **Wurzeln**, die oberen jedoch drei. Beim Dauergebiss stehen in jedem Kiefer sechs Mahlzähne, jeweils drei hinter den **Backenzähnen**. Die dritten Mahlzähne heißen auch **Weisheitszähne**.

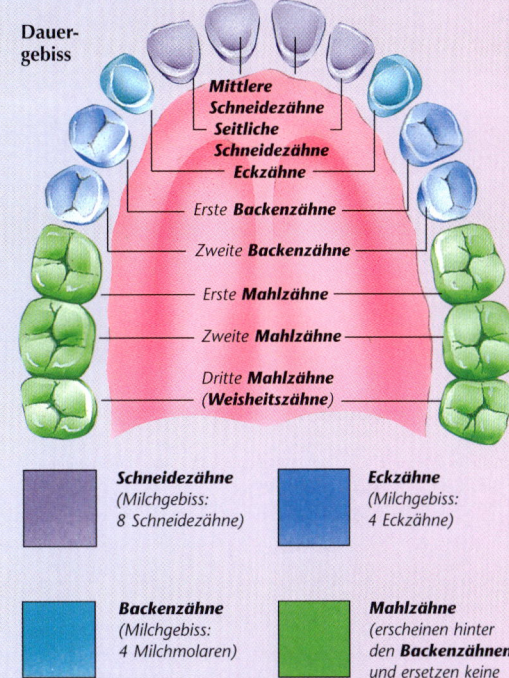

Dauer-gebiss

Mittlere Schneidezähne
Seitliche Schneidezähne
Eckzähne
Erste **Backenzähne**
Zweite **Backenzähne**
Erste **Mahlzähne**
Zweite **Mahlzähne**
Dritte **Mahlzähne** (**Weisheitszähne**)

Schneidezähne (Milchgebiss: 8 Schneidezähne)

Eckzähne (Milchgebiss: 4 Eckzähne)

Backenzähne (Milchgebiss: 4 Milchmolaren)

Mahlzähne (erscheinen hinter den **Backenzähnen** und ersetzen keine Milchzähne)

Weisheitszähne

Vier **Mahlzähne** oder **Molaren**, die ganz hinten im Kiefer liegen. Sie stellen die dritten Mahlzähne dar und erscheinen, nachdem der Mensch ausgewachsen ist. Es kommt oft vor, dass im Kiefer kein Platz für die Weisheitszähne ist, dann bleiben sie im Kieferknochen stecken. Manche Menschen bekommen gar keine Weisheitszähne.

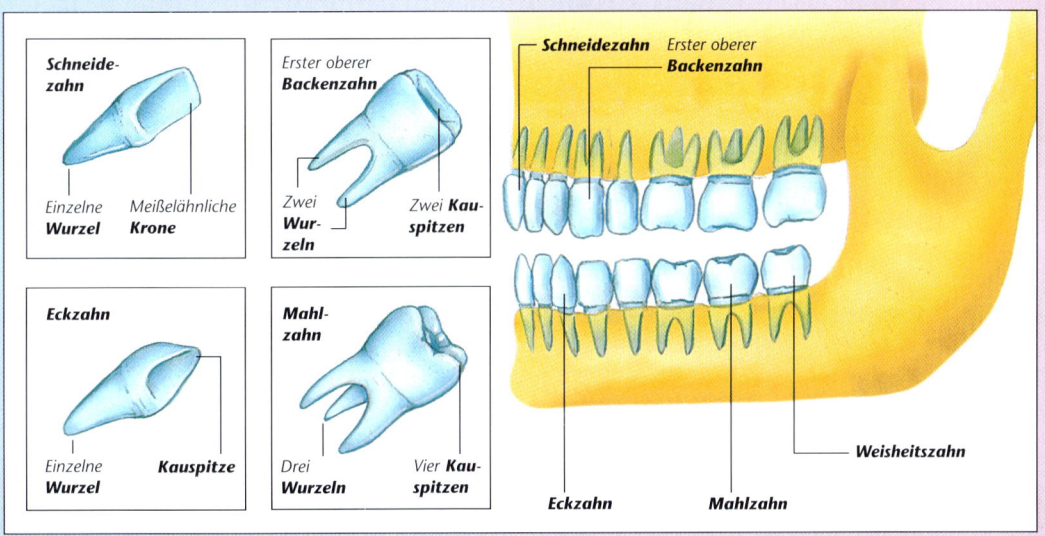

Schneide-zahn

Einzelne **Wurzel** — Meißelähnliche **Krone**

Erster oberer **Backenzahn**

Zwei **Wurzeln** — Zwei **Kauspitzen**

Eckzahn

Einzelne **Wurzel** — **Kauspitze**

Mahl-zahn

Drei **Wurzeln** — Vier **Kauspitzen**

Schneidezahn — Erster oberer **Backenzahn**

Weisheitszahn

Eckzahn — Mahlzahn

BLUT

Blut ist eine Körperflüssigkeit, die aus **Plasma**, **Blutplättchen** sowie **roten** und **weißen Blutkörperchen** besteht. Ein erwachsener Mensch hat ungefähr 5,5 Liter Blut, die über das **Kreislaufsystem*** im Körper verteilt werden. Das Blut fließt dabei durch die **Blutgefäße** und transportiert Wärme, Nährstoffe und Gase. Die alten Blutzellen werden ständig durch neue ersetzt (Blutbildung, **Hämatopoese**).

Rote Blutkörperchen

Bestandteile des Blutes

Plasma

Eine gelbliche Flüssigkeit, die ungefähr 55 Prozent des Blutes ausmacht und selber zu 90 Prozent aus Wasser besteht. Sie enthält die Blutplättchen und Blutkörperchen und transportiert Nährstoffe für die Körperzellen, Abfallstoffe, **Antikörper** zur Bekämpfung von Infektionen sowie **Enzyme*** und **Hormone*** zur Kontrolle von Körperfunktionen.

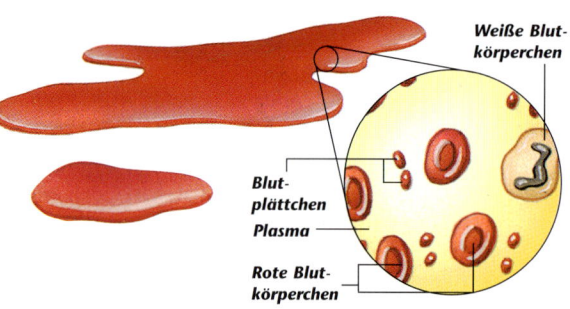

Weiße Blutkörperchen

Blutplättchen

Plasma

Rote Blutkörperchen

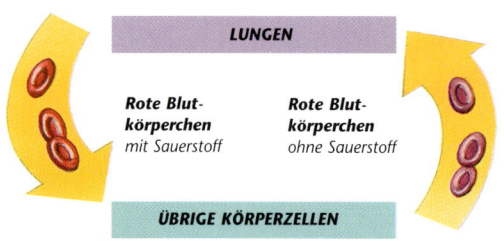

LUNGEN

Rote Blutkörperchen mit Sauerstoff

Rote Blutkörperchen ohne Sauerstoff

ÜBRIGE KÖRPERZELLEN

Rote Blutkörperchen oder **Erythrozyten**

Rot gefärbte, scheibenähnliche Zellen ohne **Zellkern***. Sie entstehen im **Knochenmark*** und enthalten **Hämoglobin**, ein eisenhaltiges Protein, das dem Blut die dunkelrote Farbe verleiht. Hämoglobin nimmt in den Lungen Sauerstoff auf und wird zum **Oxyhämoglobin**, wobei das Blut eine hellrote Farbe annimmt. Die roten Blutkörperchen übergeben Sauerstoff durch **Diffusion*** an die Körperzellen und kehren mit dem Hämoglobin zur Lunge zurück.

Blutplättchen oder **Thrombozyten**

Sehr kleine, scheibenähnliche Blutzellen ohne **Zellkern***. Sie werden im **Knochenmark*** gebildet und sammeln sich in Wunden, wo sie zur **Gerinnung** des Blutes beitragen.

Weiße Blutkörperchen oder **Leukozyten**

Große, milchig aussehende Blutzellen, die bei der Körperabwehr eine wichtige Rolle spielen. Es gibt verschiedene Typen: **Lymphozyten** z. B. entstehen im **Lymphgewebe*** und treten im **Lymphsystem*** und Blut auf. Sie stellen **Antikörper** her. Ein weiterer Typ, die **Monozyten**, wird im **Knochenmark*** hergestellt. Durch **Phagozytose*** umfließen und verschlucken sie Fremdkörper, z. B. Bakterien. Manche weiße Blutkörperchen, die **Makrophagen**, verlassen die Blutgefäße. Ziehen sie im Gewebe umher, bezeichnen wir sie als **wandernde Makrophagen**. Andere setzen sich in einem **Lymphknoten*** fest (**festsitzende Makrophagen**).

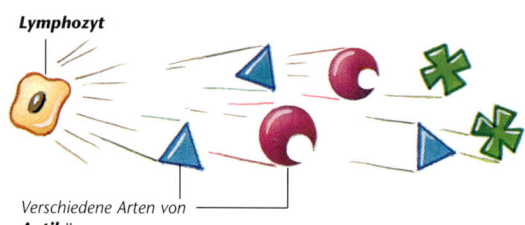

Lymphozyt

Verschiedene Arten von **Antikörpern**

Monozyt

Bakterie

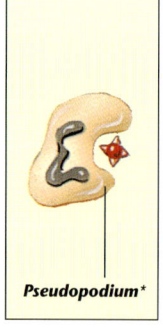

Pseudopodium*

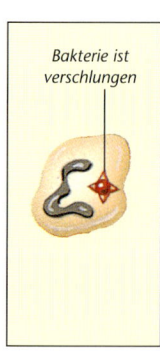

Bakterie ist verschlungen

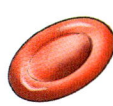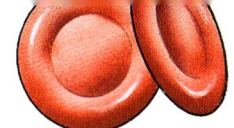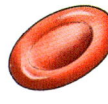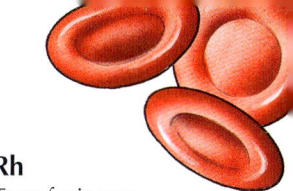

AB0-Blutgruppen

Menschen der Blutgruppe A haben das **Antigen** A auf ihren **roten Blutkörperchen** (und anti-B **Antikörper**), der Blutgruppe B Antigen B (und anti-A Antikörper). Blutgruppe AB hat Antigen A und B (und keine Antikörper). Blutgruppe 0 hat weder Antigen noch Antikörper.

Rhesusfaktor, abgekürzt Rh

Eine weitere, vor allem bei Transfusionen wichtige Einteilung des Blutes (s. **AB0-Blutgruppen**). Ist das **Rhesus-Antigen** auf den **roten Blutkörperchen** vorhanden, so nennen wir das Blut **rhesuspositiv**, im gegenteiligen Fall **rhesusnegativ**.

Körperabwehr

Antikörper

Abwehrproteine in Körperflüssigkeiten, z. B. im **Plasma**. Die Antikörper werden von **Lymphozyten** (s. **weiße Blutkörperchen**) hergestellt, wenn im Körper **Antigene** auftauchen. Für jedes Antigen entsteht eine andere Art von Antikörpern, und sie reagieren auch auf unterschiedliche Weise miteinander. **Antitoxine** neutralisieren Giftstoffe. Jedes hängt sich an ein Toxinmolekül und bildet einen **Antigen-Antikörper-Komplex**. **Agglutinine** bewirken eine Zusammenballung von Bakterien oder Viren, während **Lysine** die Bakterien abtöten, indem sie deren äußere Membranen auflösen.

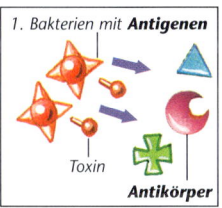

1. Bakterien mit **Antigenen**
Toxin
Antikörper

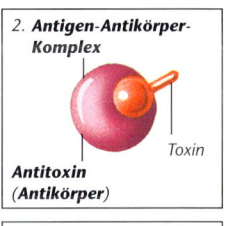

2. **Antigen-Antikörper-Komplex**
Toxin
Antitoxin (Antikörper)

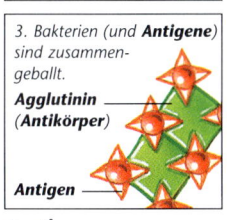

3. Bakterien (und **Antigene**) sind zusammengeballt.
Agglutinin (Antikörper)
Antigen

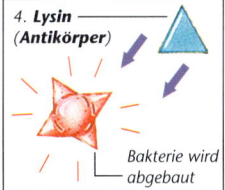

4. **Lysin (Antikörper)**
Bakterie wird abgebaut

Antigene

Bezeichnung für Stoffe, meistens Proteine, die die Produktion von **Antikörpern** anregen. Diese bekämpfen die in den Körper eingedrungenen Antigene und damit die Infektion. Antigene können Teile von Bakterien oder Viren oder von diesen Krankheitserregern abgegebene Toxine (Giftstoffe) sein. Einige Antigene sind von Geburt an im Blut vorhanden, z. B. jene, die die **AB0-Blutgruppe** bestimmen.

Blutgerinnung oder Koagulation

Veränderung des Blutes bei einer Verletzung. Dabei bildet das Blut durch hoch komplizierte Vorgänge an Ort und Stelle einen festen **Blutpfropf**. Beschädigte **Blutplättchen** und Körperzellen geben den Stoff **Thromboplastin** ab. Dieser bewirkt, dass aus **Prothrombin**, einem Protein des **Plasmas**, das **Enzym**[*] Thrombin wird. Dieses wiederum führt dazu, dass sich das wasserlösliche Plasmaprotein **Fibrinogen** in das unlösliche faserige **Fibrin** verwandelt. Ein Netzwerk von Fasern legt sich dann über die Wunde.

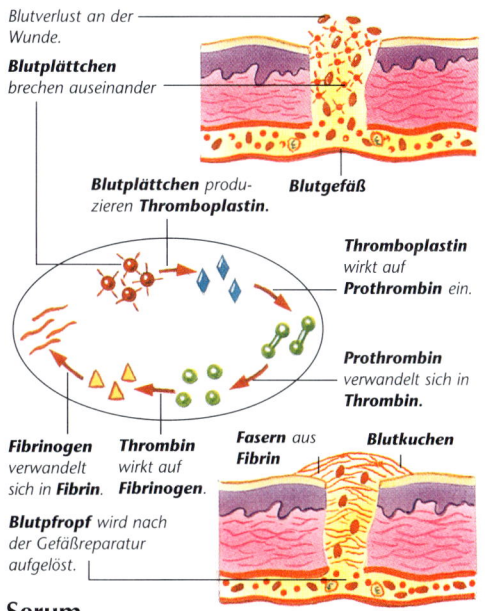

Blutverlust an der Wunde.
Blutplättchen brechen auseinander
Blutplättchen produzieren **Thromboplastin**.
Blutgefäß
Thromboplastin wirkt auf **Prothrombin** ein.
Prothrombin verwandelt sich in **Thrombin**.
Fibrinogen verwandelt sich in **Fibrin**.
Thrombin wirkt auf **Fibrinogen**.
Fasern aus **Fibrin**
Blutkuchen
Blutpfropf wird nach der Gefäßreparatur aufgelöst.

Serum

Eine gelbliche Flüssigkeit, die nach der **Blutgerinnung** vom Plasma übrig bleibt. Das Serum enthält viele **Antikörper** zur Bekämpfung von Infektionen. Eingespritztes antikörperhaltiges Serum kann einen kurzfristigen Schutz vor Infektionen geben.

[*] **Enzym**, 105.

DAS KREISLAUFSYSTEM

Das **Kreislauf**- oder **Blutgefäßsystem** besteht aus einem Netzwerk bluterfüllter Röhren, den **Blutgefäßen**, von denen wir drei Typen unterscheiden: **Arterien**, **Venen** und **Kapillaren**. Eine dünne Gewebeschicht, das **Endothel**, kleidet Arterien und Venen aus und bildet bei den Kapillaren die einzige Gefäßwand. Das Herz pumpt das Blut stets in eine Richtung. Unterstützend wirken dabei Muskeln in den Arterien- und Venenwänden sowie ein Druckabfall zwischen den verschiedenen Gebieten im System.

Der Transport der wichtigsten Stoffe im Kreislaufsystem

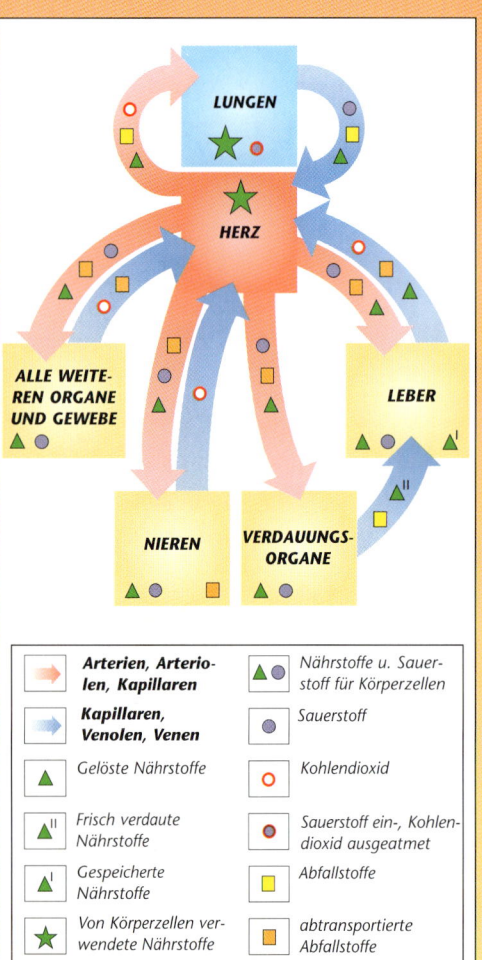

Arterien oder **Schlagadern**
Weite, dickwandige Blutgefäße, die das **Arteriensystem** bilden und Blut vom Herzen wegtransportieren. Die Hauptarterien verzweigen sich in **Arteriolen**, diese lösen sich in **Kapillaren** auf. Mit Ausnahme der **Lungenarterien*** enthält das arterielle Blut Sauerstoff und erscheint deswegen hellrot. Es führt auch Nähr- und Abfallstoffe mit, die über **Venen** ins Herz und dann in die Arterien gelangen. Arterien transportieren Nährstoffe zu den Zellen (über Arteriolen und Kapillaren) und Abfallstoffe zu den Nieren.

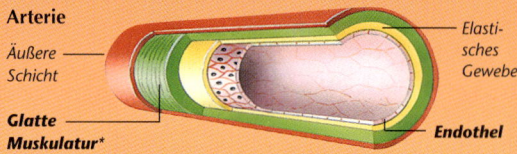

Arterie

Äußere Schicht — Glatte Muskulatur* — Elastisches Gewebe — Endothel

Venen
Weite, dickwandige Blutgefäße, die das **Venensystem** bilden und das Blut vom Körper zum Herzen transportieren. Die Venen enthalten Klappen, die den Rückfluss des Blutes verhindern. **Kapillaren** schließen sich im Körpergewebe zu größeren **Venolen** zusammen, die dann in die großen Venen münden. Mit Ausnahme der **Lungenvenen*** enthält das venöse Blut Kohlendioxid und Abfallstoffe. Blut der Venen, die vom Verdauungskanal und der Leber zum Herzen führen, führt gelöste Nährstoffe. Das Herz pumpt es in die Arterien.

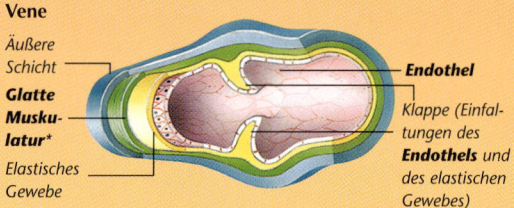

Vene

Äußere Schicht — Glatte Muskulatur* — Elastisches Gewebe — Endothel — Klappe (Einfaltungen des **Endothels** und des elastischen Gewebes)

Kapillaren oder **Haargefäße**
Enge, dünnwandige Blutgefäße, die aus sich verzweigenden **Arteriolen** entstehen. Sauerstoff und Nährstoffe dringen durch die Kapillarwand und gelangen zu den Zellen. Kohlendioxid und Abfallstoffe werden aufgenommen (s. **Gewebeflüssigkeit** 64). Kapillaren der Verdauungsorgane und Leber nehmen Nährstoffe auf. Sie münden in **Venolen**.

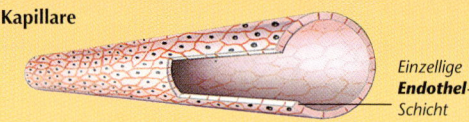

Kapillare

Einzellige **Endothel**-Schicht

Die wichtigsten Arterien und Venen

Vaskulär heißt „bestehend aus leitenden Gefäßen". Bei Tieren, die ein Blutgefäßsystem besitzen.

Avaskulär heißt „beinhaltet keine Gefäße". Bei Tieren, die kein Blutgefäßsystem besitzen.

Die wichtigsten **Blut-gefäße** des Kopfes, des Herzens und der Lungen sind auf 62 dargestellt.

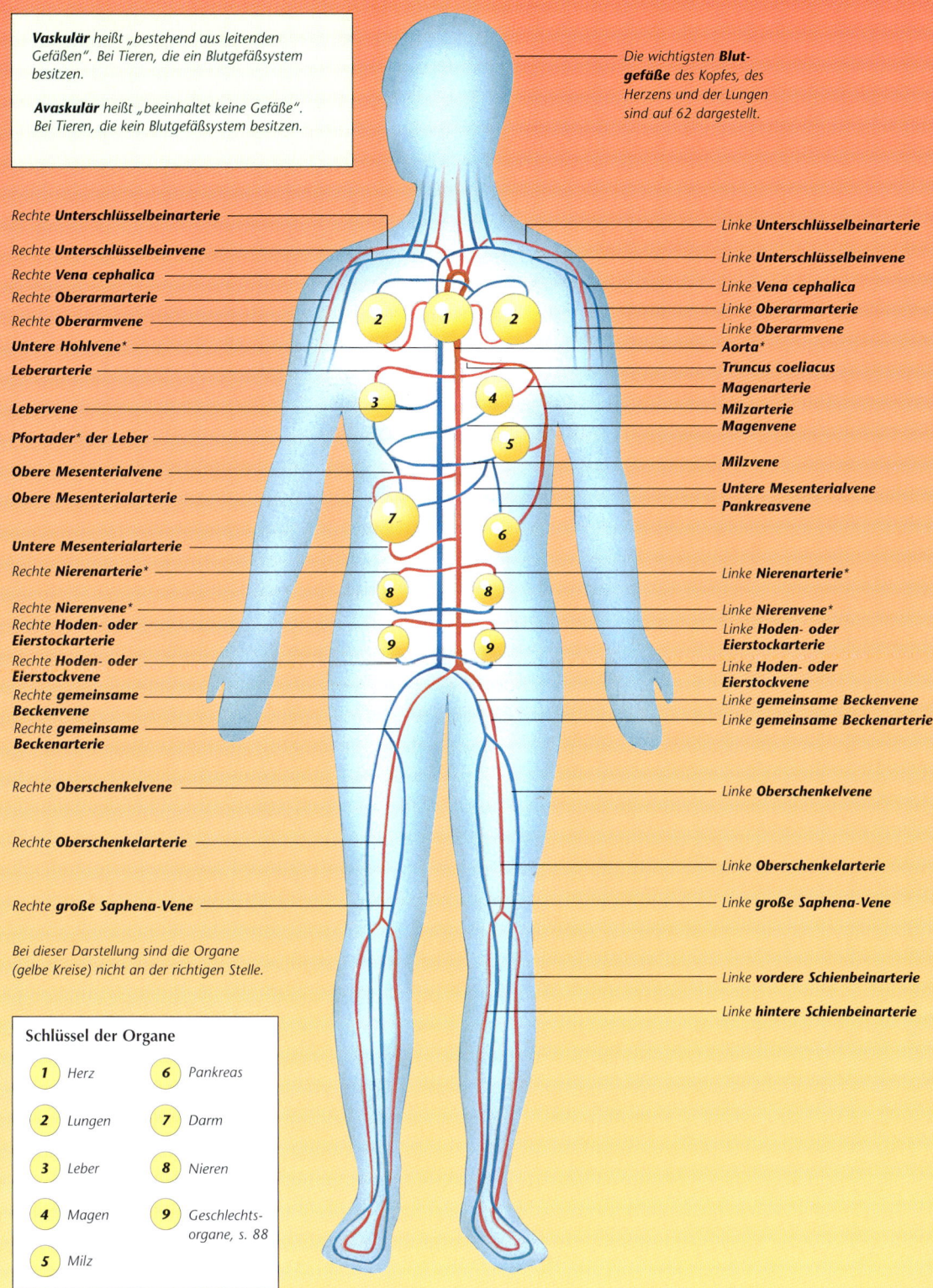

Rechte **Unterschlüsselbeinarterie**

Rechte **Unterschlüsselbeinvene**

Rechte **Vena cephalica**

Rechte **Oberarmarterie**

Rechte **Oberarmvene**

Untere **Hohlvene***

Leberarterie

Lebervene

Pfortader* der Leber

Obere Mesenterialvene

Obere Mesenterialarterie

Untere Mesenterialarterie

Rechte **Nierenarterie***

Rechte **Nierenvene***

Rechte **Hoden- oder Eierstockarterie**

Rechte **Hoden- oder Eierstockvene**

Rechte **gemeinsame Beckenvene**

Rechte **gemeinsame Beckenarterie**

Rechte **Oberschenkelvene**

Rechte **Oberschenkelarterie**

Rechte **große Saphena-Vene**

Linke **Unterschlüsselbeinarterie**

Linke **Unterschlüsselbeinvene**

Linke **Vena cephalica**

Linke **Oberarmarterie**

Linke **Oberarmvene**

Aorta*

Truncus coeliacus

Magenarterie

Milzarterie

Magenvene

Milzvene

Untere Mesenterialvene

Pankreasvene

Linke **Nierenarterie***

Linke **Nierenvene***

Linke **Hoden- oder Eierstockarterie**

Linke **Hoden- oder Eierstockvene**

Linke **gemeinsame Beckenvene**

Linke **gemeinsame Beckenarterie**

Linke **Oberschenkelvene**

Linke **Oberschenkelarterie**

Linke **große Saphena-Vene**

Linke **vordere Schienbeinarterie**

Linke **hintere Schienbeinarterie**

Bei dieser Darstellung sind die Organe (gelbe Kreise) nicht an der richtigen Stelle.

Schlüssel der Organe

1	Herz	**6**	Pankreas
2	Lungen	**7**	Darm
3	Leber	**8**	Nieren
4	Magen	**9**	Geschlechts-organe, s. 88
5	Milz		

* **Aorta**, 63; **Nierenarterien**, **Nierenvenen**, 72 (**Nieren**); **Pfortader**, 69 (**Leber**); **untere Hohlvene**, 63.

DAS HERZ

Das **Herz** ist ein Hohlmuskel, der Blut durch die Blut-
gefäße des Körpers pumpt. Zusammen mit dem Herzen
bilden sie das **Kreislaufsystem**. Das Herz ist von einem
Herzbeutel (**Perikard**) umgeben, bestehend aus der
Gewebeschicht **Perikardium**. Zwischen ihnen dämpft
die **Perikardialflüssigkeit** Stöße ab. Das Herz enthält vier
Hohlräume, zwei **Vorhöfe** (**Atrien**) und zwei **Kammern**
(**Ventrikel**), die alle von einer dünnen Gewebeschicht,
dem **Endokard** ausgekleidet sind.

Die Lage des
Herzens

Die Hohlräume des Herzens

Vorhöfe oder **Atrien** (Einzahl **Atrium**)
Die beiden oberen Hohlräume des Herzens.
Der linke Vorhof bekommt **sauerstoffreiches**
Blut (s. **Hämoglobin***), das die **Lungenvenen**
von der Lunge herantransportieren. Der rechte
Vorhof hingegen wird mit **sauerstoffarmem**
Blut gefüllt, das die **obere** und die **untere**
Hohlvene vom Körper heranführt. Der
Sauerstoff dieses Blutes wurde von den Zellen
verbraucht und durch Kohlendioxid ersetzt.

Herzkammern oder **Ventrikel**
Die beiden unteren Hohlräume. Die linke
Herzkammer erhält Blut vom linken **Vorhof**
und pumpt es in die **Aorta**. Die rechte Herz-
kammer erhält Blut vom rechten Vorhof und
pumpt es über **Lungenarterien** zu den Lungen.

Schlüssel	
→	**Sauerstoffreiches** Blut
→	**Sauerstoffarmes** Blut

Kardial – bedeutet
„das Herz betreffend".
Pulmonal – bedeutet
„die Lungen betreffend".

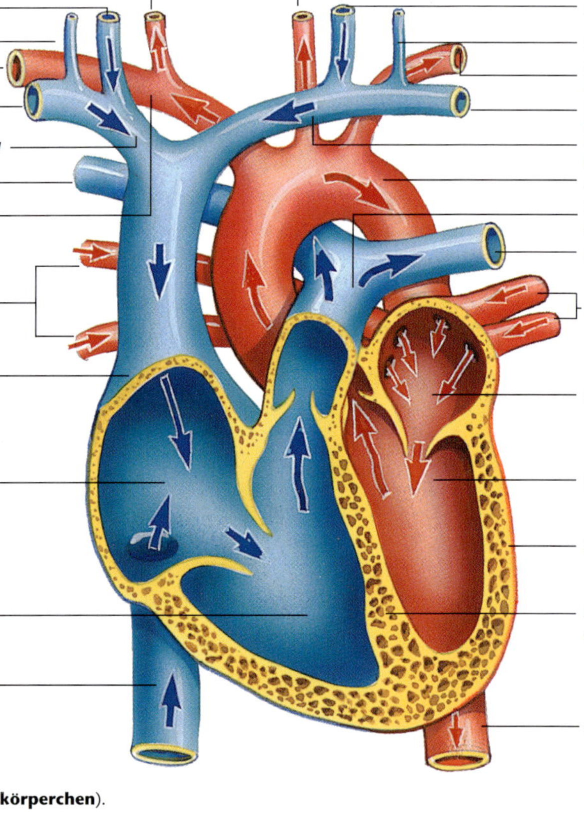

Rechter **gemeinsamer**
Stamm der Carotis-Arterie

Rechte **innere Drosselvene**

Rechte **äußere Drosselvene**

Rechte **Unter-**
schlüsselbeinarterie

Rechte **Unter-**
schlüsselbeinvene

Rechte **Vena brachiocephalica**

Rechte **Lungenarterie**

Arteria brachiocephalica

Rechte **Lungenvenen**

Obere Hohlvene

Rechter Vorhof

Rechte Herzkammer

Untere Hohlvene

Linker **gemeinsamer Stamm**
der Carotis-Arterie

Linke **innere Drosselvene**

Linke **äußere Drosselvene**

Linke **Unterschlüssel-**
beinarterie

Linke **Unterschlüssel-**
beinvene

Linke **Vena**
brachiocephalica

Aorta

Stamm der Lungenarte-
rien, Truncus pulmonalis

Linke **Lungenarterie**

Linke **Lungenvenen**

Linker Vorhof

Linke Herzkammer

Muskelwand

Kammerscheidewand
oder **Septum**

Aorta

* **Hämoglobin**, 58 (**rote Blutkörperchen**).

Wichtige Arterien und Venen

Aorta

Die größte **Arterie*** im Körper. Sie führt sauerstoffhaltiges Blut aus der linken **Herzkammer** (**Ventrikel**) in den restlichen Körper.

Stamm der Lungenarterien (Truncus pulmonalis)

Stamm der **Arterien***, die sauerstoffarmes Blut aus dem rechten **Ventrikel** wegführen. Er teilt sich nach dem Herzen in die rechte und linke **Lungenarterie** auf, die in die Lunge führen.

Obere Hohlvene

Eine der beiden wichtigsten **Venen***. Sie führt sauerstoffarmes Blut von der oberen Körperhälfte in die rechte **Vorkammer** (**Atrium**). Alle Venen der oberen Körperhälfte münden in die obere Hohlvene.

Untere Hohlvene

Eine der beiden wichtigsten **Venen***. Sie führt sauerstoffarmes Blut aus dem Unterkörper in die rechte **Vorkammer**. Alle Venen des Unterkörpers münden in die untere Hohlvene.

Lungenvenen

Vier **Venen***, die sauerstoffreiches Blut in die linke **Vorkammer** führen. Zwei rechte Lungenvenen führen von der rechten Lungenhälfte, zwei linke von der linken Lungenhälfte ins Herz.

Taschen- oder **Semilunarklappen**
Klappe der **Aorta** vor der linken **Herzkammer** und Klappe der **Lungenarterien** vor der rechten **Herzkammer**.

Klappen der **Lungenarterie**

Offene Klappen der **Aorta**

Segel- oder **Atrioventrikularklappen**
Klappen zwischen **Vorhof** und **Herzkammer**.
In der linken Herzhälfte liegt die **Mitral**- oder **Zweizipfelklappe** (**Bicuspidalis**) mit zwei **Zipfeln**. In der rechten Herzhälfte liegt die **Dreizipfelklappe** oder **Tricuspidalis**.

Zipfel *der* **Mitralklappe**

Offene **Zipfel** *der* **Dreizipfelklappe**

Der Herzzyklus

Als **Herzzyklus** bezeichnet man den Ablauf einer vollständigen rhythmischen Pumpaktion des Herzens, den man von außen als Herzschlag hört (etwa 70-mal pro Minute). Zuerst ziehen sich beide **Vorhöfe** zusammen und pumpen Blut in die **Herzkammern**, die erschlafft sind, um das Blut aufzunehmen. Dann kontrahieren sich die Kammern, um Blut hinauszupumpen. Gleichzeitig erschlaffen die Vorhöfe und nehmen neues Blut auf. Die Ruhephase eines Hohlraumes bezeichnen wir als **Diastole**; in dieser Zeit wird er gefüllt. Die Arbeits- oder Kontraktionsphase heißt **Systole**. Nach der Systole der Herzkammern findet eine kleine Pause statt, in der sich alle Hohlräume des Herzens in Diastole befinden.

Herzzyklus

1. **Vorhöfe** *in* **Systole**, **Herzkammern** *in* **Diastole**.

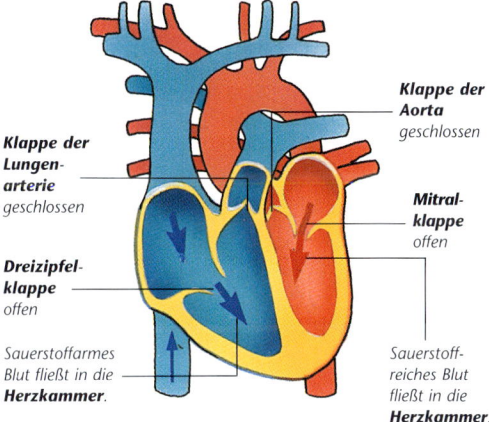

Klappe der Aorta *geschlossen*

Klappe der Lungenarterie *geschlossen*

Mitralklappe *offen*

Dreizipfelklappe *offen*

Sauerstoffarmes Blut fließt in die **Herzkammer**.

Sauerstoffreiches Blut fließt in die **Herzkammer**.

2. **Vorhöfe** *in* **Diastole**, **Herzkammern** *in* **Systole**.

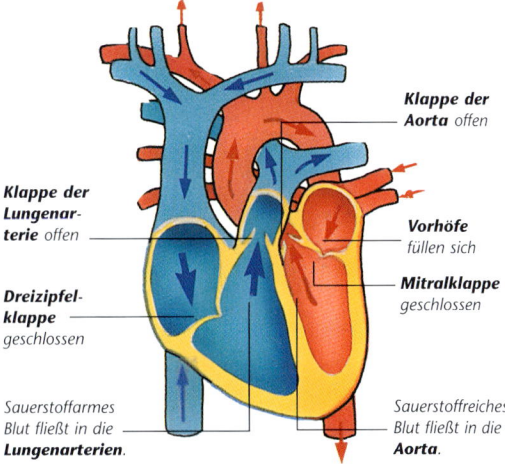

Klappe der Aorta *offen*

Klappe der Lungenarterie *offen*

Vorhöfe *füllen sich*

Mitralklappe *geschlossen*

Dreizipfelklappe *geschlossen*

Sauerstoffarmes Blut fließt in die **Lungenarterien**.

Sauerstoffreiches Blut fließt in die **Aorta**.

GEWEBEFLÜSSIGKEIT UND LYMPHSYSTEM

Die kleinsten Blutgefäße, die **Kapillaren***, stehen in direktestem Kontakt mit den einzelnen Zellen des Körpers. Doch auch sie berühren diese Zellen nicht. Die Nährstoffe und der Sauerstoff, den die Kapillaren herantransportieren, gelangen nur über die **Gewebeflüssigkeit** zu den Zellen. Sie stellt die Verbindung zwischen dem **Kreislaufsystem*** und dem Drainagesystem des Körpers dar, dem **Lymphsystem**.

Gewebeflüssigkeit

Flüssigkeit, die die Körperzellen umfließt, auch **interstitielle Flüssigkeit** genannt. Sie tritt aus dem Blut über die Wände der **Kapillaren*** aus, vor allem dort, wo der Druck am höchsten ist (Abzweigung von den **Arteriolen***). Die Gewebeflüssigkeit besteht im Wesentlichen aus **Plasma***, aber mit weniger Proteinen. Sie transportiert Sauerstoff und gelöste Nährstoffe zu den Zellen und nimmt Kohlendioxid und sonstige Abfallstoffe auf. Diese Stoffe gehen in das Blut der Kapillaren über, besonders an den Stellen mit niedrigem Druck (Einmündung in die **Venolen***). Proteinmoleküle, die nicht mehr benötigt werden, sind zu groß, um wieder in die Kapillaren überzutreten, und gelangen in die durchlässigeren **Lymphkapillaren** (s. **Lymphgefäße**).

Das Lymphsystem

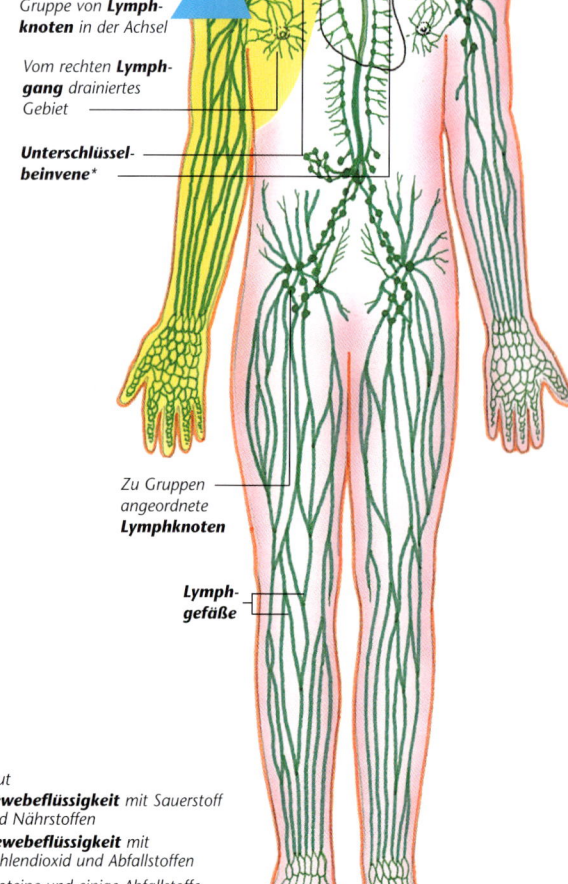

- **Milchbrustgang**
- Vom **Milchbrustgang** drainiertes Gebiet
- **Rechter Lymphgang**
- Gruppe von **Lymphknoten** in der Achsel
- Vom rechten **Lymphgang** drainiertes Gebiet
- **Unterschlüsselbeinvene***
- Zu Gruppen angeordnete **Lymphknoten**
- **Lymphgefäße**

Die Bewegung von Stoffen in der Gewebeflüssigkeit

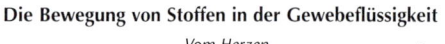

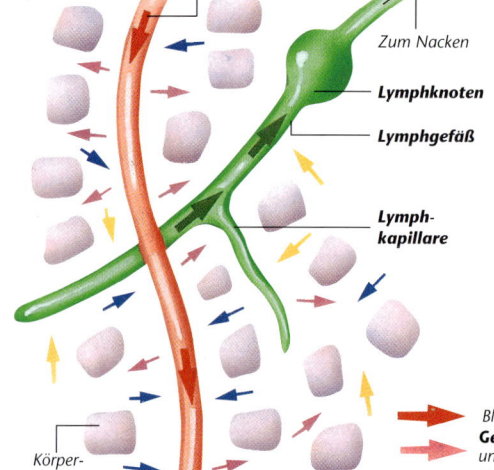

- **Kapillare***
- Vom Herzen
- Zum Nacken
- **Lymphknoten**
- **Lymphgefäß**
- **Lymphkapillare**
- **Körperzellen**
- Zum Herzen

- → Blut
- → **Gewebeflüssigkeit** mit Sauerstoff und Nährstoffen
- → **Gewebeflüssigkeit** mit Kohlendioxid und Abfallstoffen
- → Proteine und einige Abfallstoffe
- → **Lymphe**

* **Arteriole**, 60 (**Arterie**); **Kapillare**, **Kreislaufsystem**, 60; **Plasma**, 58; **Unterschlüsselbeinvene**, 61; **Venole**, 60 (**Vene**).

Lymphsystem

Ein System von Röhren (**Lymphgefäße**) und kleinen Organen (**Organe des Lymphsystems**). Spielt bei der Aufarbeitung von Körperflüssigkeiten und bei der Krankheitsabwehr eine wichtige Rolle. Die Lymphgefäße transportieren die **Lymphe** durch den ganzen Körper und entleeren sie in die **Venen***. Im Lymphsystem entstehen die Zellen der Krankheitsabwehr.

Lymphe

Die Flüssigkeit in den **Lymphgefäßen**. Sie enthält **Lymphozyten** (s. **Organe des Lymphsystems**), einige Substanzen aus der **Gewebeflüssigkeit** (vor allem Proteine wie **Hormone*** und **Enzyme***) sowie Fettpartikel (s. **Lymphgefäße**).

Lymphgefäße

Blind endende Röhren, die **Lymphe** aus allen Körperbereichen in den Oberkörper transportieren. Dort gelangt sie zurück ins Blut. Die Lymphgefäße werden von einem **Endothel*** ausgekleidet und verfügen über Klappen, so dass die Lymphe zurückfließen kann.

Am dünnsten sind die **Lymphkapillaren** mit den **Chylusgefäßen***. Sie nehmen Fettteilchen auf, die zu groß sind, um vom Blut direkt übernommen zu werden. Lymphkapillaren vereinigen sich zu Lymphgefäßen, und diese wiederum münden in zwei Lymphstämme, den **rechten Lymphgang**, der zur rechten **Unterschlüsselbeinvene*** zieht, und den **Milchbrustgang**, der zur linken **Unterschlüsselbeinvene*** führt.

Organe des Lymphsystems

Die **Organe des Lymphsystems** bestehen alle aus demselben Gewebetyp, den wir **Lymphgewebe** nennen. Ferner produzieren sie alle **Lymphozyten***, also weiße Blutkörperchen für die Bekämpfung von Krankheiten.

Lymphknoten oder **Lymphdrüsen**
Oft sagt man Lymphdrüsen, obwohl es sich nicht um Drüsen handelt. Es sind kleine, knötchenartige Organe, die an Schnittpunkten von **Lymphgefäßen** liegen. Sie stehen meist in Gruppen, z.B. in der Achselhöhle, und produzieren **Lymphozyten.** Sie enthalten ein Filtersystem, das Bakterien und Fremdkörper zurückhält, die von festsitzenden **Makrophagen*** verschlungen werden.

Milz
Das größte **Organ des Lymphsystems**, gleich unterhalb des **Zwerchfells*** auf der linken Körperseite. Die Milz speichert für den Notfall rote Blutkörperchen und enthält auch weiße Blutkörperchen (**festsitzende Makrophagen***), die alte, abgestorbene Blutkörperchen zerstören.

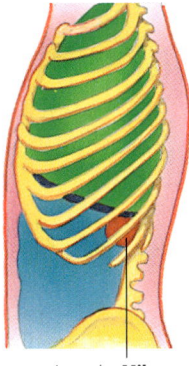

Lage der **Milz**

Thymusdrüse
Ein Organ des Lymphsystems im oberen Teil der Brust. Die Thymusdrüse ist bei Kindern ziemlich groß, erreicht während der **Pubertät*** ihr Maximum und bildet sich dann zurück (**Atrophie**).

Mandeln oder **Tonsillen**
Vier Organe des Lymphsystems; die **Rachenmandel** ganz hinten im Rachen, die **Zungenmandel** an der Basis der Zunge und die beiden **Gaumenmandeln** hinten im Mund.

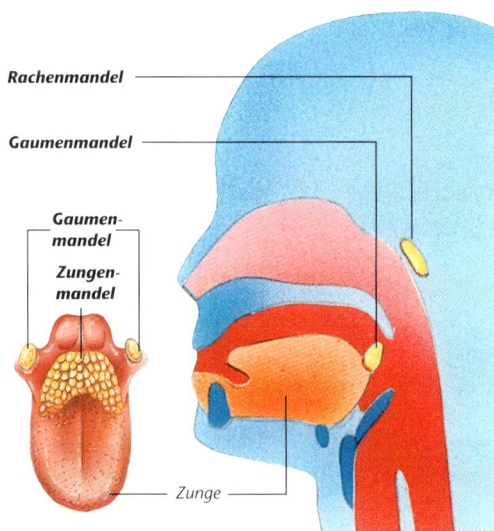

Rachenmandel

Gaumenmandel

Gaumen-
mandel

Zungen-
mandel

Zunge

---

* **Chylusgefäß**, 67 (**Dünndarm**); **Endothel**, 60; **Enzym**, 105; **festsitzende Makrophage**, 58 (**weiße Blutkörperchen**); **Hormon**, 108; **Lymphozyt**, 58 (**weiße Blutkörperchen**); **Pubertät**, 90; **Unterschlüsselbeinvene**, 61; **Vene**, 60; **Zwerchfell**, 70.

65

VERDAUUNGSAPPARAT

Nach der **Aufnahme** durch den Mund gelangt die Nahrung in den **Verdauungsapparat**. Dort wird sie allmählich in einfache, lösliche Nährstoffe abgebaut. Diesen Vorgang bezeichnen wir als **Verdauung** (s. 110–111). Die Nährstoffe werden von den Blutgefäßen, die um den Verdauungsapparat herum angeordnet sind, aufgenommen und zu den Körperzellen transportiert. Hier liefern sie Energie und stellen gleichzeitig die Grundbausteine für neue Zellen und Gewebe (s. 102–107). Die Bauchspeicheldrüse und die Leber (s. 69) stellen die beiden wichtigsten **Verdauungsdrüsen*** dar, die **Verdauungssäfte*** produzieren.

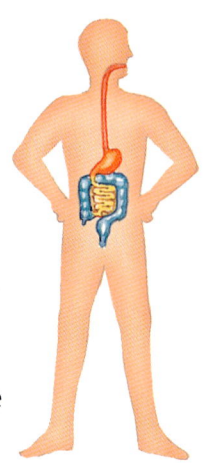

Lage des
Verdauungsapparats

Verdauungskanal oder Verdauungstrakt

Eine allgemeine Bezeichnung für alle Teile des Verdauungssystems. Es handelt sich um eine lange Röhre, die vom Mund bis zum **After** (s. **Dickdarm**) verläuft. Der größte Teil des Verdauungskanals liegt beim Menschen im Unterleib (**Abdomen**) in der großen **Leibeshöhle***. Der Verdauungskanal wird von bindegewebigen Falten (**Mesenterien**) des **Bauchfells** oder **Peritoneums** fixiert.

Rachen

Ein Hohlraum hinten im Mund, wo die Mundhöhle und die **Nasenhöhlen*** zusammentreffen. Wenn wir die Nahrung verschlucken, verschließt der **weiche Gaumen**, ein Gewebelappen hinten im Mund, die Nasenhöhlen, und der **Kehldeckel*** legt sich über die **Luftröhre***.

Speiseröhre

Jene Röhre, die die **Nahrungsbissen** vom Mund in dem **Magen** transportiert.

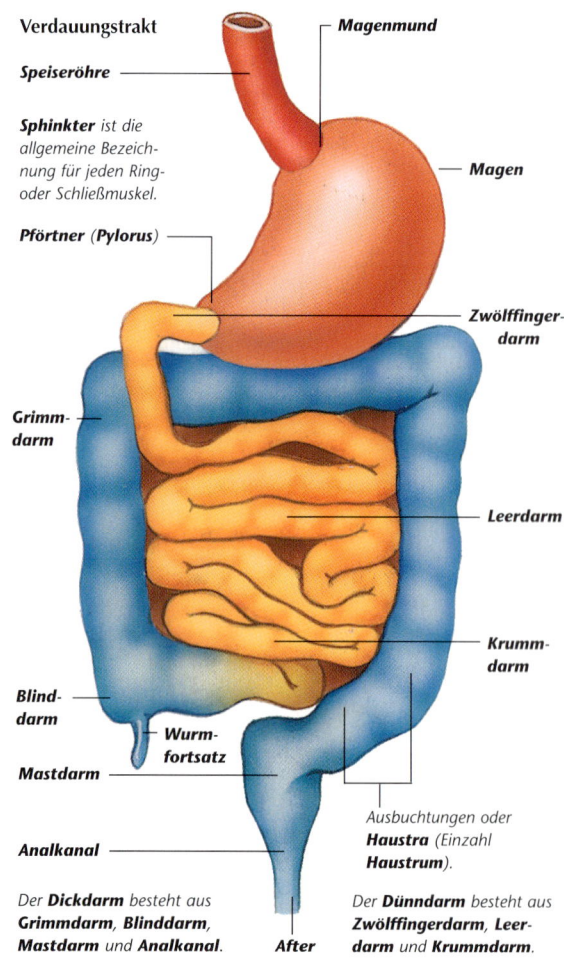

Verdauungtrakt

Speiseröhre

Sphinkter *ist die allgemeine Bezeichnung für jeden Ring- oder Schließmuskel.*

Pförtner (Pylorus)

Grimmdarm

Blinddarm

Wurmfortsatz

Mastdarm

Analkanal

Magenmund

Magen

Zwölffingerdarm

Leerdarm

Krummdarm

Ausbuchtungen oder **Haustra** *(Einzahl* **Haustrum**).

After

Der **Dickdarm** besteht aus **Grimmdarm, Blinddarm, Mastdarm** und **Analkanal**.

Der **Dünndarm** besteht aus **Zwölffingerdarm, Leerdarm** und **Krummdarm**.

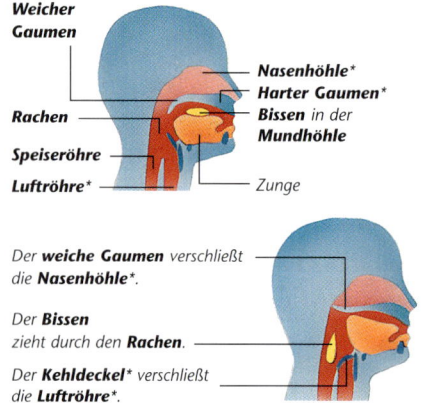

Weicher Gaumen

Rachen

Speiseröhre

Luftröhre*

Nasenhöhle*
Harter Gaumen*
Bissen in der **Mundhöhle**

Zunge

Der **weiche Gaumen** verschließt die **Nasenhöhle***.

Der **Bissen** zieht durch den **Rachen**.

Der **Kehldeckel*** verschließt die **Luftröhre***.

* **harter Gaumen**, 79; **Kehldeckel**, 70; **Leibeshöhle**, 37; **Luftröhre**, 70; **Nasenhöhle**, 79 (**Nase**); **Verdauungssäfte**, 68 (**Verdauungsdrüsen**).

Magenmund oder **Cardia**

Ringmuskel oder **Sphinkter** zwischen **Speiseröhre** und **Magen**, der sich beim Erschlaffen öffnet und Nahrung hindurchtreten lässt.

Magen

Ein großer Sack, in dem die ersten Schritte der Verdauung erfolgen. Die Magenwand zeigt zahlreiche Schleimhautfalten, **Rugae** (Ez. **Ruga**), die sich dem Füllungszustand des Magens anpassen können. Einige Stoffe, z. B. Wasser, treten durch die Magenwand in nahe gelegene Blutgefäße über. Fast die gesamte halbverdaute Nahrung (**Chymus**) hingegen gelangt in den **Dünndarm** (**Zwölffingerdarm**).

Pförtner oder **Pylorus**

Ausgang des **Magens** in den **Dünndarm**. Am Pförtner liegt ein Ringmuskel oder **Sphinkter**, der beim Erschlaffen vorverdaute Nahrung hindurchtreten lässt.

Dünndarm

Bestehend aus dem **Zwölffingerdarm** (**Duodenum**), **Leerdarm** (**Jejunum**) und **Krummdarm** (**Ileum**). Im Dünndarm finden wichtige Vorgänge der Verdauung statt. Viele fingerähnliche **Zotten** ragen von der Darmwand ins Innere. Jede enthält **Kapillaren***, die die Nährstoffe aufnehmen, sowie ein **Lymphgefäß***, das **Chylusgefäß**, das größere Fettteilchen (s. **Fette** 102) aufnimmt. Die halbflüssigen Abfallstoffe werden an den **Dickdarm** weitergeleitet.

Speiseröhre

Magen-mund

Querschnitt durch den **Magen**

Zwölffinger-darm

Pfört-ner

Schleim-hautfalten

Dickdarm

Darmabschnitt mit großem Durchmesser, der Abfallstoffe vom **Dünndarm** empfängt. Er setzt sich zusammen aus dem **Blinddarm*** (**Caecum**), **Grimmdarm** (**Colon**), **Mastdarm** (**Rectum**) und **Analkanal**. Der Grimmdarm enthält Bakterien, die Nährstoffreste abbauen und einige Vitamine aufbauen, und entzieht der verdauten Nahrung auch nahezu alles Wasser. Am Ende bleibt Kot (**Fäzes**) übrig, der über den Mastdarm, Analkanal und **After** (**Anus**) nach außen abgegeben wird (**Defäkation**). Die Abgabe regelt der **Schließmuskel** (**Sphinkter**) des Afters.

Wurmfortsatz oder **Appendix**

Eine blind endende Röhre am **Blinddarm** (s. **Dickdarm**). Er ist **verkümmert**, d. h. unsere früheren Vorfahren brauchten ihn, doch bei uns hat er heute keine Funktion mehr.

Schleimhaut oder **Mucosa**

Eine dünne Gewebeschicht, die das Innere aller Verdauungsorgane auskleidet und z. B. auch in der Luftröhre und den Bronchien vorkommt. Es handelt sich um eine besondere Form eines **Epithels***, das viele einzellige **exokrine Drüsen*** enthält. Es sind **Schleimdrüsen**, die **Schleim** absondern. Schleim ist eine Flüssigkeit, die die Reibung herabsetzt, als Schmiermittel dient und gleichzeitig vor den **Verdauungssäften*** schützt.

Peristaltik

Kontraktionswellen von Muskeln in den Wänden insbesondere des Magens und des Darms. Durch Peristaltik wird der Nahrungsbrei weiterbefördert.

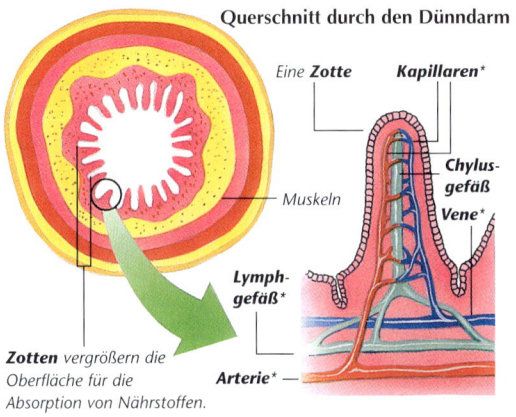

Querschnitt durch den Dünndarm

Eine **Zotte**   **Kapillaren***

Muskeln

Chylus-gefäß

Vene*

Lymph-gefäß*

Arterie*

Zotten vergrößern die Oberfläche für die Absorption von Nährstoffen.

* **Arterie**, 60; **Blinddarm** (**Caecum**), 43; **Epithel**, 82 (**Oberhaut**); **exokrine Drüse**, 68; **Kapillare**, 60; **Lymphgefäß**, 65; **Vene**, 60; **Verdauungssaft**, 68 (**Verdauungsdrüse**).

DRÜSEN

Drüsen sind besondere Organe, Zellgruppen oder einzelne Zellen, die lebenswichtige Stoffe abgeben. Man unterscheidet zwei Typen, **exokrine** und **endokrine** Drüsen.

Exokrine Drüsen

Exokrine Drüsen geben ihre Stoffe oder Sekrete durch ableitende **Gänge** an die Körperoberfläche oder an eine innere Oberfläche ab. Die meisten Drüsen sind exokrin, z. B. **Schweißdrüsen*** und **Verdauungsdrüsen**.

Verdauungsdrüsen

Exokrine Drüsen, die **Verdauungssäfte** in die Organe des Verdauungsapparats abgeben. Diese Säfte enthalten **Enzyme***, die beim Abbau der Nahrung (s. Tabelle 110–111) helfen. Viele dieser Drüsen sind winzig und sitzen in den Wänden der Verdauungsorgane, z. B. die **Magendrüsen** in der Magenwand und die **Lieberkühn'schen Drüsen** im Dünndarm. Andere Drüsen sind größer und liegen freier, z. B. die **Speicheldrüsen**. Die größten Drüsen sind die **Bauchspeicheldrüse** und die **Leber**.

Speicheldrüsen (sondern **Speichel*** ab)

Nur eine Körperseite ist gezeigt. Alle Speicheldrüsen sind paarig angelegt.

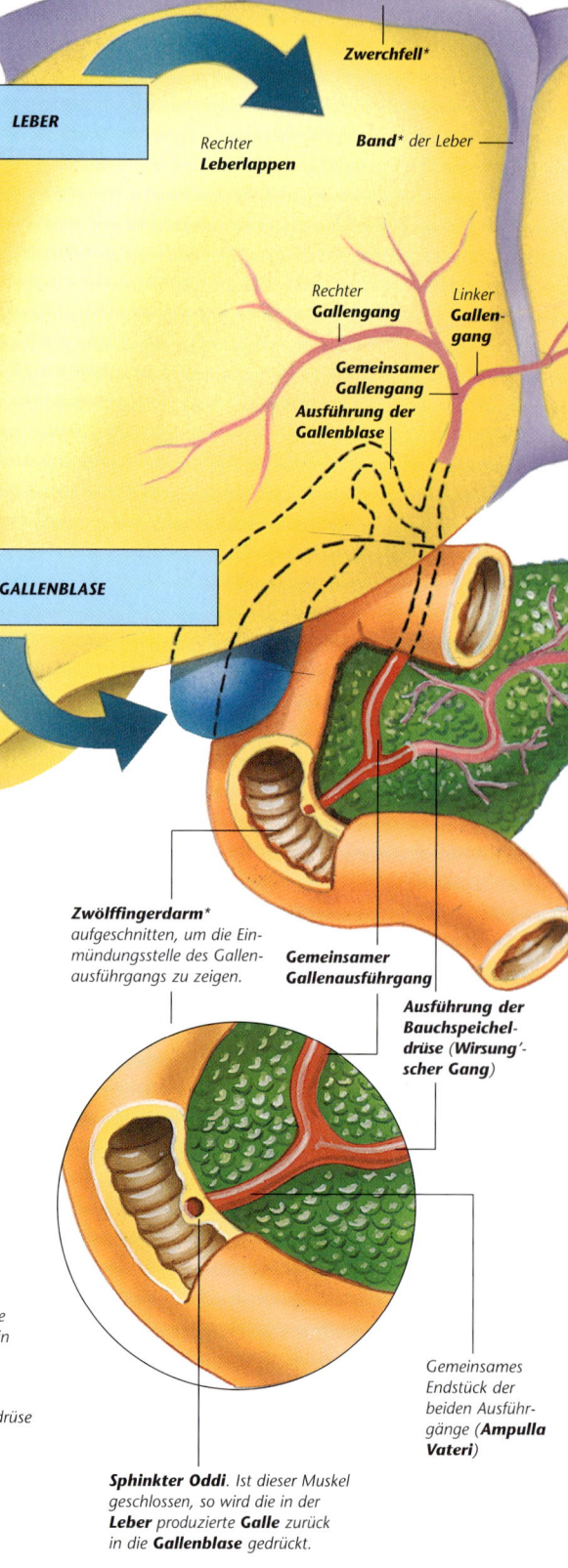

Zwerchfell*

LEBER

Rechter **Leberlappen**

Band* der Leber

Rechter **Gallengang**

Linker **Gallengang**

Gemeinsamer **Gallengang**

Ausführung der Gallenblase

GALLENBLASE

Zwölffingerdarm* *aufgeschnitten, um die Einmündungsstelle des Gallenausführgangs zu zeigen.*

Gemeinsamer Gallenausführgang

Ausführung der Bauchspeicheldrüse (Wirsung'scher Gang)

Ausführgang der Ohrspeicheldrüse

Öffnung in den Mund

Zunge

Unterzungenspeicheldrüse. *Ihre Gänge öffnen sich in den Mundboden.*

Ausführgang der Unterkieferspeicheldrüse

Unterkieferspeicheldrüse

Ohrspeicheldrüse

Gemeinsames Endstück der beiden Ausführgänge (**Ampulla Vateri**)

Sphinkter Oddi. *Ist dieser Muskel geschlossen, so wird die in der Leber produzierte Galle zurück in die Gallenblase gedrückt.*

* **Band**, 52; **Enzym**, 105; **Schweißdrüse**, 83; **Speichel**, 110; **Zwerchfell**, 70; **Zwölffingerdarm**, 67 (**Dünndarm**).

Linker
Leberlappen

Leber

Die größte Drüse des Körpers. Eine ihrer vielen Aufgaben ist die einer **Verdauungsdrüse**, denn sie gibt über den **Gallenausführgang Galle** ab (s. 110–111). Eine weitere lebenswichtige Aufgabe ist die Umwandlung und Speicherung frisch verdauter Nährstoffe (s. Tabelle 103), die sie über die **Pfortader** (s. 61) erhält. Im Besonderen reguliert die Leber den Glukosegehalt des Blutes. Ferner baut sie abgestorbene rote Blutkörperchen ab, speichert Vitamine und Eisen und stellt lebenswichtige Blutproteine her.

PANKREAS

Bauchspeicheldrüse oder Pankreas

Eine große Drüse, die gleichzeitig eine **Verdauungsdrüse** und eine **endokrine Drüse** darstellt. Sie produziert den **Bauchspeichel** (s. Tabelle 110–111) und gibt ihn über den **Wirsung'schen Gang** ab. Gleichzeitig enthält sie die **Langerhans'schen Inseln**. Dieser endokrine Teil produziert die **Hormone*** **Insulin*** und **Glukagon***.

Gallenblase

Ein Hohlorgan, das **Galle** (hergestellt in der **Leber**) speichert, bis Nahrung in den **Zwölffingerdarm*** gelangt. Die Gallenblase zeigt zahlreiche Schleimhautfalten (**Rugae**), die bei starker Füllung flacher werden. Bei Bedarf wird die Galle über den **Gallenausführgang** in den Dünndarm gepresst.

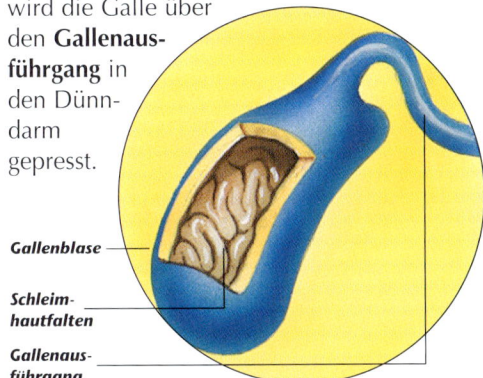

Gallenblase

Schleimhautfalten

Gallenausführgang

Endokrine Drüsen

Drüsen ohne Ausführgang, die **Hormone** direkt in Blutgefäße innerhalb der Drüsen abgeben. Mehr über Hormone auf 108–109. Endokrine Drüsen können selbstständige Organe (s. unten) oder Zellen innerhalb anderer Organe darstellen, z. B. in den Geschlechtsorganen.

Hypophyse oder Hirnanhangsdrüse

Drüse an der Unterseite des Gehirns, auch **Hirnanhangsdrüse** genannt. Sie wird direkt vom **Hypothalamus*** (s. 108) beeinflusst und besteht aus einem **Vorderlappen** (**Adenohypophyse**) und einem **Hinterlappen** (**Neurohypophyse**). Viele ihrer Hormone stimulieren andere Hormondrüsen. Solche Hormone tragen die Endsilbe „-trop" mit der Bedeutung „gerichtet auf". Die Hypophyse produziert **ACTH**, **TTH**, **STH**, **FSH**, **LH**, **Prolaktin**, **Oxytocin** und **ADH**.

Schilddrüse

Eine große Drüse auf Höhe des **Kehlkopfes***. Sie produziert **Thyroxin** und **TCT**.

Nebenschilddrüsen

Zwei Paar kleine Drüsen, die in der **Schilddrüse** eingebettet sind. Sie produzieren **PTH**.

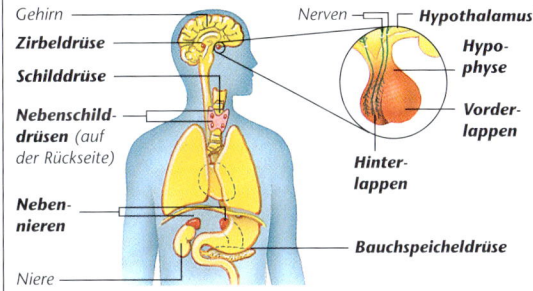

Gehirn

Zirbeldrüse

Schilddrüse

Nebenschilddrüsen (auf der Rückseite)

Nebennieren

Niere

Nerven

Hypothalamus*

Hypophyse

Vorderlappen

Hinterlappen

Bauchspeicheldrüse

Nebennieren

Zwei Drüsen, von denen jede auf einer Niere aufsitzt. Jede Nebenniere setzt sich aus einer äußeren **Rinde** und einem inneren **Mark** zusammen. Die Rinde produziert **Aldosteron**, **Cortison** und **Hydrocortison**, das innere **Mark** **Adrenalin** und **Noradrenalin**.

Zirbeldrüse oder Epiphyse

Eine kleine Drüse im Zwischenhirn. Ihre Aufgabe ist nicht klar, doch produziert sie **Melatonin**, von dem man annimmt, dass es die Produktion der **Geschlechtshormone*** beeinflusst.

---

* **Geschlechtshormon**, 108; **Glukagon**, **Hormon**, 108; **Hypothalamus**, 75; **Insulin**, 108; **Kehlkopf**, 70; **Zwölffingerdarm**, 67 (**Dünndarm**).

DAS ATMUNGSSYSTEM

Der Begriff der **Atmung** umfasst drei Vorgänge: die **äußere Atmung**, also den Gasaustausch mit der Außenwelt, die **innere Atmung**, das ist der Gasaustausch zwischen den **Lungen** und dem Blut (s. **rote Blutkörperchen** 58), und die **Zellatmung** mit dem Abbau der Nährstoffe unter Zuhilfenahme von Sauerstoff, wobei Kohlendioxid entsteht (s. 106–107). Hier werden die wichtigsten Teile des **Atmungssystems** behandelt.

Lage des
Atmungssystems

Luftröhre oder Trachea
Von Knorpelspangen umgebene Röhre, die die Nase mit den **Lungen** verbindet.

Kehlkopf oder Larynx
Stimmapparat am oberen Ende der **Luftröhre**. Der Kehlkopf enthält die **Stimmbänder**. Diese zwei Gewebelappen falten sich von der Auskleidung der Luftröhre nach innen und sind an mehreren **Knorpeln*** befestigt. Die Öffnung zwischen den Stimmbändern heißt **Stimmritze** oder **Glottis**. Während des Sprechens ziehen Muskeln an den Knorpelstücken und verändern die Öffnung der Stimmritze. Wenn Luft passiert, bringt sie die Stimmbänder zum Schwingen und es entstehen Laute.

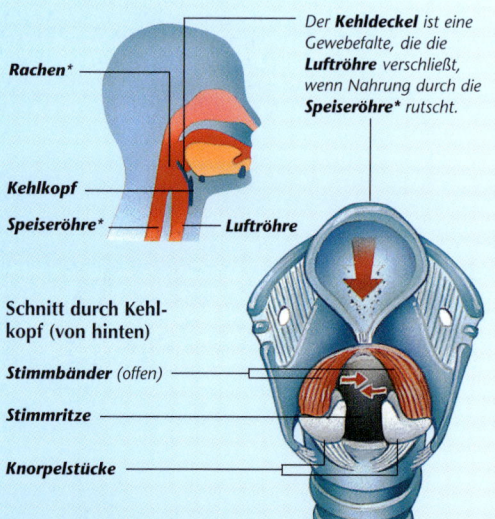

*Der **Kehldeckel** ist eine Gewebefalte, die die **Luftröhre** verschließt, wenn Nahrung durch die **Speiseröhre*** rutscht.*

Rachen*

Kehlkopf

Speiseröhre*   **Luftröhre**

Schnitt durch Kehlkopf (von hinten)

Stimmbänder *(offen)*

Stimmritze

Knorpelstücke

Brustfell oder Pleura (Einzahl Pleuron)
Eine Gewebeschicht, die jede **Lunge** als Lungenfell umgibt und dem **Brustkorb** als Rippenfell anliegt. Dazwischen liegt der **Pleuraspalt**, der **Pleuraflüssigkeit** enthält, so dass sich beide Häute ohne Reibung gegeneinander verschieben lassen. Durch Unterdruck haften Lungen- und Rippenfell stets aneinander.

Lungen
Die beiden wichtigsten Atmungsorgane, in deren Inneren der Gasaustausch stattfindet. Sie enthalten viele Röhren (**Bronchien** und **Bronchiolen**) sowie die **Lungenbläschen**.

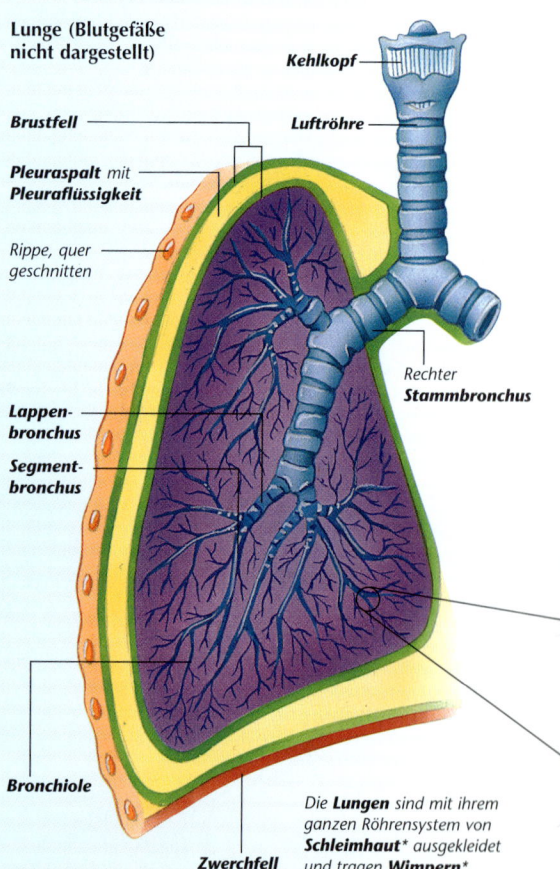

Lunge (Blutgefäße nicht dargestellt)

Kehlkopf

Brustfell

Luftröhre

Pleuraspalt mit **Pleuraflüssigkeit**

Rippe, quer geschnitten

Lappen-bronchus

Segment-bronchus

Rechter **Stammbronchus**

Bronchiole

Zwerchfell

*Die **Lungen** sind mit ihrem ganzen Röhrensystem von **Schleimhaut*** ausgekleidet und tragen **Wimpern***.*

Zwerchfell oder Diaphragma
Eine muskulöse oder sehnige Scheidewand, die die Brusthöhle vom Unterleib (**Abdomen**) trennt. Im Ruhezustand ist das Zwerchfell kuppelförmig gebogen, so dass die Leber noch in den Brustkasten hineinragt.

* **Knorpel**, 53; **Rachen**, 66; **Schleimhaut**, 67; **Speiseröhre**, 66; **Wimper**, 40.

Bronchien (Einzahl Bronchus)

Stammbronchien nach der Gabelung der **Luftröhre**. Der linke und der rechte **Stammbronchus** versorgen die jeweilige Lungenhälfte mit Luft. In der Lungenwurzel (**Hilus**), in der auch die **Lungenarterie*** eintritt, teilen sie sich erst in **Lappenbronchien**, dann in **Segmentbronchien** und schließlich in **Bronchiolen** auf. Alle diese Röhren werden von Blutgefäßen begleitet, die von der **Lungenarterie*** herstammen und schließlich in die **Lungenvene*** münden.

Bronchiolen

Die Millionen feinster Röhrchen in den **Lungen**. Sie alle sind von Blutgefäßen umgeben. Die Bronchiolen entstehen durch Verzweigung der **Segmentbronchien**. Die **Bronchiolen** gehen in **Alveolengänge** über, die schließlich in die blinden **Lungenbläschen** münden.

Lungenbläschen oder Alveolen

Millionen feinster Bläschen, die am Ende der **Alveolengänge** (s. **Bronchiolen**) stehen. Die Lungenbläschen sind von **Kapillaren*** (Haargefäßen) mit kohlendioxidreichem Blut umgeben. Dieses Gas tritt durch die Wände der Kapillaren und der Lungenbläschen hindurch und wird ausgeatmet. Gleichzeitig geht der eingeatmete Sauerstoff von den Lungenbläschen in das Blut der Kapillaren über, die sich dann nach und nach zu den **Lungenvenen*** vereinigen.

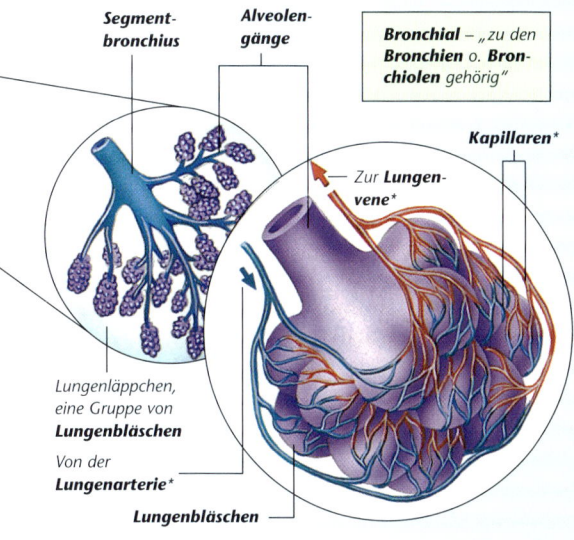

Segmentbronchius
Alveolengänge

> **Bronchial** – „zu den **Bronchien** o. **Bronchiolen** gehörig"

Kapillaren*

Zur **Lungenvene***

Lungenläppchen, eine Gruppe von **Lungenbläschen**

Von der **Lungenarterie***

Lungenbläschen

Atmung

Die Atmung besteht aus dem Einatmen (**Inspiration**) und dem Ausatmen (**Exspiration**). Beide Vorgänge laufen automatisch ab und werden vom Atemzentrum im **verlängerten Mark***, dem untersten Hirnteil, kontrolliert. Sie werden in Gang gesetzt, wenn das Atemzentrum eine zu hohe Kohlendioxidkonzentration im Blut feststellt.

Einatmen oder Inspiration

Die Muskeln des **Zwerchfells** und zwischen den Rippen (**Zwischenrippenmuskeln, Interkostalmuskeln**) kontrahieren sich, ziehen damit die Rippen nach oben und außen und vergrößern den Brustraum. Dadurch sinkt der Luftdruck in den **Lungen**. Luft fließt so lange ein, bis der Innendruck und Außendruck den gleichen Wert erreichen.

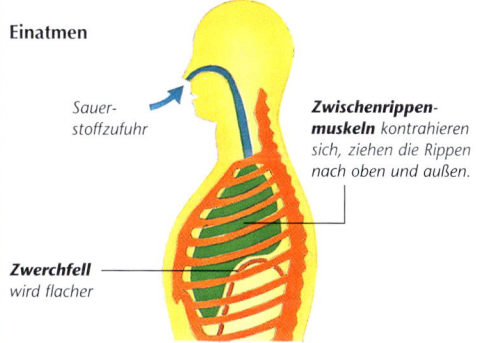

Einatmen

Sauerstoffzufuhr

Zwischenrippenmuskeln kontrahieren sich, ziehen die Rippen nach oben und außen.

Zwerchfell wird flacher

Ausatmen oder Exspiration

Das **Zwerchfell** und die **Zwischenrippenmuskeln** (s. **Einatmen**) erschlaffen. Dadurch wird der Brustraum kleiner und die Luft wird über die Atemwege nach außen gedrückt.

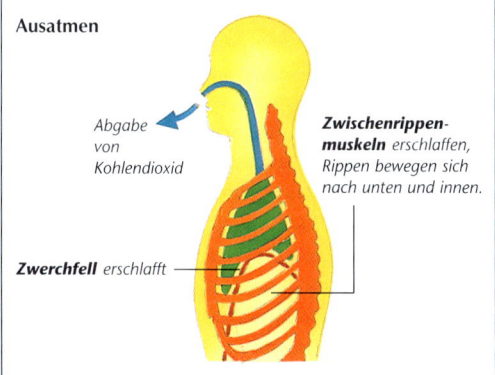

Ausatmen

Abgabe von Kohlendioxid

Zwischenrippenmuskeln erschlaffen, Rippen bewegen sich nach unten und innen.

Zwerchfell erschlafft

---

* **Kapillaren**, 60; **Lungenarterie**, 63;
  Lungenvene, 63; **verlängertes Mark**, 75.

DIE AUSSCHEIDUNG

Das **Ausscheidungssystem** entfernt unerwünschte Abfallstoffe aus dem Körper (**Exkretion**). Die Funktion der wichtigsten Organe wird auf diesen Seiten erklärt. An der Ausscheidung beteiligen sich auch die Lungen und die Haut, denn sie geben Kohlendioxid bzw. Schweiß an die Umwelt ab.

Das Ausscheidungssystem

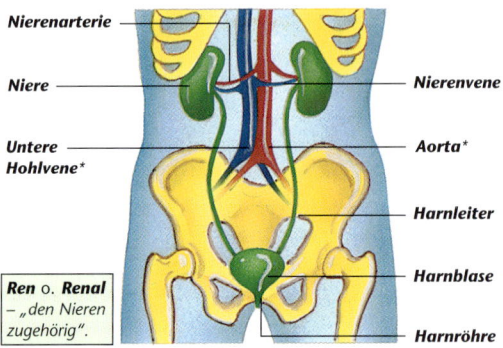

Nierenarterie

Niere

Untere Hohlvene*

Nierenvene

Aorta*

Harnleiter

Harnblase

Harnröhre

Ren o. **Renal** – „den Nieren zugehörig".

Nieren

Zwei Organe an der Rückwand des Körpers, gerade unterhalb der Rippen gelegen. Sie stellen die Hauptorgane der Ausscheidung dar, denn sie filtern unerwünschte Stoffe aus dem Blut heraus und regeln die Menge und die Beschaffenheit der Körperflüssigkeiten (s. **Homöostasis** 107). Das Blut gelangt über eine **Nierenarterie** in die Niere und verlässt es über die **Nierenvene**.

Harnleiter

Die beiden Gänge, die **Urin** oder **Harn** von den **Nieren** in die **Harnblase** transportieren.

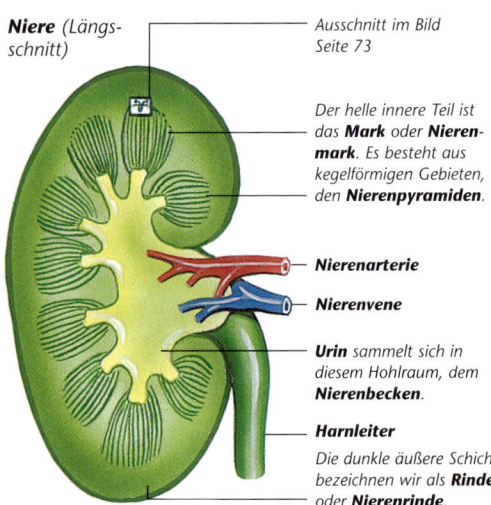

Niere (Längsschnitt)

Ausschnitt im Bild Seite 73

Der helle innere Teil ist das **Mark** oder **Nierenmark**. Es besteht aus kegelförmigen Gebieten, den **Nierenpyramiden**.

Nierenarterie

Nierenvene

Urin sammelt sich in diesem Hohlraum, dem **Nierenbecken**.

Harnleiter

Die dunkle äußere Schicht bezeichnen wir als **Rinde** oder **Nierenrinde**.

Harnblase oder Blase

Sackförmiges Speicherorgan für den **Harn** oder **Urin**. Die Blase weist im inneren Schleimhautfalten (**Rugae**) auf, die flacher werden, wenn sich der Füllzustand erhöht. Zwei Ringmuskeln, ein **äußerer** und ein **innerer Ringmuskel** (**Sphinkter**), kontrollieren die Öffnung in die **Harnröhre**. Wenn der Urinspiegel ein gewisses Maß erreicht hat, bringen Nerven den inneren Ringmuskel dazu, sich zu öffnen. Der äußere Ringmuskel steht aber unter der Kontrolle des Willens (Ausnahme: Kleinkinder). Er kann für längere Zeit verschlossen bleiben.

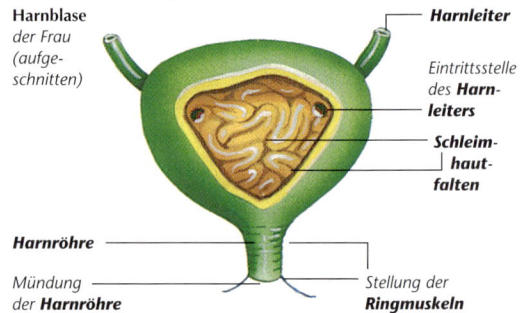

Harnblase der Frau (aufgeschnitten)

Harnleiter

Eintrittsstelle des **Harnleiters**

Schleimhautfalten

Harnröhre

Mündung der **Harnröhre**

Stellung der **Ringmuskeln**

Harnröhre

Ausführgang, der **Harn** von der **Harnblase** nach außen schafft (bei Männern übernimmt die Harnröhre auch den Transport des **Spermas***, s. **Penis** 88). Die Harnabgabe bezeichnet man auch als **Miktion**.

Harnstoff
Ein **stickstoffhaltiger** Abfallstoff, der beim Abbau überschüssiger **Aminosäuren*** in der Leber entsteht. Der Harnstoff gelangt zusammen mit kleineren Mengen verwandter Stoffe, etwa des Kreatinins, mit dem Blut in die **Nieren**.

Urin oder **Harn**
Die Flüssigkeit, die die **Nieren** verlässt. Urin besteht zur Hauptsache aus Wasser, Mineralsalzen und **Harnstoff**.

---

* **Aminosäure**,102 (**Protein**); **Aorta**, 63; **Sperma**, 88; **untere Hohlvene**, 63.

Im Inneren der Niere

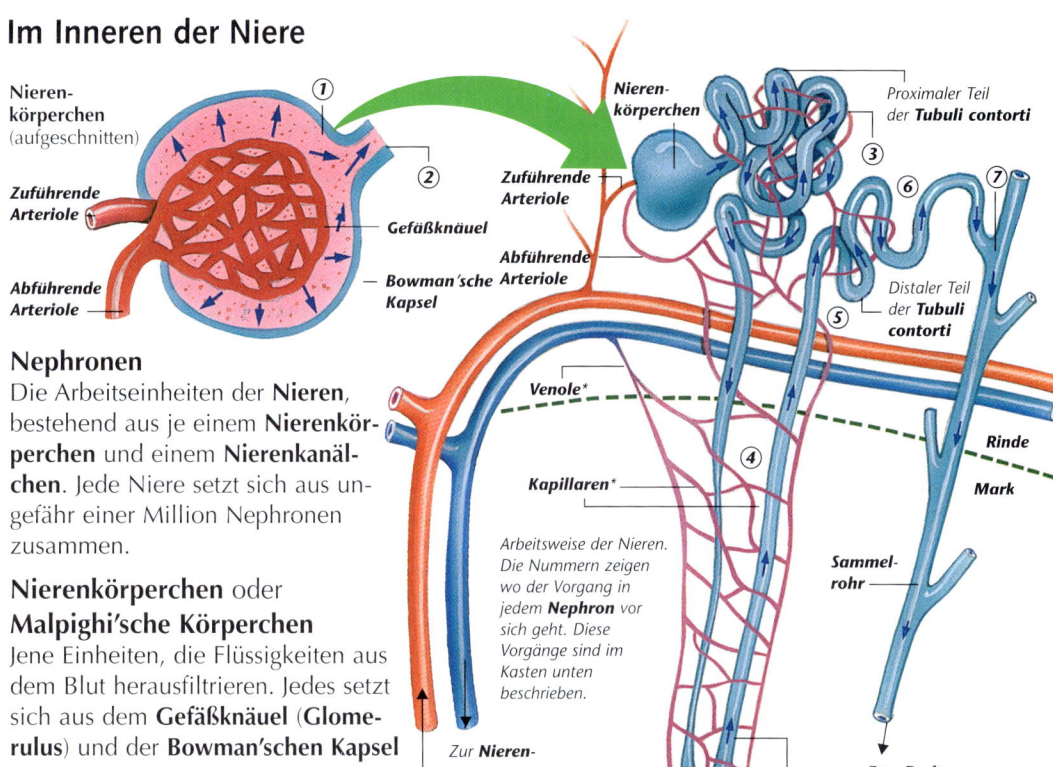

Nieren-körperchen (aufgeschnitten)

Zuführende Arteriole

Abführende Arteriole

① ②

Gefäßknäuel

Bowman'sche Kapsel

Nieren-körperchen

Zuführende Arteriole

Abführende Arteriole

Proximaler Teil der Tubuli contorti

③ ⑥ ⑦

Distaler Teil der Tubuli contorti

⑤

Rinde

Mark

Venole*

Kapillaren*

④

Arbeitsweise der Nieren. Die Nummern zeigen wo der Vorgang in jedem Nephron vor sich geht. Diese Vorgänge sind im Kasten unten beschrieben.

Sammel-rohr

Zur Nieren-vene

Von der Nierenarterie

Henle'sche Schleife

Zum Becken

Nephronen

Die Arbeitseinheiten der **Nieren**, bestehend aus je einem **Nierenkör-perchen** und einem **Nierenkanäl-chen**. Jede Niere setzt sich aus un-gefähr einer Million Nephronen zusammen.

Nierenkörperchen oder Malpighi'sche Körperchen

Jene Einheiten, die Flüssigkeiten aus dem Blut herausfiltrieren. Jedes setzt sich aus dem **Gefäßknäuel** (**Glome-rulus**) und der **Bowman'schen Kapsel** zusammen.

Gefäßknäuel oder Glomerulus

Zu einem Knäuel angeordnete **Kapillaren*** (Haargefäße) im Inneren jedes **Nierenkörper-chens**. Die Kapillaren verzweigen sich von einer **Arteriole***, die in das Körperchen eintritt (zuführende oder **afferente Arteriole**), und vereinigen sich wieder in einer abführenden (**efferenten**) **Arteriole**.

Bowman'sche Kapsel

Äußerer Teil des **Nierenkörperchens**. Dünn-wandiger Sack, der das **Gefäßknäuel** umgibt.

Nierenkanälchen

Lange, feine Röhrchen, die in einer **Bowman'-schen Kapsel** ihren Anfang nehmen. Jedes hat drei Hauptteile: den proximalen Teil der **Tubuli contorti**, die **Henle'sche Schleife** und den distalen Teil der **Tubuli contorti**. Um das Nierenkanälchen schlingen sich zahlreiche **Kapillaren***. Es handelt sich dabei um Ver-zweigungen der **efferenten Arteriolen** (s. **Ge-fäßknäuel**). Diese bilden größere Blutgefäße, die Blut aus den **Nieren** abtransportieren.

Sammelrohr

Ein Kanal, der **Urin** aus mehreren **Nieren-kanälchen** in das **Nierenbecken** transportiert.

Schlüssel zur Nierenzeichnung oben

*1. **Ultrafiltration im Nierenkörperchen.** Wenn Blut durch das **Gefäßknäuel** gepresst wird, gelangt ein großer Teil des Wassers, der Mineralstoffe, der Vitamine, der Glukose, der **Aminosäuren*** und des **Harnstoffs** in die **Bowman'sche Kapsel** und bildet den **Primärharn**.*

*2. Der **Primärharn** wandert in den proximalen Teil der **Tubuli contorti**.*

*3. **Rückresorption in den Nierenkanälchen.** Wenn der **Primärharn** durch die **Nierenkanälchen** zieht, werden die meisten Vitamine, die Glukose und die **Aminosäuren*** von den umgebenden **Kapillaren*** wieder in das Blut aufgenommen.*

*4. Auch einige Mineralstoffe werden zurückgewonnen. Das **Hormon*** **Aldosteron*** kontrolliert und stimuliert die Rückresorption bei Bedarf.*

*5. Auch Wasser wird zurückgewonnen. Das **Hormon*** **ADH*** kontrolliert und stimuliert die Rückresorption bei Bedarf.*

*6. **Ausscheidung in den Tubuli.** Einige Stoffe, z. B. Ammoniak, gewisse Drogen und Medikamente gehen vom Blut in das **Nierenkanälchen** über.*

*7. Der endgültige **Urin** zieht zum **Sammelrohr**.*

***Distal** bedeutet „weiter vom Ursprungs- oder Anheftungsort entfernt".*

***Proximal** bedeutet „dem Ursprungs- oder Anheftungspunkt näher gelegen".*

---

* **ADH, Aldosteron**, 108; **Aminosäure**, 102 (**Protein**); **Arteriole**, 60 (**Arterie**); **Hormon**, 108; **Kapillare**, 60; **Venole**, 60 (**Vene**).

DAS ZENTRALE NERVENSYSTEM

Das **zentrale Nervensystem** (**ZNS**) stellt das Kontrollzentrum des Körpers dar. Es koordiniert alle Tätigkeiten mechanischer wie chemischer Art (durch **Hormone***) und besteht aus dem **Gehirn** und dem **Rückenmark**. Millionen von Nerven im Körper leiten Informationen (Nervenimpulse) zu den zentralen Gebieten oder verteilen sie von dort in den Körper (s. 78–81).

Gehirn

Gehirn
Es kontrolliert die meisten Tätigkeiten des Körpers. Als einziges Organ ist es zur „Intelligenz" befähigt. Das Gehirn wird von Millionen von **Neuronen*** (Nervenzellen) aufgebaut, die zu **sensiblen** oder **motorischen Feldern** oder zu Schaltfeldern angeordnet sind. Die sensiblen Felder erhalten Informationen (Nervenimpulse) über Sinnesempfindungen von allen Körperteilen. Die Schaltfelder analysieren diese Impulse. Die motorischen Felder senden Impulse (Befehle) an Muskeln oder Drüsen. Die Neuronen von insgesamt 43 Nervenpaaren übermitteln diese Impulse. 12 Paar **Hirn**- oder **Schädelnerven** versorgen dabei den Kopf und 31 Paar **Rückenmarksnerven** den übrigen Körper (s. **Rückenmark**).

Rückenmark im Inneren der *Wirbelsäule**

Rückenmark
Strang von Nervengewebe, der im Inneren der **Wirbelsäule*** vom **Gehirn** zum Unterkörper zieht. Nervenimpulse von allen Körperteilen durchlaufen das Rückenmark. Einige davon wandern in das Hirn oder gehen von dort aus, andere hingegen werden im Rückenmark selbst verarbeitet (s. **unwillkürliche Handlungen** 81). 31 Paar **Rückenmarks**- oder **Spinalnerven** zweigen in den Zwischenräumen zwischen den **Wirbeln*** vom Rückenmark ab. Jeder Rückenmarksnerv besteht aus einer **dorsalen**, **sensiblen Wurzel** aus **sensiblen Neuronen*** und einer vorderen, **ventralen**, **motorischen Wurzel**. Diese setzt sich aus **motorischen Neuronen*** zusammen.

Wirbel*

Rückenmark

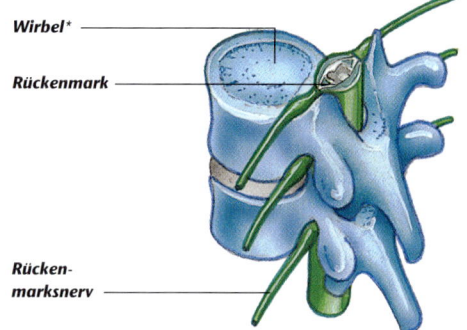

Rückenmarksnerv

Neuroglia oder Glia
Steife Zellen, die die **Neuronen*** des zentralen Nervensystems schützen. Einige produzieren eine weiße fettige Substanz, das **Myelin** (s. **Schwann'sche Scheide** 76). Eine Myelinhülle oder Markscheide umgibt die langen Nervenfasern im **Gehirn** und in der äußeren Schicht des **Rückenmarks**. Man spricht auch von markhaltigen Fasern oder **weißer Substanz**. **Graue Substanz** ist marklos und besteht zur Hauptsache aus **Zellkörpern*** und kurzen Fasern mit Neuroglia ohne Myelin.

Rückenmark

Gehirn-Rückenmark-Flüssigkeit

Graue Substanz

Rückenmarksnerv

Ventrale Wurzel

Dorsale Wurzel

Weiße Substanz

---

* **Hormon**, 108; **motorisches Neuron**, 77; **Neuron**, 76; **sensibles Neuron**, 77; **Wirbel**, **Wirbelsäule**, 51; **Zellkörper**, 76.

Teile des Gehirns

Großhirn

Höchstentwickelter Hirnteil mit vielen tiefen Windungen aus zwei **Hemisphären**, die vom **Balkenkörper** (**Corpus callosum**), einem Band aus **Nervenfasern***, verbunden werden. Die äußere Schicht ist die **Rinde** (**Cortex**). Dort liegen alle wichtigen Felder, die **sensiblen**, die **motorischen** und die **Schaltfelder**. Das Großhirn kontrolliert die meisten Körperaktivitäten und stellt gleichzeitig das Zentrum für geistige Tätigkeiten dar, z. B. Sprechen und Lernen.

Kleinhirn

Dieser Abschnitt des Gehirns koordiniert Muskelbewegungen und Gleichgewicht. Beide Tätigkeiten stehen jedoch unter der Gesamtkontrolle des **Großhirns**.

Mittelhirn

Ein Hirnabschnitt, der das **Zwischenhirn** mit der **Brücke** verbindet. Es transportiert einlaufende Nervenimpulse zum **Thalamus** und Impulse in umgekehrter Richtung vom **Kleinhirn** in das **Rückenmark**.

Brücke oder Pons

Ein Abschnitt aus **Nervenfasern***, der die Teile des **Gehirns** über das **verlängerte Mark** mit dem **Rückenmark** verbindet.

Thalamus

Jenes Gebiet im Gehirn, das die eintreffenden Impulse als erstes sortiert und in die unterschiedlichen Teile des **Großhirns** weiterleitet. Der Thalamus leitet auch einige austretende Impulse weiter.

Hypothalamus

Die wichtigste Kontrollstelle der meisten inneren Körperfunktionen. Der Hypothalamus kontrolliert die Tätigkeit des **autonomen Nervensystems*** (und damit unwillkürliche Handlungen) sowie die Funktion der **Hypophyse***. Die richtige Funktion des Hypothalamus ist lebenswichtig für die **Homeostasis***, die Aufrechterhaltung stabiler innerer Bedingungen.

Zwischenhirn

Hirnteil, der den **Thalamus** und **Hypothalamus** umfasst.

Verlängertes Mark (Medulla oblongata)

Unterschiedliche Bereiche kontrollieren die Feinabstimmung unwillkürlicher Handlungen, die unter der Kontrolle des **Hypothalamus** stehen, z. B. kontrolliert das **Atemzentrum** die gesamte Atmung.

Stammhirn oder Hirnstamm

Allgemeine Bezeichnung für das **Mittelhirn**, die **Brücke** und das **verlängerte Mark**.

Diagramm-Beschriftungen

Gehirn im Schnitt

Großhirn

Thalamus

Kleinhirn

Hypothalamus

Hypophyse*

Mittelhirn

Corpus callosum

Brücke

Verlängertes Mark

Schädel

Ventrikel. Hohlräume, gefüllt mit L.c.

Rückenmark

Hirnhäute (Meningen). Von außen nach innen: **harte Hirnhaut, Spinngewebehaut, weiche Hirnhaut**.

Gehirn-Rückenmark-Flüssigkeit oder **Liquor cerebrospinalis**, L.c. Stoßdämpfer für das Gehirn und Rückenmark, transportiert gelöste Nährstoffe.

Zerebral – „zum Gehirn gehörig"

Zephal oder **Kephal** – „zum Kopf gehörig"

Funktionsfelder der Rinde des Großhirns

- **Sensible Felder:** Empfangen eintreffende Impulse.
  1. Allgemeiner sensibler Bereich, Körperfühlbereich. Empfängt Impulse von den Muskeln, der Haut und den inneren Organen.
  2. **Primäres Geschmacksfeld:** Impulse von der Zunge.
  3. **Primäres Hörfeld:** Impulse von den Ohren.
  4. **Primäres Gesichtsfeld:** Impulse von den Augen.
  5. **Primäres Riechfeld:** Impulse von der Nase.
- **Motorische Felder:** Jeder noch so kleine Abschnitt sendet Impulse zu einem ganz bestimmten Muskel.
- **Schaltfelder** interpretieren Impulse und fällen Entscheidungen. Einige spezifische Felder sind
  6. **Schaltfeld des Sehens.** Ermöglicht das Sehen.
  7. **Schaltfeld des Hörens.** Ermöglicht das Hören.

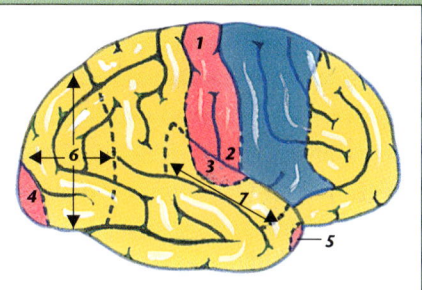

***autonomes Nervensystem**, 80; **Homeostasis**, 107; **Hypophyse**, 69; **Nervenfasern**, 76.

DIE EINHEITEN DES NERVENSYSTEMS

Die Grundeinheiten des Gehirns und des Rückenmarks (**zentrales Nervensystem***, **ZNS**) und der übrigen Nerven des Körpers (**peripheres Nervensystem**) stellen die Nervenzellen oder **Neuronen** dar. Sie verbreiten auf elektrischem Weg Informationen im ganzen Körper. Jedes Neuron setzt sich aus dem **Zellkörper**, einem **Neurit** und einem oder mehreren **Dendriten** zusammen. Es gibt drei Neuronentypen: **Schaltneurone**, **sensible** und **motorische Neurone**.

Schaltneuron aus Gehirn und Rückenmark (s. 77)

Die Teile eines Neurons

Zellkörper oder Perikaryon
Jener Teil eines Neurons, der den **Zellkern*** und den größten Teil des **Zytoplasmas*** enthält. Die Zellkerne aller **Schaltneurone** sowie einiger **sensibler** und **motorischer Neurone** liegen im Gehirn und im Rückenmark. Andere sensible Neuronen haben ihre Zellkörper in besonderen **Ganglien*** oder sie stellen Teile hochspezialisierter **Rezeptoren*** in der Nase und den Augen dar. Die Zellkörper der übrigen motorischen Neurone liegen in **autonomen Ganglien***.

Nervenfasern
Die faserigen Ausläufer, also **Neuriten** und **Dendriten** eines Neurons. Es handelt sich um **Zytoplasma***-Fortsätze des **Zellkörpers***. Sie leiten die lebenswichtigen Nervenimpulse weiter. Die meisten langen Nervenfasern, die durch den menschlichen Körper ziehen (sie gehören zu **sensiblen** oder **motorischen Neuronen**), werden von **Neuroglia*** eingehüllt. Diese besteht aus **Schwann'schen Zellen**, die eine Markscheide aus **Myelin*** um die gesamte Nervenfaser herum aufbauen.

Dendriten
Die **Nervenfasern**, die Impulse in Richtung **Zellkörper** transportieren. Die meisten Neurone haben mehrere kurze Dendriten. Ein Typ unter den **sensiblen Neuronen** hat nur einen langen Dendriten. Die Enden solcher Dendriten bilden im ganzen Körper **Rezeptoren***. Die Zellkörper solcher Nervenzellen liegen in **Ganglien***, nahe dem Rückenmark.

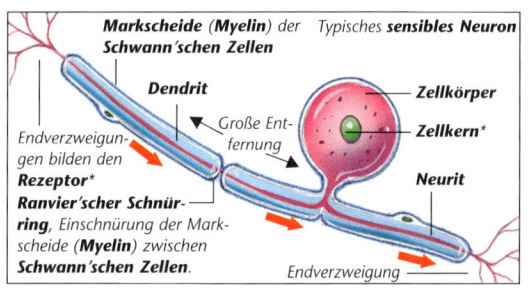

*Markscheide (**Myelin**) der Schwann'schen Zellen* — *Typisches **sensibles Neuron*** — *Dendrit* — *Zellkörper* — *Zellkern** — *Neurit* — *Endverzweigungen bilden den **Rezeptor**** — *Ranvier'scher Schnürring, Einschnürung der Markscheide (**Myelin**) zwischen Schwann'schen Zellen.* — *Große Entfernung* — *Endverzweigung*

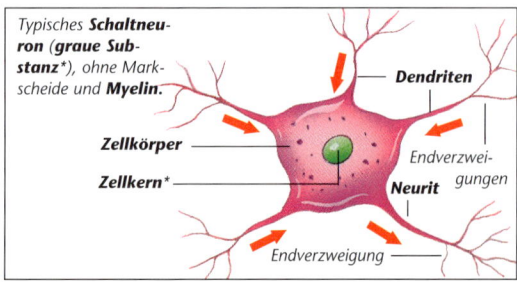

*Typisches **Schaltneuron** (graue Substanz*), ohne Markscheide und **Myelin**.* — *Dendriten* — *Zellkörper* — *Zellkern** — *Endverzweigungen* — *Neurit* — *Endverzweigung*

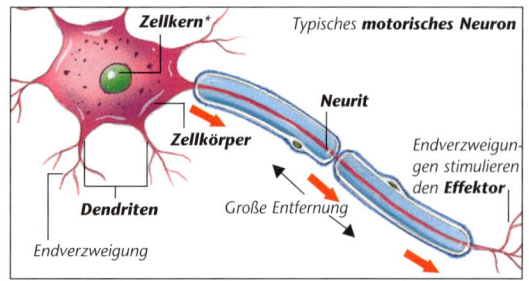

Zellkern* — *Typisches **motorisches Neuron*** — *Neurit* — *Zellkörper* — *Endverzweigungen stimulieren den **Effektor*** — *Dendriten* — *Große Entfernung* — *Endverzweigung*

Neurit oder Axon
Einzelne **Nervenfaser**, die Impulse vom **Zellkern** wegleitet. Neuriten aller **Schaltneurone** und **sensibler** sowie einiger **motorischer Neurone** liegen im Gehirn und im Rückenmark. Die der übrigen motorischen Neuronen ziehen vom Rückenmark zu **autonomen Ganglien*** oder weiter zu **Effektoren** (s. **motorische Neurone**).

* **autonomes Ganglion**, 81; **Ganglion**, 78; **graue Substanz**, 74; **Myelin**, 74 (**Neuroglia**); **Rezeptor**, 79; **Zellkern**, 10; **zentrales Nervensystem**, 74; **Zytoplasma**, 10.

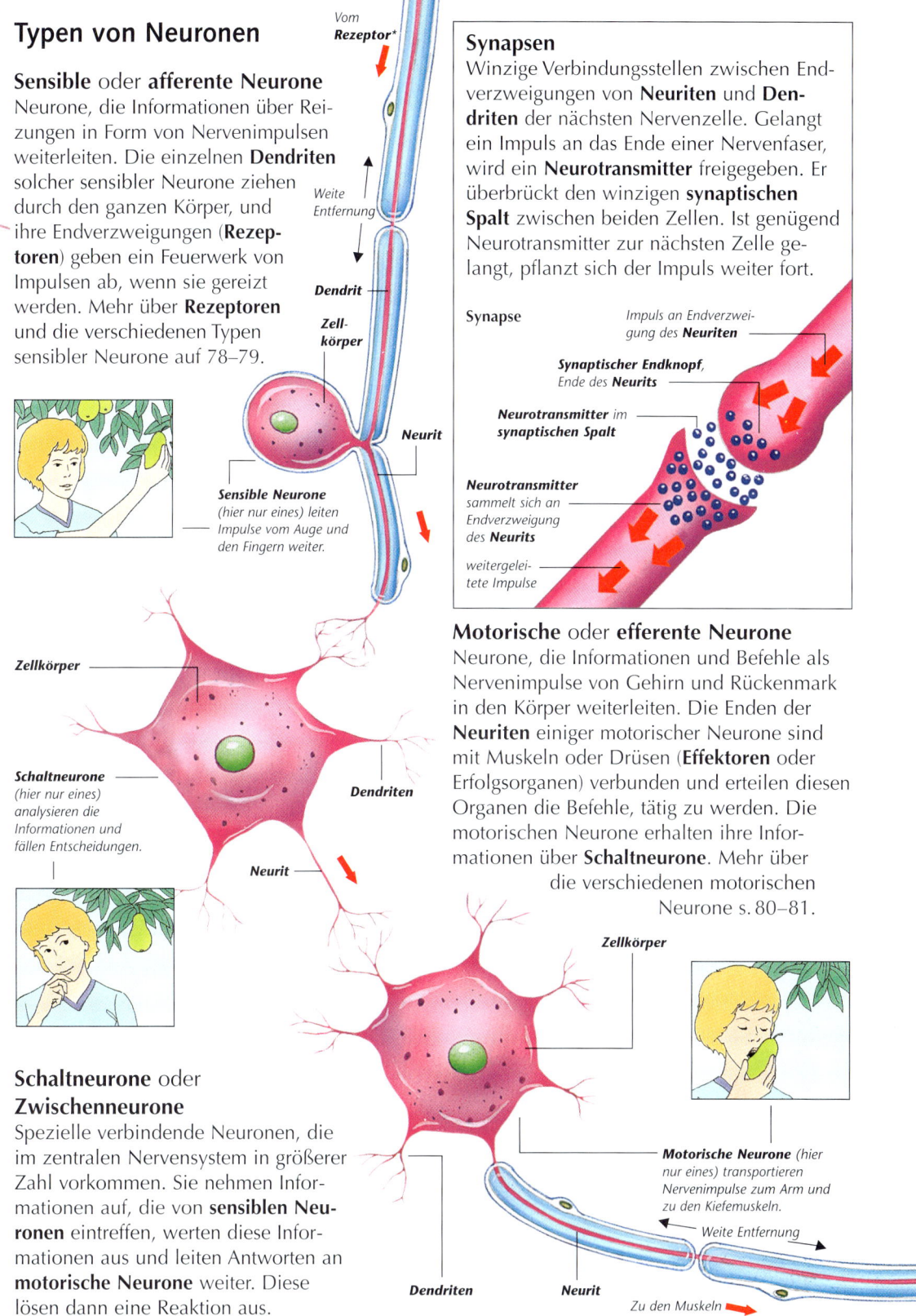

Typen von Neuronen

Sensible oder afferente Neurone

Neurone, die Informationen über Reizungen in Form von Nervenimpulsen weiterleiten. Die einzelnen **Dendriten** solcher sensibler Neurone ziehen durch den ganzen Körper, und ihre Endverzweigungen (**Rezeptoren**) geben ein Feuerwerk von Impulsen ab, wenn sie gereizt werden. Mehr über **Rezeptoren** und die verschiedenen Typen sensibler Neurone auf 78–79.

Vom **Rezeptor***

Weite Entfernung

Dendrit

Zellkörper

Neurit

Sensible Neurone (hier nur eines) leiten Impulse vom Auge und den Fingern weiter.

Synapsen

Winzige Verbindungsstellen zwischen Endverzweigungen von **Neuriten** und **Dendriten** der nächsten Nervenzelle. Gelangt ein Impuls an das Ende einer Nervenfaser, wird ein **Neurotransmitter** freigegeben. Er überbrückt den winzigen **synaptischen Spalt** zwischen beiden Zellen. Ist genügend Neurotransmitter zur nächsten Zelle gelangt, pflanzt sich der Impuls weiter fort.

Synapse

Impuls an Endverzweigung des **Neuriten**

Synaptischer Endknopf, Ende des **Neurits**

Neurotransmitter im **synaptischen Spalt**

Neurotransmitter sammelt sich an Endverzweigung des **Neurits**

weitergeleitete Impulse

Motorische oder efferente Neurone

Neurone, die Informationen und Befehle als Nervenimpulse von Gehirn und Rückenmark in den Körper weiterleiten. Die Enden der **Neuriten** einiger motorischer Neurone sind mit Muskeln oder Drüsen (**Effektoren** oder **Erfolgsorganen**) verbunden und erteilen diesen Organen die Befehle, tätig zu werden. Die motorischen Neurone erhalten ihre Informationen über **Schaltneurone**. Mehr über die verschiedenen motorischen Neurone s. 80–81.

Zellkörper

Schaltneurone (hier nur eines) analysieren die Informationen und fällen Entscheidungen.

Dendriten

Neurit

Zellkörper

Motorische Neurone (hier nur eines) transportieren Nervenimpulse zum Arm und zu den Kiefermuskeln.

Weite Entfernung

Schaltneurone oder Zwischenneurone

Spezielle verbindende Neuronen, die im zentralen Nervensystem in größerer Zahl vorkommen. Sie nehmen Informationen auf, die von **sensiblen Neuronen** eintreffen, werten diese Informationen aus und leiten Antworten an **motorische Neurone** weiter. Diese lösen dann eine Reaktion aus.

Dendriten

Neurit

Zu den Muskeln

** **Rezeptor**, 79.*

NERVEN UND NERVENBAHNEN

Die **Reizbarkeit** des Körpers und seine Fähigkeit, auf Reize zu antworten, beruhen auf der Weiterleitung von Informationen in Form von Nervenimpulsen durch die Fasern der Nervenzellen (**Neurone***). Die Fasern, die Impulse zum Gehirn und zum Rückenmark leiten, gehören zum **afferenten Nervensystem**. Das **efferente Nervensystem** (s. 80–81) wird von Fasern gebildet, die Impulse vom Gehirn und Rückenmark nach außen leiten. Alle Nervenfasern außerhalb des Gehirns und des Rückenmarks gehören zum **peripheren Nervensystem** (**PNS**).

Nerven

Bündel von Nervenfasern, Blutgefäßen und **Bindegewebe***. Jeder Nerv besteht aus **Bündeln** von Nervenfasern und jede Faser gehört zu einer Nervenzelle (**Neuron***). **Sensible Nerven** bestehen nur aus den Fasern (**Dendriten***) sensibler (afferenter) **Neurone***, motorische **Nerven** nur aus Fasern (**Neuriten***) motorischer (efferenter) **Neurone***, während **gemischte Nerven** beide Fasertypen aufweisen.

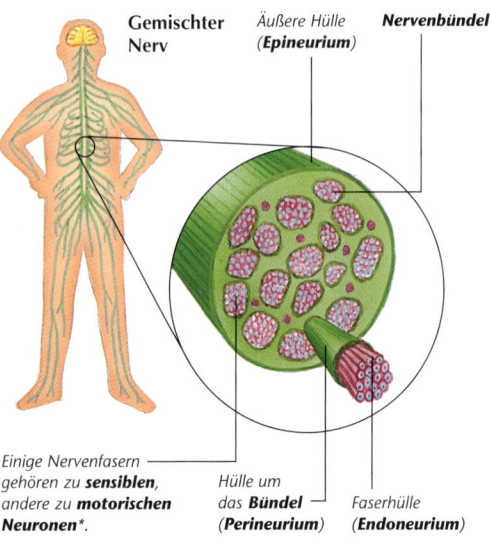

Gemischter Nerv

Äußere Hülle (**Epineurium**)

Nervenbündel

Einige Nervenfasern gehören zu **sensiblen**, andere zu **motorischen Neuronen***.

Hülle um das **Bündel** (**Perineurium**)

Faserhülle (**Endoneurium**)

Das afferente Nervensystem

Das **afferente Nervensystem** ist ein System von Nervenzellen (**Neurone***), dessen Fasern sensible Informationen als Nervenimpulse von außen in das Rückenmark und in das Gehirn weiterleiten. Die beteiligten Nervenzellen bezeichnen wir als **sensible** oder **afferente Neurone***. Die Impulse entstehen in **Rezeptoren** und werden vom Gehirn als Wahrnehmungen interpretiert.

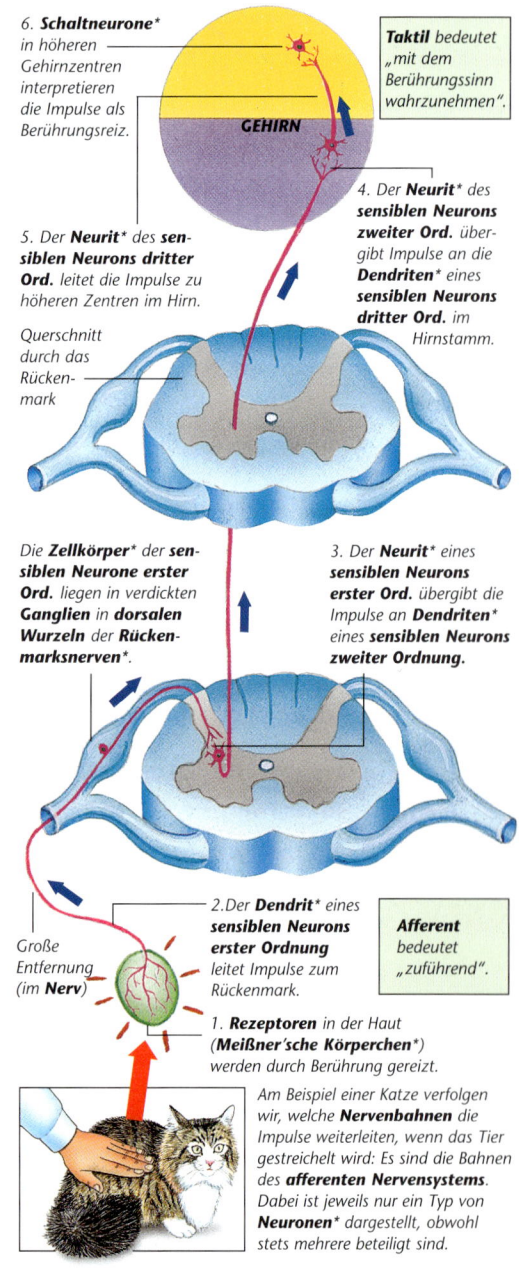

6. **Schaltneurone*** in höheren Gehirnzentren interpretieren die Impulse als Berührungsreiz.

Taktil bedeutet „mit dem Berührungssinn wahrzunehmen".

GEHIRN

4. Der **Neurit*** des sensiblen Neurons zweiter Ord. übergibt Impulse an die **Dendriten*** eines sensiblen Neurons dritter Ord. im Hirnstamm.

5. Der **Neurit*** des sensiblen Neurons dritter Ord. leitet die Impulse zu höheren Zentren im Hirn.

Querschnitt durch das Rückenmark

Die **Zellkörper*** der sensiblen Neurone erster Ord. liegen in verdickten **Ganglien** in **dorsalen Wurzeln** der **Rückenmarksnerven***.

3. Der **Neurit*** eines sensiblen Neurons erster Ord. übergibt die Impulse an **Dendriten*** eines sensiblen Neurons zweiter Ordnung.

2. Der **Dendrit*** eines sensiblen Neurons erster Ordnung leitet Impulse zum Rückenmark.

Afferent bedeutet „zuführend".

Große Entfernung (im **Nerv**)

1. **Rezeptoren** in der Haut (**Meißner'sche Körperchen***) werden durch Berührung gereizt.

Am Beispiel einer Katze verfolgen wir, welche **Nervenbahnen** die Impulse weiterleiten, wenn das Tier gestreichelt wird: Es sind die Bahnen des **afferenten Nervensystems**. Dabei ist jeweils nur ein Typ von **Neuronen*** dargestellt, obwohl stets mehrere beteiligt sind.

Rezeptoren

Teile des **afferenten Nervensystems**, die Nervenimpulse abgeben, wenn sie gereizt werden. Die meisten bestehen aus der Endverzweigung eines langen **Dendriten*** des **sensiblen Neurons erster Ordnung** (s. Bild) oder aus einer Gruppe solcher Nervenendigungen. Sie sind in Körpergewebe eingebettet. Viele haben typische Strukturen um sich herum (z. B. **Geschmacksknospen**, s. **Zunge**). Rezeptoren sind über den Körper verteilt, an dessen Oberfläche (in der Haut, den **Sinnesorganen**, **Skelettmuskeln*** usw.) und auch im Körperinneren (in Verbindung mit inneren Organen, Blutgefäßwänden).

Sinnesorgane

Hochspezialisierte Organe des Körpers, jedes von ihnen mit zahlreichen **Rezeptoren**. Zu den herkömmlichen Sinnesorganen zählen wir die **Nase**, die **Zunge**, die Augen und die Ohren. Mehr über Augen und Ohren s. 84–87.

Unterteilung des afferenten Nervensystems

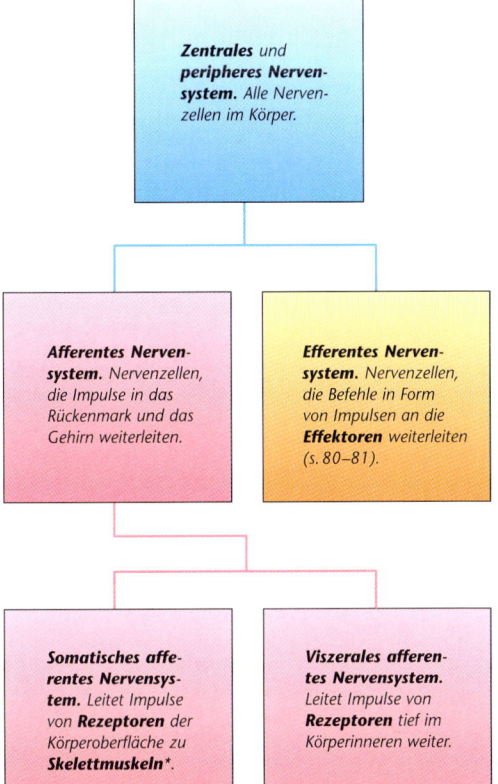

Zentrales und **peripheres Nervensystem.** Alle Nervenzellen im Körper.

Afferentes Nervensystem. Nervenzellen, die Impulse in das Rückenmark und das Gehirn weiterleiten.

Efferentes Nervensystem. Nervenzellen, die Befehle in Form von Impulsen an die **Effektoren** weiterleiten (s. 80–81).

Somatisches afferentes Nervensystem. Leitet Impulse von **Rezeptoren** der Körperoberfläche zu **Skelettmuskeln***.

Viszerales afferentes Nervensystem. Leitet Impulse von **Rezeptoren** tief im Körperinneren weiter.

Nase

Sitz des Geruchssinnes. Jedes Nasenloch mündet in eine **Nasenhöhle**, die mit **Schleimhaut*** ausgekleidet ist. Die Höhle ist von einer Riechschleimhaut mit **Riechzellen** besetzt. Diese weisen **Riechhärchen** auf; es sind **Dendriten*** **sensibler Neurone**. Die **Rezeptoren** nehmen chemische Stoffe wahr und leiten Informationen ans Gehirn weiter. Dort entsteht die **Geruchsempfindung**.

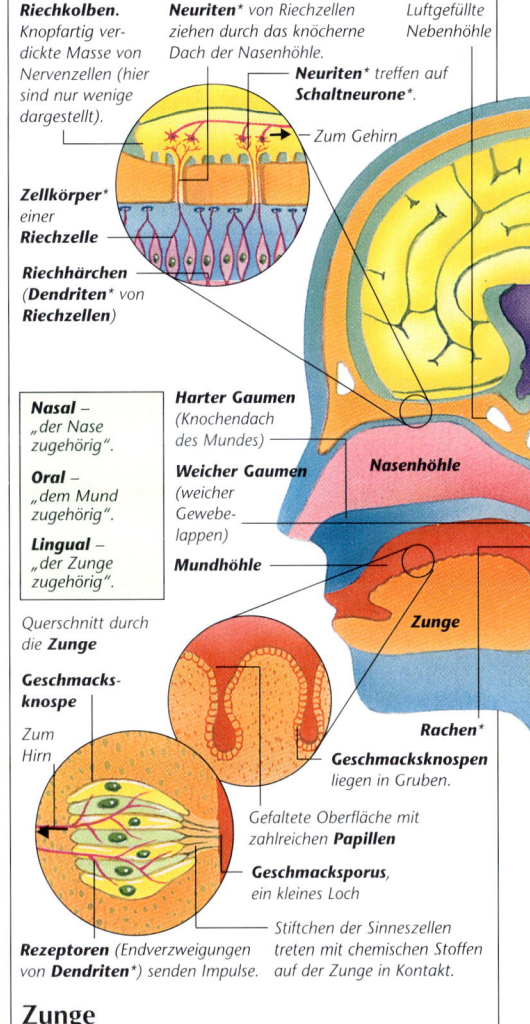

Riechkolben. Knopfartig verdickte Masse von Nervenzellen (hier sind nur wenige dargestellt).

Neuriten* von Riechzellen ziehen durch das knöcherne Dach der Nasenhöhle.

Luftgefüllte Nebenhöhle

Neuriten* treffen auf **Schaltneurone***.

Zum Gehirn

Zellkörper* einer **Riechzelle**

Riechhärchen (**Dendriten*** von **Riechzellen**)

Nasal – „der Nase zugehörig".

Oral – „dem Mund zugehörig".

Lingual – „der Zunge zugehörig".

Harter Gaumen (Knochendach des Mundes)

Weicher Gaumen (weicher Gewebelappen)

Mundhöhle

Nasenhöhle

Querschnitt durch die **Zunge**

Geschmacksknospe

Zum Hirn

Zunge

Rachen*

Geschmacksknospen liegen in Gruben.

Gefaltete Oberfläche mit zahlreichen **Papillen**

Geschmacksporus, ein kleines Loch

Stiftchen der Sinneszellen treten mit chemischen Stoffen auf der Zunge in Kontakt.

Rezeptoren (Endverzweigungen von **Dendriten***) senden Impulse.

Zunge

Hauptsitz des Geschmackssinns. Die Zunge trägt zahlreiche **Geschmacksknospen**. Diese Knospen enthalten **Rezeptoren**, deren Impulse das Gehirn als **Geschmacksempfindungen** interpretiert.

---

* **Dendrit**, 76; **Neurit**, 76; **Rachen**, 66; **Schaltneuron**, 77; **Schleimhaut**, 67; **sensibles Neuron**, 77; **Skelettmuskel**, 54; **Zellkörper**, 76.

Das efferente Nervensystem

Das **efferente Nervensystem** ist das zweite System von Nervenzellen (**Neurone***) im Körper (s. **afferentes Nervensystem** 78–79). Die Fasern seiner Nervenzellen leiten Nervenimpulse vom Gehirn weg durch das Rückenmark und verteilen sie über den ganzen Körper. An diesem System sind alle **motorischen** (**efferenten**) **Neurone*** des Körpers beteiligt. Die Impulse, die sie übertragen, regen Oberflächenmuskeln (**Skelettmuskeln***) oder Drüsen und innere Muskeln (z. B. in den Wänden innerer Organe und der Blutgefäße) zur Tätigkeit an. Alle diese Organe bezeichnen wir insgesamt als **Effektoren** oder Erfolgsorgane.

Unterteilung des efferenten Nervensystems

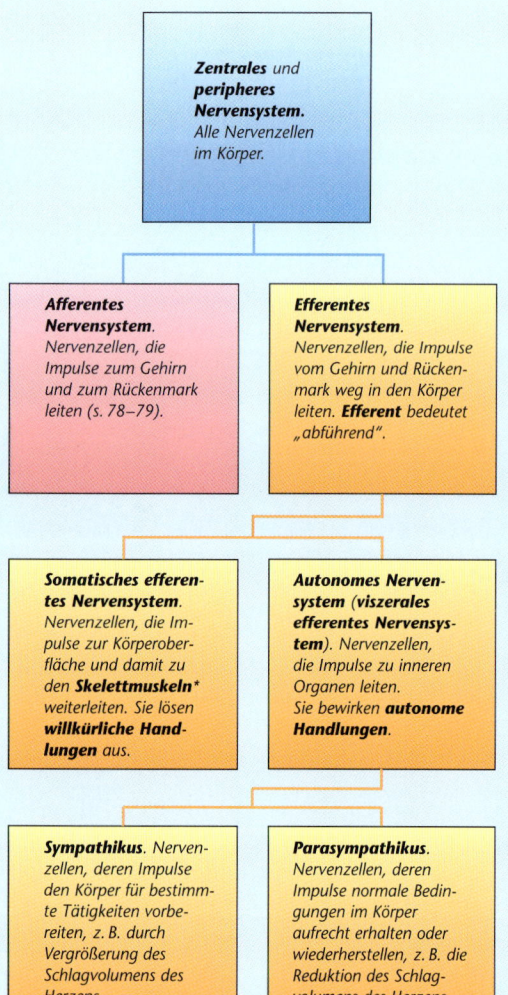

Zentrales und **peripheres Nervensystem.** *Alle Nervenzellen im Körper.*

Afferentes Nervensystem. *Nervenzellen, die Impulse zum Gehirn und zum Rückenmark leiten (s. 78–79).*

Efferentes Nervensystem. *Nervenzellen, die Impulse vom Gehirn und Rückenmark weg in den Körper leiten.* **Efferent** *bedeutet „abführend".*

Somatisches efferentes Nervensystem. *Nervenzellen, die Impulse zur Körperoberfläche und damit zu den* **Skelettmuskeln*** *weiterleiten. Sie lösen* **willkürliche Handlungen** *aus.*

Autonomes Nervensystem (viszerales efferentes Nervensystem). *Nervenzellen, die Impulse zu inneren Organen leiten. Sie bewirken* **autonome Handlungen.**

Sympathikus. *Nervenzellen, deren Impulse den Körper für bestimmte Tätigkeiten vorbereiten, z. B. durch Vergrößerung des Schlagvolumens des Herzens.*

Parasympathikus. *Nervenzellen, deren Impulse normale Bedingungen im Körper aufrecht erhalten oder wiederherstellen, z. B. die Reduktion des Schlagvolumens des Herzens.*

Die verschiedenen Handlungstypen

Willkürliche Handlungen

Handlungen, die aus bewussten Entscheidungen hervorgehen, z. B. das Heben einer Tasse. Wir sind uns ihrer stets bewusst. An ihnen nehmen nur **Skelettmuskeln*** teil. Die Nervenimpulse, die solche Handlungen auslösen, kommen vor allem aus dem **Großhirn*** und werden von Nervenzellen des **somatischen efferenten Nervensystems** weitergeleitet.

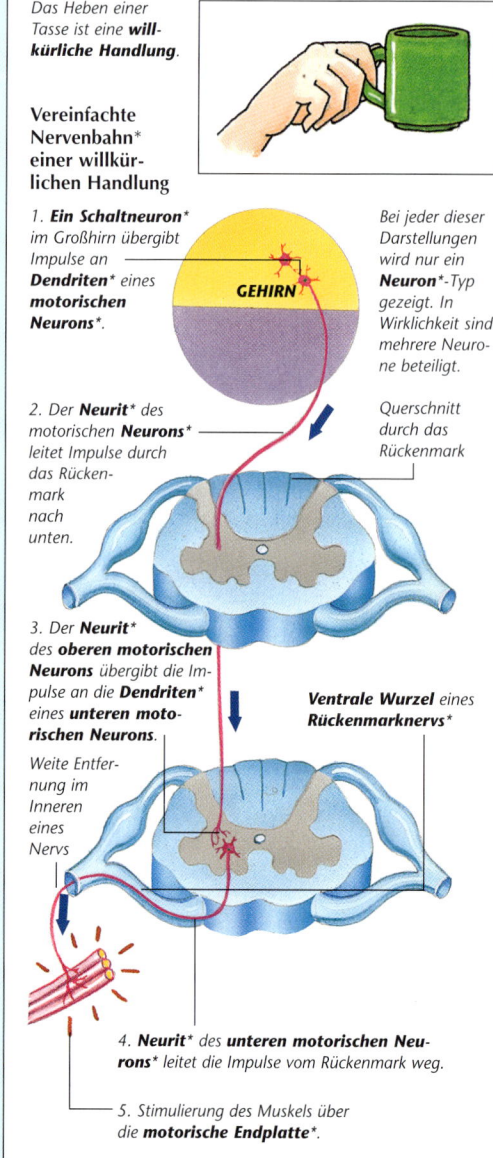

Das Heben einer Tasse ist eine **willkürliche Handlung.**

Vereinfachte Nervenbahn* einer willkürlichen Handlung

1. **Ein Schaltneuron*** im Großhirn übergibt Impulse an **Dendriten*** eines **motorischen Neurons*.**

Bei jeder dieser Darstellungen wird nur ein **Neuron***-Typ gezeigt. In Wirklichkeit sind mehrere Neurone beteiligt.*

2. Der **Neurit*** des motorischen **Neurons*** leitet Impulse durch das Rückenmark nach unten.

Querschnitt durch das Rückenmark

3. Der **Neurit*** des **oberen motorischen Neurons** übergibt die Impulse an die **Dendriten*** eines **unteren motorischen Neurons.**

Weite Entfernung im Inneren eines Nervs

Ventrale Wurzel eines **Rückenmarknervs***

4. **Neurit*** des **unteren motorischen Neurons*** leitet die Impulse vom Rückenmark weg.

5. Stimulierung des Muskels über die **motorische Endplatte*.**

Unwillkürliche Handlungen

Handlungen, über deren Zustandekommen das Großhirn nicht bewusst entscheidet. Man unterscheidet zwei Typen unwillkürlicher Handlungen. Zunächst versteht man darunter die fortdauernden Handlungen innerer Organe, z.B. das Schlagen des Herzens, dessen wir uns im Normalfall nicht bewusst sind. Die Impulse, die solche Handlungen auslösen, nehmen ihren Ursprung im Hirnstamm (**Hypothalamus***) und werden von Nervenzellen des **autonomen Nervensystems** weitergeleitet. Man spricht auch von **autonomen Handlungen**. Die übrigen unwillkürlichen Handlungen sind **Reflexhandlungen**.

*Der Herzschlag ist eine **unwillkürliche Handlung**.*

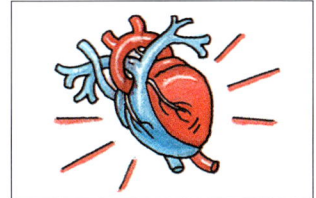

Vereinfachte Nervenbahn* einer autonomen Handlung

*1. Ein **Schaltneutron*** im Hirnstamm übergibt Impulse an **Dendriten*** eines **höheren motorischen Neurons**.*

*2. **Neurit*** des **höheren motorischen Neurons** leitet Impulse durch das Rückenmark.*

*3. Der **Neurit*** des **höheren motorischen Neurons** übergibt die Impulse an **Dendriten*** eines **präganglionären motorischen Neurons**.*

Querschnitt durch das Rückenmark

Zellkörper (und Dendriten*) postganglionärer motorischer Neurone (**Sympathikus**) liegen in **autonomen Ganglien** nahe dem Rückenmark.*

Weite Entfernung im Inneren des Nervs

*5. **Neurit*** des postganglionären motorischen Neurons leitet Impulse ans Organ.*

*4. **Neurit*** eines **präganglionären motorischen Neurons** übergibt die Impulse an **Dendriten*** eines **postganglionären motorischen Neurons**.*

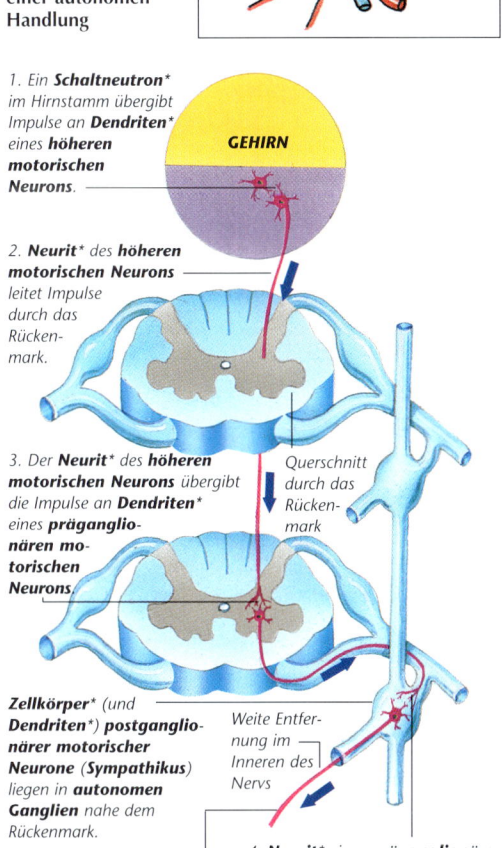

Reflexhandlungen

Unwillkürliche Handlungen, derer wir uns aber bewusst werden. Es sind plötzliche Handlungen von **Skelettmuskeln***, z.B. wenn wir die Hand von heißen Gegenständen wegziehen. Die Impulse, die diese Handlungen auslösen, werden von Nervenzellen des **somatischen efferenten Nervensystems** weitergeleitet. Die gesamte **Nervenbahn*** ist „kurzgeschlossen" und wird auch als **Reflexbogen** bezeichnet. Im Fall **kranialer Reflexe**, also von Reflexen des Kopfes (z.B. Niesen), sind daran auch gewisse Teile des Gehirns beteiligt. Bei den übrigen Reflexen des Körpers, die wir auch als **Spinalreflexe** bezeichnen, ist das Gehirn nicht aktiv eingeschaltet, sondern nur das Rückenmark.

*Das Wegziehen der Hand vom Feuer ist eine **Reflexhandlung**.*

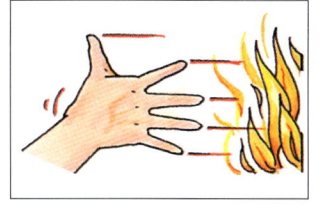

Vereinfachter Reflexbogen (Spinalreflex)

*1. Reizung des **Schmerzrezeptors****

*2. **Dendrit*** des **sensiblen Neurons erster Ord.** (s. 78) leitet Impulse in das Rückenmark.*

*Der **Neurit*** eines **sensiblen Neurons zweiter Ord.** (s. 78) leitet Impulse zum Gehirn und überträgt dabei Informationen.*

Weite Entfernung im Inneren des Nervs

*3. **Neurit*** des **sensiblen Neurons erster Ord.** übergibt Impulse an den **Dendriten*** eines **Schaltneurons***.*

Weite Entfernung im Inneren des Nervs

Querschnitt durch das Rückenmark

*4. **Neurit*** eines **Schaltneurons*** übergibt die Impulse an **Dendriten*** eines **unteren motorischen Neurons**.*

*5. **Neurit*** des **unteren motorischen Neurons** leitet Impulse vom Rückenmark weg.*

*6. Durch Impulsübertragung an der **motorischen Endplatte*** wird der Muskel zur Tätigkeit angeregt.*

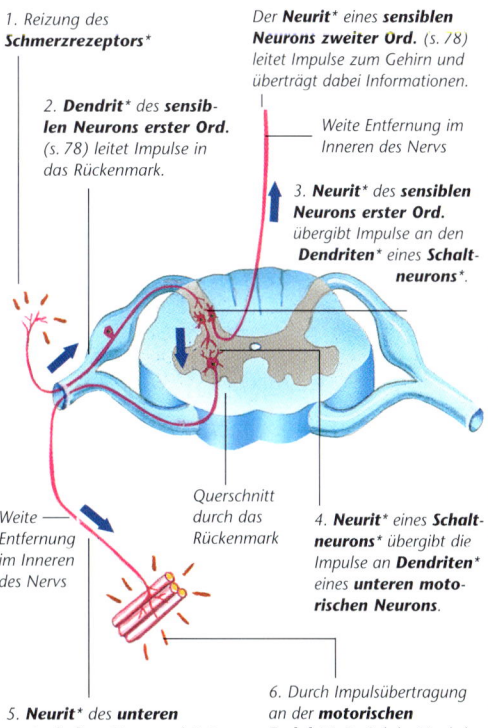

DIE HAUT

Die **Haut** oder **Kutis** stellt die äußerste Schicht des Körpers dar und ist aus mehreren Gewebeschichten aufgebaut. Die Haut nimmt äußere Reize wahr, schützt uns vor Verletzungen und dem Eindringen von Krankheitserregern, sie verhindert das Austrocknen und hilft bei der Regulierung der Körpertemperatur. Außerdem produziert sie **Schweiß**, speichert Fett und stellt **Vitamin D*** her. Die Haut enthält auch zahlreiche winzige Sinnesorgane mit verschiedenen Aufgaben.

Die verschiedenen Hautschichten

Oberhaut oder Epidermis

Die dünne äußere Schicht der Haut. Sie bildet ein **Epithel** – das ist die allgemeine Bezeichnung für ein ein- oder wenigschichtiges Gewebe, das äußere oder innere Oberflächen auskleidet. Die Oberhaut selbst besteht aus mehreren Schichten, s. Bild rechts.

*1. **Hornschicht, Stratum corneum.** Eine Schicht aus flachen toten Zellen, angefüllt mit **Keratin**, einem wasserundurchlässigen, faserigen Protein. Diese verhornten Zellen schilfern ständig ab.*

*2. **Stratum granulosum.** Flache, körnig wirkende Zellen. Da in der Oberhaut keine Blutgefäße liegen, die Nahrung und Sauerstoff herbeischaffen können, sterben die Zellen des Stratum granulosum langsam ab. Sie wandern nach oben und werden ein Teil der **Hornschicht (Stratum corneum)**.*

*3. **Stratum germinativum.** Besteht aus zwei Schichten. Die obere Schicht, das **Stratum spinosum**, setzt sich aus neuen lebenden Zellen zusammen. Diese wandern nach oben und werden ein Teil des **Stratum granulosum**. Die Zellen der untersten Schicht, des **Stratum basale**, teilen sich ständig und drängen die älteren Zellen nach oben ab.*

Hautschichten

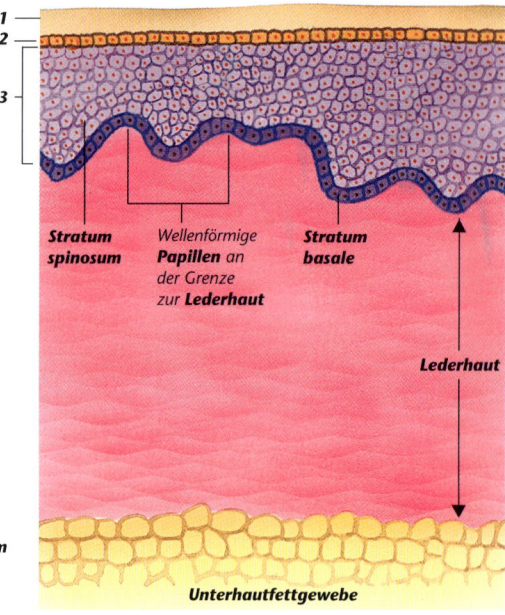

1

2

3

Stratum spinosum

Wellenförmige **Papillen** *an der Grenze zur* **Lederhaut**

Stratum basale

Lederhaut

Unterhautfettgewebe

Lederhaut oder Dermis

Die dicke Schicht von **Bindegewebe*** unter der **Oberhaut**. Sie enthält die meisten Hautstrukturen. In der Lederhaut liegen viele **Kapillaren*** (winzige Haargefäße), die das Gewebe mit Nährstoffen und Sauerstoff versorgen.

Unterhautfettgewebe oder Subcutis

Eine Gewebeschicht unter der **Lederhaut**. Sie dient als Fettspeicher und Isolierschicht. Elastische Fasern ziehen durch das Unterhautfettgewebe und verbinden die Lederhaut mit den darunter liegenden Organen, z. B. Muskeln.

Melanin

Braunes **Pigment***, das Lichtenergie absorbiert und gegen ultraviolettes Licht schützt. Melanin tritt in allen **Oberhaut**-Schichten von Menschen auf, die in tropischen Gebieten leben. Es ist für die dunkle Hautfarbe verantwortlich. Hellhäutige Menschen haben nur in den tieferen Schichten der Oberhaut Melanin, produzieren aber welches, wenn sie Sonnenlicht ausgesetzt sind. Dies ist der Vorgang der Bräunung.

*Helle Haut (**Melanin** in tieferen Schichten der **Oberhaut**)*

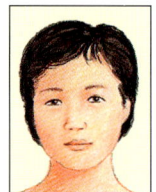

*Das **Pigment*** Karotin, bewirkt zusammen mit dem **Melanin** eine gelbliche Hautfarbe.*

*Dunkle Haut (**Melanin** in allen Schichten der Oberhaut)*

* **Bindegewebe**, 52; **Kapillare**, 60; **Pigment**, 27; **Vitamin D**, 111.

Strukturen in der Haut

1. Meißner'sche Körperchen

Besondere Strukturen um die Endverzweigungen von Nervenfasern, vor allem an den Fingerspitzen. Es handelt sich um **Rezeptoren***. Wenn die Haut mit einem Objekt in Kontakt kommt, senden die Rezeptoren Impulse an das Gehirn.

2. Talgdrüsen

Exokrine Drüsen*, die in **Haarfollikel** münden. Sie produzieren eine ölige Flüssigkeit, den **Talg**, der die Haare und die **Oberhaut** wasserundurchlässig macht und sie gleichzeitig geschmeidig erhält.

3. Haarmuskeln

Winzige Muskeln, von denen jeder an einem **Haarfollikel** ansetzt. Bei Kälte ziehen sie sich zusammen, so dass sich die Haare stärker aufrichten. Sie halten dadurch eine Luftschicht und verbessern die Isolation, z. B. bei langem Fell und Federn. Wir kennen das als „Gänsehaut".

4. Haarfollikel

Lange, röhrenförmige Bildungen in der Haut, jede mit einem Haar. Die Zellen am Grunde des Follikels teilen sich ständig, so dass das Haar von unten her nach oben wächst. Ältere Zellen sterben langsam ab und lagern **Keratin** oder Horn ein (s. **Hornschicht**, **Stratum corneum**).

5. Schmerzrezeptoren

Endverzweigungen von Nervenfasern im Gewebe der meisten Organe und der Haut (**Oberhaut**, oberste **Lederhaut**). Es handelt sich um echte **Rezeptoren***, die Impulse aussenden, wenn eine Reizung (z. B. Druck, Hitze, Berührung) über ein bestimmtes Maß hinausreicht. Das Gehirn registriert das dann als Schmerz.

6. Haarplexus

Besondere Gruppen von Endverzweigungen von Nervenfasern. Jeder Plexus bildet ein Netz um den **Haarfollikel** und dient als **Rezeptor***, das heißt, er sendet Nervenimpulse an das Gehirn, wenn sich das Haar bewegt.

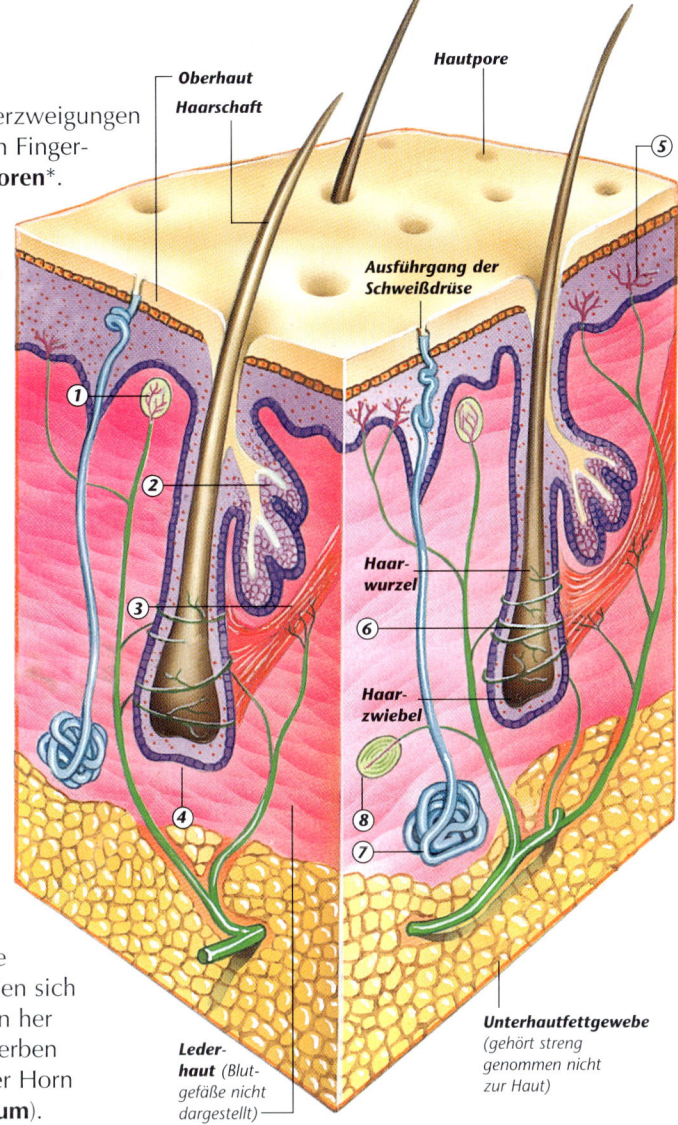

Oberhaut
Haarschaft
Hautpore
Ausführgang der Schweißdrüse
Haarwurzel
Haarzwiebel
Lederhaut (Blutgefäße nicht dargestellt)
Unterhautfettgewebe (gehört streng genommen nicht zur Haut)

7. Schweißdrüsen

Exokrine Drüsen*, die **Schweiß** absondern. Jede Schweißdrüse hat einen langen, geschlängelten **Ausführgang**, der in der Hautoberfläche mündet. Schweiß besteht aus Wasser, Salzen und **Harnstoff***. Diese Stoffe dringen von Zellen und **Kapillaren*** in die Drüse ein.

8. Vater-Pacini'sche Körperchen

Besondere Strukturen, die sich um einzelne Enden von Nervenfasern bilden. Sie liegen in tieferen Hautschichten und in Wänden innerer Organe. Es handelt sich um **Rezeptoren*** für Druck. Wenn das Gewebe stark zusammengedrückt wird, senden sie dieses ans Gehirn.

DIE AUGEN

Die **Augen** sind die Organe des **Gesichtssinns**. Wenn sie von Lichtstrahlen gereizt werden, senden sie Informationen darüber in Form von Nervenimpulsen an das Gehirn. Jedes Auge besteht aus einer hohlen Kapsel (**Augapfel**) und setzt sich aus mehreren Schichten und Strukturen zusammen. Auf der Innenseite ist es durch die knöcherne **Augenhöhle**, nach außen durch die Augenlider und Wimpern geschützt.

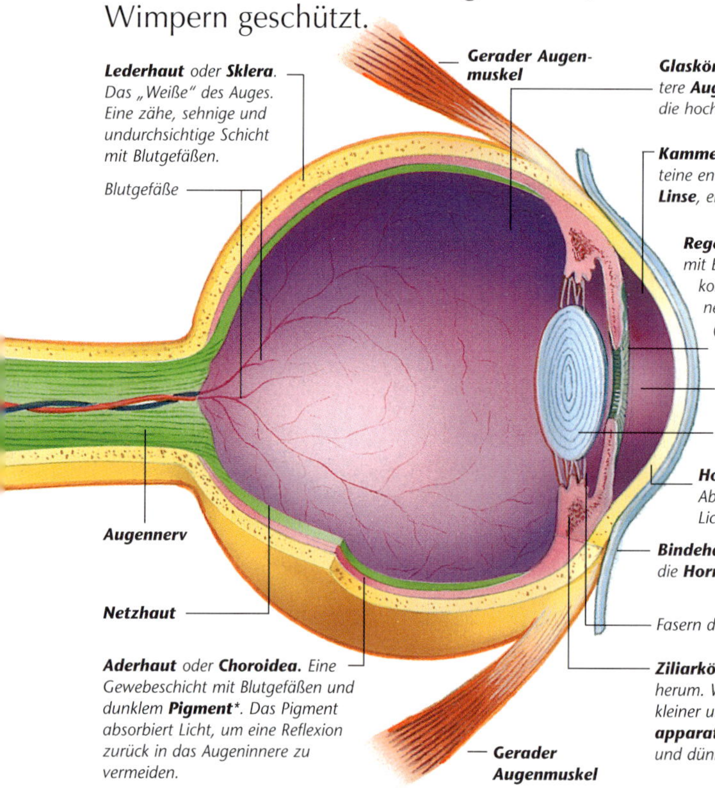

Lederhaut oder **Sklera**. Das „Weiße" des Auges. Eine zähe, sehnige und undurchsichtige Schicht mit Blutgefäßen.

Gerader Augenmuskel

Blutgefäße

Augennerv

Netzhaut

Aderhaut oder **Choroidea**. Eine Gewebeschicht mit Blutgefäßen und dunklem **Pigment***. Das Pigment absorbiert Licht, um eine Reflexion zurück in das Augeninnere zu vermeiden.

Gerader Augenmuskel

Glaskörper. Glasklare, weiche und gallertige Masse. Füllt die hintere **Augenkammer** aus, verleiht dem Augapfel seine Form, schützt die hochempfindliche **Netzhaut** und trägt zur **Lichtbrechung** bei.

Kammerwasser. Wässrige Flüssigkeit, die Zucker, Salze und Proteine enthält. Füllt die vordere **Augenkammer** aus, schützt die **Linse**, ernährt den vorderen Teil des Auges u. wird ständig erneuert.

Regenbogenhaut oder **Iris**. Undurchsichtige Gewebescheibe mit Blutgefäßen und der **Pupille**. Sie enthält Muskelfasern in konzentrischen Kreisen (kontrahieren in hellem Licht, verkleinern Pupille) und Fasern radial vom Zentrum nach außen (kontrahieren im Dunkeln, erweitern Pupille). Die Iris enthält **Pigmente***, die die Farbe hervorrufen.

Pupille. Zentales Loch in der **Iris**.

Linse

Hornhaut oder **Cornea**. Vorderster, durchsichtiger Abschnitt der **Lederhaut**. Sie schützt das Auge und bricht Lichtstrahlen (**Lichtbrechung**) zur **Linse** hin.

Bindehaut oder **Konjunktiva**. Eine dünne **Schleimhaut***, die die **Hornhaut** bedeckt und die Augenlider auskleidet.

Fasern des **Aufhängeapparats** (s. **Linse**)

Ziliarkörper. Ein Muskelring (**glatte Muskulatur***) um die **Linse** herum. Wenn er sich zusammenzieht, wird der Linsendurchmesser kleiner und die Linse dadurch runder (die Fasern des **Aufhängeapparats** erschlaffen). Wenn er erschlafft, wird die Linse länger und dünner (die Fasern des Aufhängeapparats kontrahieren sich).

Linse oder Augenlinse

Durchsichtiger Körper, der wie in optischen Geräten die Aufgabe hat, hindurchtretende Lichtstrahlen so zu brechen, dass sie auf der **Netzhaut** oder **Retina** ein scharfes Bild ergeben. Die Augenlinse besteht aus vielen dünnen Gewebeschichten und wird von den **Bändern*** des **Aufhängeapparats** gehalten. Diese Fasern verbinden die Linse mit dem **Ziliarkörper**. Er kann die Form der Linse so verändern, dass stets ein scharfes Bild auf der Netzhaut entsteht, egal, wie weit der betrachtete Gegenstand vom Auge entfernt ist. Diese Fähigkeit bezeichnen wir als **Akkommodation**. Die Lichtstrahlen ergeben auf der Netzhaut ein auf dem Kopf stehendes Bild. Das Gehirn korrigiert diesen Eindruck und dreht das Bild um.

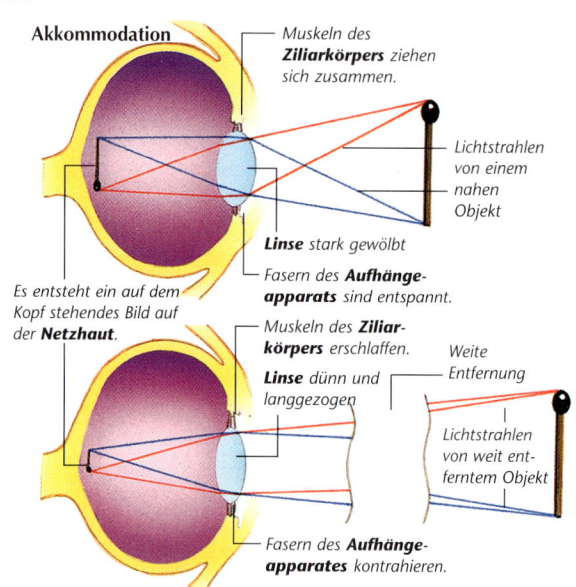

Akkommodation

Muskeln des **Ziliarkörpers** ziehen sich zusammen.

Lichtstrahlen von einem nahen Objekt

Linse stark gewölbt

Fasern des **Aufhängeapparats** sind entspannt.

Es entsteht ein auf dem Kopf stehendes Bild auf der **Netzhaut**.

Muskeln des **Ziliarkörpers** erschlaffen.

Linse dünn und langgezogen

Weite Entfernung

Lichtstrahlen von weit entferntem Objekt

Fasern des **Aufhängeapparates** kontrahieren.

* **Band**, 52; **glatte Muskulatur**, 55; **Pigment**, 27; **Schleimhaut**, 67.

Die innere Nervenschicht

Netzhaut oder Retina

Die innerste der Augenhäute. Die Netzhaut besteht aus einer **Pigment***-Schicht und einer Schicht mit Millionen sensibler Nervenzellen (**sensible Neurone***) mit ihren Endverzweigungen (**Dendriten***). Sie liegen parallel nebeneinander und leiten Nervenimpulse an das Gehirn weiter. Die lichtempfindlichen **Rezeptoren*** (**Photorezeptoren**) setzen sich aus den farbtüchtigen **Zapfen** und den schwarzweißempfindlichen **Stäbchen** zusammen. Beide liegen abgewandt vom Licht nahe der Aderhaut.

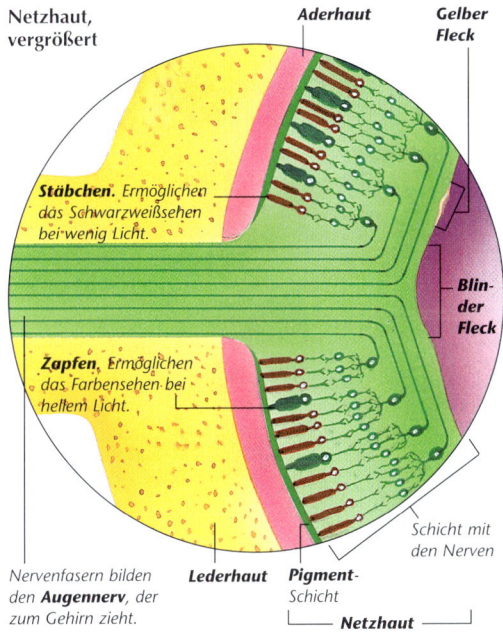

Netzhaut, vergrößert

Aderhaut — Gelber Fleck

Stäbchen. Ermöglichen das Schwarzweißsehen bei wenig Licht.

Blinder Fleck

Zapfen. Ermöglichen das Farbensehen bei hellem Licht.

Schicht mit den Nerven

Nervenfasern bilden den **Augennerv**, der zum Gehirn zieht.

Lederhaut — Pigment-Schicht

Netzhaut

Gelber Fleck oder Macula lutea

Gelblich gefärbtes Gebiet inmitten der **Netzhaut**. Es ist leicht eingedellt und bildet die **Fovea centralis**. Dies ist die Stelle des schärfsten Sehens, da dort die höchste Dichte an **Zapfen** (s. **Netzhaut**) zu finden ist. Sehen wir einen Gegenstand direkt an, werden dessen Lichtstrahlen im gelben Fleck gesammelt.

Blinder Fleck

Jene Stelle in der **Netzhaut**, an der der **Augennerv** das Auge verlässt. Dort liegen keine lichtempfindlichen **Rezeptoren** (s. **Netzhaut**), eine Sehempfindung ist daher nicht möglich.

Strukturen rund um den Augapfel

Äußere Augenmuskeln

Die drei Muskelpaare, die den Augapfel mit der **Augenhöhle** verbinden. Wenn sie sich im Zusammenspiel kontrahieren und erschlaffen, drehen sie das Auge in verschiedene Richtungen.

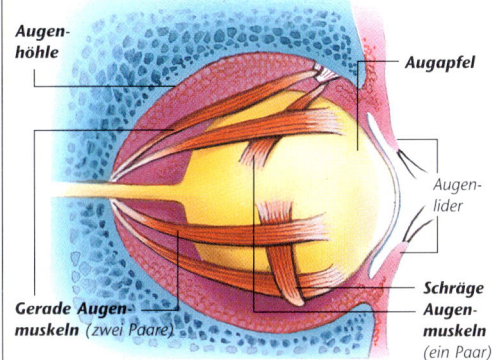

Äußere Augenmuskeln

Augenhöhle — Augapfel

Augenlider

Gerade Augenmuskeln *(zwei Paare)*

Schräge Augenmuskeln *(ein Paar)*

Tränendrüsen

Zwei **exokrine Drüsen***, je eine am oberen Dach der **Augenhöhle** gelegen. Tränendrüsen geben über zahlreiche **Ausführgänge** eine wässrige Flüssigkeit unter die Augenlider ab. Die Tränenflüssigkeit enthält Salze und ein antibakteriell wirkendes **Enzym***. Es wäscht die Oberfläche der Augen, hält sie feucht und sauber. Für die Drainage sorgen bei jedem Auge zwei **Tränenröhrchen** im Innenwinkel des Auges. Beide vereinigen sich zum **Tränen-Nasen-Gang**, der sich schließlich in die **Nasenhöhle*** entleert.

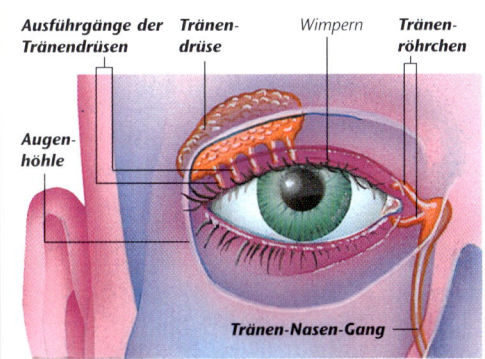

Ausführgänge der Tränendrüsen — Tränendrüse — Wimpern — Tränenröhrchen

Augenhöhle

Tränen-Nasen-Gang

Optisch – bedeutet „dem Sehen zugeordnet".

Visuell – bedeutet „wahrnehmbar durch das Sehen".

* **Dendrit**, 76; **Enzym**, 105; **exokrine Drüse**, 68; **Nasenhöhle**, 79; **Pigment**, 27; **Rezeptor**, 79; **sensibles Neuron**, 77.

DAS OHR

Die zwei **Ohren** beherbergen unser Hör- und Gleichgewichtsorgan. Jedes ist in drei Gebiete unterteilt: das **äußere Ohr**, das **Mittelohr** und das **Innenohr**.

Äußeres Ohr

Das äußere Ohr besteht aus der **Ohrmuschel** mit **Knorpel***-Skelett und dem kurzen **Gehörgang**. In der Gewebeschicht, die den Gehörgang auskleidet, befinden sich spezielle **Talgdrüsen***, die das **Ohrenschmalz** produzieren.

Mittelohr

Eine luftgefüllte Höhlung (**Paukenhöhle**) im Knochen. Das Mittelohr enthält die drei **Gehörknöchelchen**, nämlich **Hammer** (**Malleus**), **Amboss** (**Incus**) und **Steigbügel** (**Stapes**).

Innenohr

Besteht aus einer Reihe von untereinander verbundenen Hohlräumen, Röhren und Säcken im Schädel. Die Hohlräume (**Schnecke**, **Vestibulum** und **Bogengangräume**) heißen zusammen **knöchernes Labyrinth** und sind mit **Perilymphe** gefüllt. Die Gänge und Säckchen hingegen, die in den Hohlräumen liegen, enthalten die **Endolymphe** und werden zusammen als **häutiges Labyrinth** bezeichnet. Dazu gehören **Schneckengang**, **Sacculus**, **Utriculus** und **Bogengänge**.

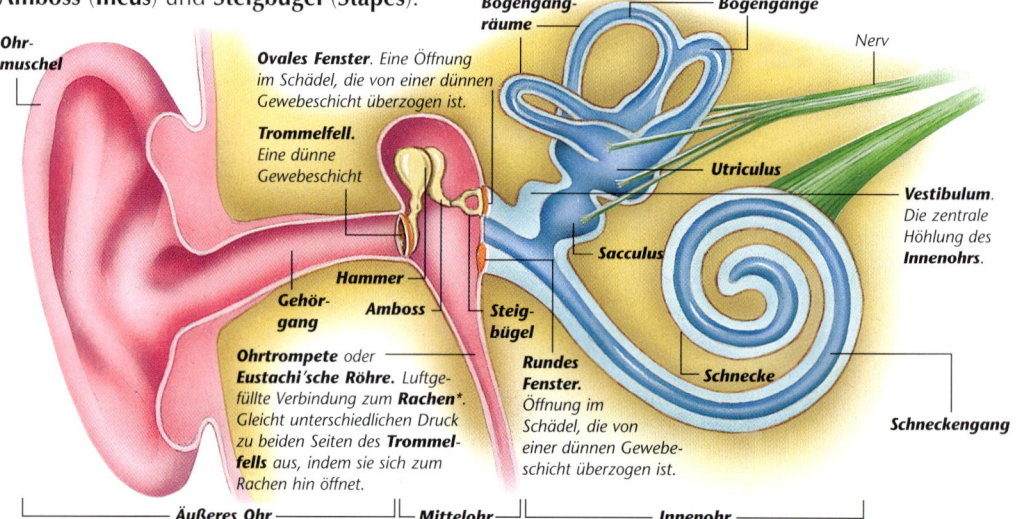

Bogengang-räume

Bogengänge

Nerv

Ohr-muschel

Ovales Fenster. *Eine Öffnung im Schädel, die von einer dünnen Gewebeschicht überzogen ist.*

Trommelfell. *Eine dünne Gewebeschicht*

Utriculus

Vestibulum. *Die zentrale Höhlung des **Innenohrs**.*

Sacculus

Hammer

Gehör-gang

Amboss

Steig-bügel

Ohrtrompete oder **Eustachi'sche Röhre.** *Luftge-füllte Verbindung zum **Rachen***. Gleicht unterschiedlichen Druck zu beiden Seiten des **Trommel-fells** aus, indem sie sich zum Rachen hin öffnet.*

Rundes Fenster. *Öffnung im Schädel, die von einer dünnen Gewebe-schicht überzogen ist.*

Schnecke

Schneckengang

Äußeres Ohr ⎫⎭ **Mittelohr** ⎫⎭ **Innenohr**

Das Innenohr und das Hören

Schnecke oder Cochlea

Eine spiralig aufgerollte Röhre, Teil des **Innenohrs**. Sie enthält **Perilymphe** (s. **Innenohr**) in zwei Kanälen, die untereinander in Verbindung stehen; außerdem einen dritten Kanal, den **Schneckengang**.

Schneckengang

Spiraliger Gang in der **Schnecke** (**Cochlea**). Er ist mit dem **Sacculus** verbunden, enthält **Endolymphe** (s. **Innenohr**) und eine längliche Struktur, das **Corti'sche Organ**. Dieses enthält Hörzellen mit Sinneshärchen, die in die Endolymphe hineinragen und eine plattenartige Gewebeschicht berühren, die **Deckplatte** (**Membrana tectoria**). Die Hörzellen sind mit **Dendriten*** verbunden.

Vorhoftreppe oder **Scala vestibuli.** *Mit **Perilymphe** gefüllter Kanal. Reicht bis zur Spitze der Schnecke, kehrt dort in einer U-förmigen Biegung um und wird zur **Paukentreppe** (**Scala tympani**).*

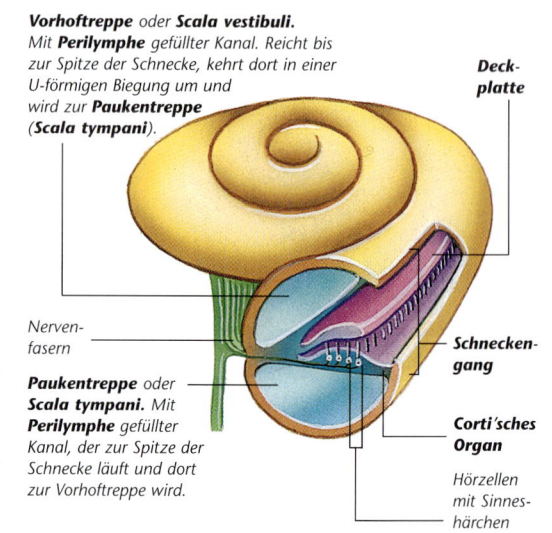

Deck-platte

Nerven-fasern

Paukentreppe oder **Scala tympani.** *Mit **Perilymphe** gefüllter Kanal, der zur Spitze der Schnecke läuft und dort zur Vorhoftreppe wird.*

Schnecken-gang

Corti'sches Organ

Hörzellen mit Sinnes-härchen

* **Dendrit**, 76; **Knorpel**, 53; **Rachen**, 66; **Talgdrüse**, 83.

Das Innenohr und das Gleichgewichtsorgan

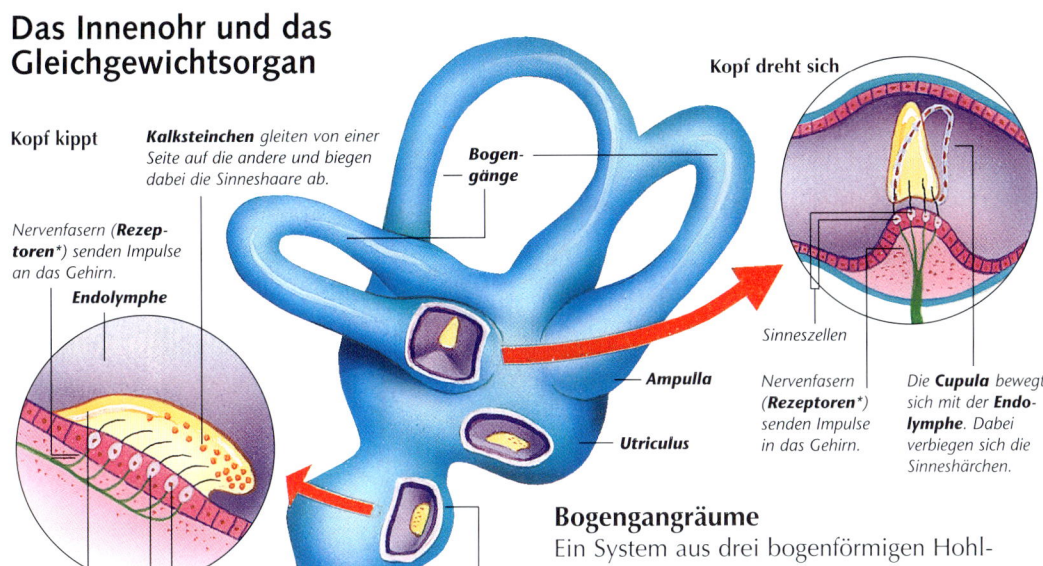

Kopf kippt

Kalksteinchen *gleiten von einer Seite auf die andere und biegen dabei die Sinneshaare ab.*

Nervenfasern (**Rezeptoren***) *senden Impulse an das Gehirn.*

Endolymphe

Sinnes-feld   *Sinneszellen*

Bogen-gänge

Kopf dreht sich

Sinneszellen

Ampulla

Utriculus

Sacculus

Nervenfasern (**Rezeptoren***) *senden Impulse in das Gehirn.*

Die **Cupula** *bewegt sich mit der* **Endo-lymphe**. *Dabei verbiegen sich die Sinneshärchen.*

Sacculus und Utriculus

Zwei Säckchen, die zwischen den **Bogen-gängen** und dem **Schneckengang** liegen. Sie enthalten **Endolymphe** (s. **Innenohr**) und sind an bestimmten Feldern mit Sinneszellen aus-gekleidet. Diese Zellen haben Nervenfortsätze (**Dendriten***) und gleichzeitig Sinneshärchen, die in einer gallertigen Masse liegen, dem **Sinnesfeld** oder der **Macula**. Die oberste Schicht enthält **Kalksteinchen** (**Otolithen**, **Statokonien**), die bei jeder Bewegung des Kopfes die Sinneshärchen reizen. Informa-tionen darüber gelangen ins Gehirn.

Bogengangräume

Ein System aus drei bogenförmigen Hohl-räumen. Sie sind ein Teil des **Innenohrs** und liegen in drei rechtwinklig aufeinander stehenden Ebenen.

Bogengänge

System aus drei bogenförmigen, dünnen Röhren im Innern der **Bogengangräume**. Jeder enthält **Endolymphe** (s. **Innenohr**) und hat eine Erweiterung an der Basis, die **Ampulle**. Darin befinden sich Sinneskörper, die **Cupulae** (Ez. **Cupula**), die ähnlich wie die Sinnesfelder oder **Maculae** (s. **Sacculus**) funktionieren. Jede Ampulle enthält eine gallertige Masse (ohne **Kalksteinchen**) sowie Sinneszellen mit haar-ähnlichen Fortsätzen. Sie senden Informa-tionen über Kopfbewegungen an das Gehirn.

a) Schallwellen (Luftschwingungen) gelangen durch den **Gehörgang** *und versetzen das* **Trommelfell** *in Schwingung.*

b) Die **Gehörknöchelchen** *nehmen diese Schwingungen auf und leiten sie an das* **ovale Fenster** *weiter (durch die Hebelwirkung erfolgt eine Verstärkung auf das 20-fache).*

c) Die Schwingungen des **ovalen Fensters** *verursachen Schwingungen in der* **Perilymphe** *des* **Vestibulums**.

d) Die Schwingungen der **Perilymphe** *in der* **Scala vestibuli** *übertragen sich auf die* **Endolymphe** *des* **Schneckengangs**.

e) Die Härchen der Hörzellen bewegen sich. **Rezeptoren*** *nehmen dies wahr und senden Impulse an das Gehirn. Dieses interpretiert die eintreffenden Nervenimpulse als Hörempfindungen.*

f) Die Schallwellen schwächen sich langsam ab.

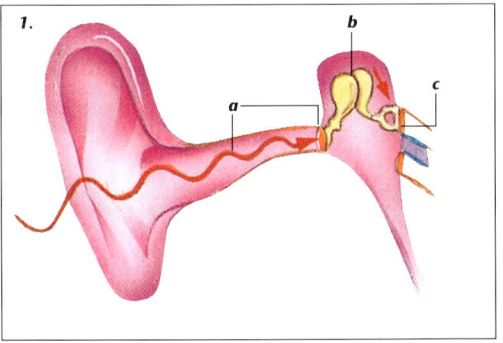

1.

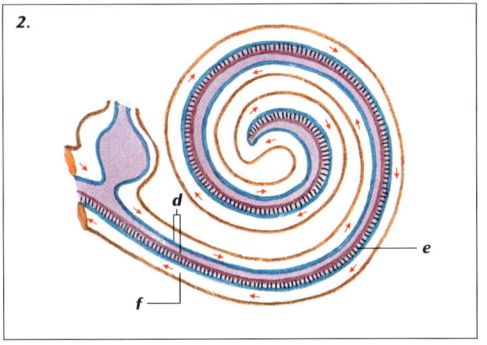

2.

DAS FORTPFLANZUNGSSYSTEM

Bei der **Fortpflanzung** entsteht neues Leben. Menschen vermehren sich durch **geschlechtliche Fortpflanzung*** (s. 90–91). Die Organe des **Fortpflanzungssystems** heißen **Geschlechtsorgane** oder **Genitalorgane**. Das Fortpflanzungssystem setzt sich zusammen aus den primären Organen, den **Keimdrüsen** oder **Gonaden** (zwei **Eierstöcke** bei der Frau, zwei **Hoden** beim Mann), sowie einigen zusätzlichen Organen. In den Gonaden funktionieren gewisse Zellen auch als **endokrine Drüsen***, weil sie wichtige **Hormone*** produzieren.

Das männliche Fortpflanzungssystem

Hoden oder **Testes** (Einzahl **Testis**) Bezeichnung für die männlichen **Keimdrüsen** (**Gonaden**) (s. Einführung). Sie enthalten gewundene **samenbildende Kanälchen**, in deren Inneren nach der **Pubertät*** die männlichen **Gameten***, die **Samenzellen**, (**Spermien**, **Samenflüssigkeit**, **Sperma**) entstehen. (Bildung der Samenzellen, s. 94–95.) Die Hoden liegen in einem **Hodensack** (**Scrotum**), der nach außen verlagert ist. Die dadurch bedingte niedrigere Temperatur im Vergleich zum restlichen Körper ist wichtig für die Bildung der Samenzellen. Hoden produzieren nach der Pubertät auch **Hormone*** (**Androgene** 108–109).

Männliche Geschlechtsorgane, Seitenansicht, nur ein Hoden gezeichnet.

Samenleiter

Harnblase*

Samenleiter. Fortsetzung des Nebenhodengangs. Der Samenleiter leitet bei der **Ejakulation*** Samen in die **Harnröhre***.

Harnröhre*

Penis

Hodensack

After*

Locker verschiebbare **Vorhaut**

Hoden

Eichel. Penisspitze, sehr empfindlich, blutgefäßreich

Längsschnitt Hoden

Nebenhoden (oder **Epididymis**). Kommaförmiges Organ mit gewundenen Kanälchen, die **Sperma** speichern.

Leydig'sche Zwischenzellen

Samenbildendes Kanälchen

Ausführgänge und Drüsen, Ansicht von hinten, ohne Hoden

Harnleiter*

Samenleiter

Harnblase*

Vorsteherdrüse oder **Prostata**. Umgibt den oberen Teil der **Harnröhre*** und produziert eine Flüssigkeit, die der **Samenflüssigkeit*** beigemischt wird. Mündung des Ausführgangs der **Vorsteherdrüse**

Harnröhre*

Bläschendrüsen. Produzieren eine Flüssigkeit, die der **Samenflüssigkeit*** beigemischt wird.

Ausführgang der **Bläschendrüsen**

Cowper'sche Drüsen oder **Bulbourethraldrüsen**. Sie produzieren **Schleim***.

Penis

Jenes Organ, mit dem **Sperma** (s. **Hoden**) während des **Geschlechtsverkehrs*** (über die **Harnröhre***) nach außen gestoßen wird. Der Penis besteht zur Hauptsache aus **schwammartigen Schwellkörpern** mit vielen blutgefüllten Räumen und **Rezeptoren***. Ist ein Mann sexuell erregt, füllen sich die Schwellkörper mit Blut, die Blutgefäße erweitern sich und der Penis wird steif und richtet sich auf.

* **After**, 67 (**Dickdarm**); **Ejakulation**, 91 (**Geschlechtsverkehr**); **endokrine Drüse**, 69; **Gamet**, 92; **geschlechtliche Fortpflanzung**, 92; **Harnblase**, 72; **Harnleiter**, 72; **Hormon**, 108; **Pubertät**, 90; **Rezeptor**, 79; **Samenflüssigkeit**, 91 (**Geschlechtsverkehr**); **Schleim**, 67 (**Schleimhaut**).

Das weibliche Fortpflanzungssystem

Eierstöcke oder Ovarien

Die beiden weiblichen **Keimdrüsen** oder **Gonaden** (s. Einführung). Sie liegen unterhalb der Nieren und werden von **Bändern*** gehalten, die sie an den Wänden des Beckens befestigen. Die weiblichen **Gameten*** (Geschlechtszellen) heißen **Eizellen**. Sie werden nach der **Pubertät*** regelmäßig in den Eierstöcken von **Eibläschen** (**Follikeln**) gebildet, s. 94–95.

Vulva

Zusammenfassende medizinische Bezeichnung für die äußeren weiblichen Geschlechtsorgane – die **Schamlippen** und die **Klitoris** (**Kitzler**). Die Schamlippen sind Hautfalten, die die Öffnung der **Scheide** und der **Harnröhre*** umgeben. Die Klitoris stellt den empfindlichsten Teil der Geschlechtsorgane dar. Sie enthält wie der **Penis Schwellkörper** und zahlreiche **Rezeptoren***.

Innere weibliche Fortpflanzungsorgane

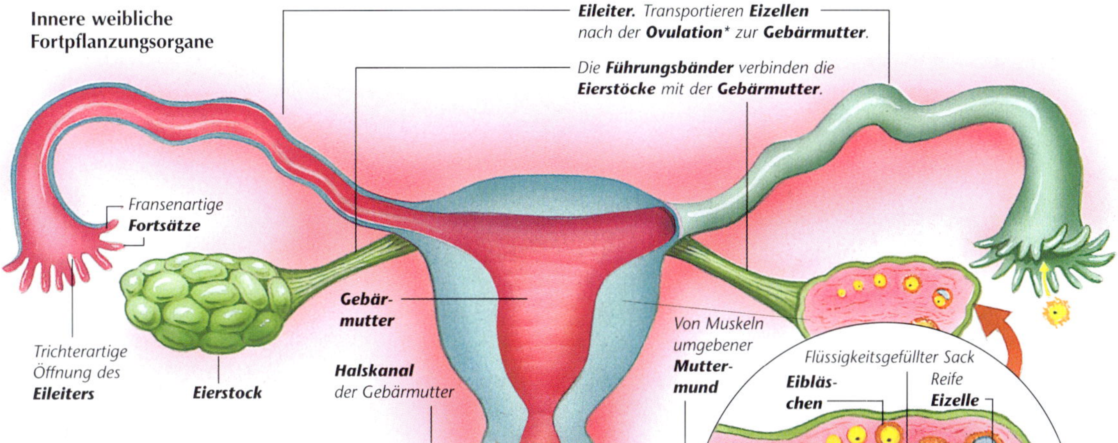

Eileiter. Transportieren **Eizellen** nach der **Ovulation*** zur **Gebärmutter**.

Die **Führungsbänder** verbinden die **Eierstöcke** mit der **Gebärmutter**.

Fransenartige **Fortsätze**

Trichterartige Öffnung des **Eileiters**

Gebär- mutter

Eierstock

Halskanal der Gebärmutter

Von Muskeln umgebener **Mutter- mund**

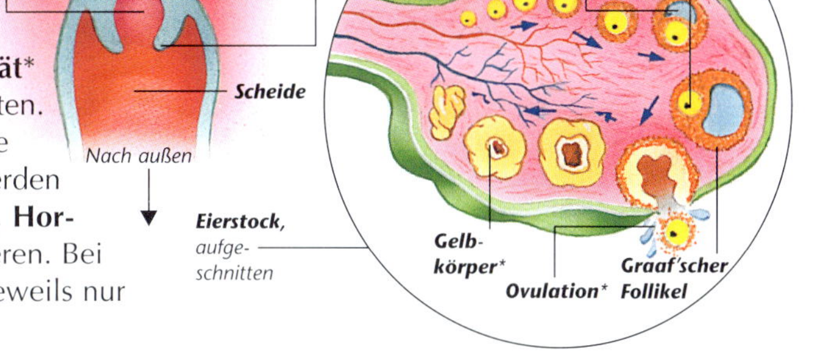

Flüssigkeitsgefüllter Sack

Eibläs- chen

Reife **Eizelle**

Scheide

Nach außen

Eierstock, aufge- schnitten

Gelb- körper*

Ovulation*

Graaf'scher Follikel

Eibläschen oder Follikel

Gewebegebiete, die nach der **Pubertät*** regelmäßig in den **Eierstöcken** auftreten. Jedes Eibläschen enthält eine reifende **Eizelle** (s. **Eierstöcke**). Die Follikel werden nach und nach größer und beginnen, **Hormone*** (s. **Östrogen** 108) zu produzieren. Bei jeder Periode der Eireifung entsteht jeweils nur ein völlig reifer **Graaf'scher Follikel**.

Gebärmutter oder Uterus

Ein Hohlorgan, in dem sich das Baby (**Fetus***) entwickelt oder aus dem das unbefruchtete **Ei** (s. **Eierstock**) abgegeben wird (s. **Menstruationszyklus** 90). Die Gebärmutter ist mit **Schleimhaut***, dem **Endometrium**, ausgekleidet und besteht aus einer Muskelschicht mit vielen Blutgefäßen.

Scheide oder Vagina

Muskulöser Kanal; führt von der **Gebärmutter** nach außen. Die Scheide gibt während des **Menstruationszyklus*** das **Ei** nach außen ab, nimmt während des **Geschlechtsverkehrs*** den **Penis** auf, bildet den Geburtskanal und ist mit Schleimhaut ausgekleidet.

Äußere weibliche Geschlechtsorgane

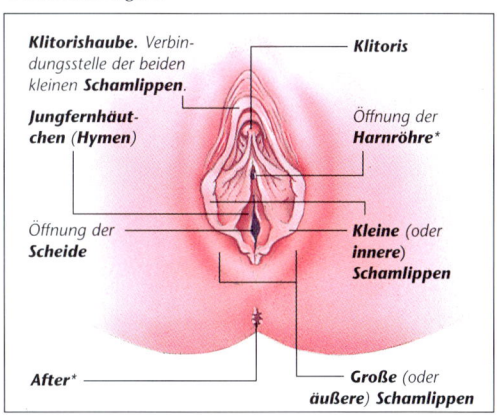

Klitorishaube. Verbindungsstelle der beiden kleinen **Schamlippen**.

Klitoris

Jungfernhäutchen (Hymen)

Öffnung der **Harnröhre***

Öffnung der **Scheide**

Kleine (oder innere) Schamlippen

After*

Große (oder äußere) Schamlippen

* **After**, 67 (**Dickdarm**); **Band**, 52; **Fetus**, 91; **Gamet**, 92; **Gelbkörper**, 90 (**Menstruationszyklus**); **Geschlechtsverkehr**, 91; (**Schwangerschaft**); **Harnröhre**, 72; **Hormon**, 108; **Menstruationszyklus**, 90; **Ovulation**, 90 (**Menstruationszyklus**); **Pubertät**, 90; **Rezeptor**, 79; **Schleimhaut**, 67.

ENTWICKLUNG UND FORTPFLANZUNG

Die Menschen vermehren sich durch **geschlechtliche Fortpflanzung***. Die wichtigsten Vorgänge dabei sind auf diesen beiden Seiten beschrieben, angefangen von der körperlichen Reifung, wodurch eine Fortpflanzung erst ermöglicht wird.

Pubertät

Zeitpunkt der Reifung der Geschlechtsorgane. Nach der Pubertät ist der Mensch fortpflanzungsfähig. Sie liegt bei den Mädchen ungefähr zwischen dem 11. und dem 15., bei Jungen zwischen dem 13. und dem 15. Lebensjahr. Sie bringt eine Reihe typischer Veränderungen mit sich, die alle durch **Hormone*** (s. **Östrogen** und **Androgene** 108–109) hervorgerufen werden. In der Pubertät bilden sich die **sekundären Geschlechtsmerkmale** aus. Die **primären Geschlechtsmerkmale** hingegen sind von Geburt an vorhanden (s. 88–89).

Menstruationszyklus

Vorgänge, die die Schleimhaut der **Gebärmutter*** (das **Endometrium**) befähigen, ein befruchtetes Ei aufzunehmen. Sie entwickelt eine blutgefäßreiche innere Schicht. Bleibt die **Befruchtung** aus, so wird diese Schicht abgebaut und verlässt den Körper über die **Scheide*** (**Menstruation**). Jeder Zyklus dauert ungefähr 28 Tage. Von der Pubertät an folgen die Zyklen ununterbrochen bis zur **Menopause** (45.–50. Lebensjahr), bei der die Eiproduktion eingestellt wird. Der Menstruationszyklus ist mit dem **Ovarialzyklus** gekoppelt. Darunter versteht man die periodische Reifung einer Eizelle in einem **Eibläschen*** (**Follikel**). Am Ende erfolgt die **Ovulation** (**Eisprung**), wobei eine Eizelle in den **Eileiter*** aufgenommen wird. Gleichzeitig erfolgt der Abbau des **Gelbkörpers**. Dieser besteht aus dem **Graaf'schen Follikel***. Der Gelbkörper bildet sich bei einer Schwangerschaft nicht zurück. Die Zyklen werden von **Hormonen*** kontrolliert (s. 108–109).

Veränderungen in der Pubertät

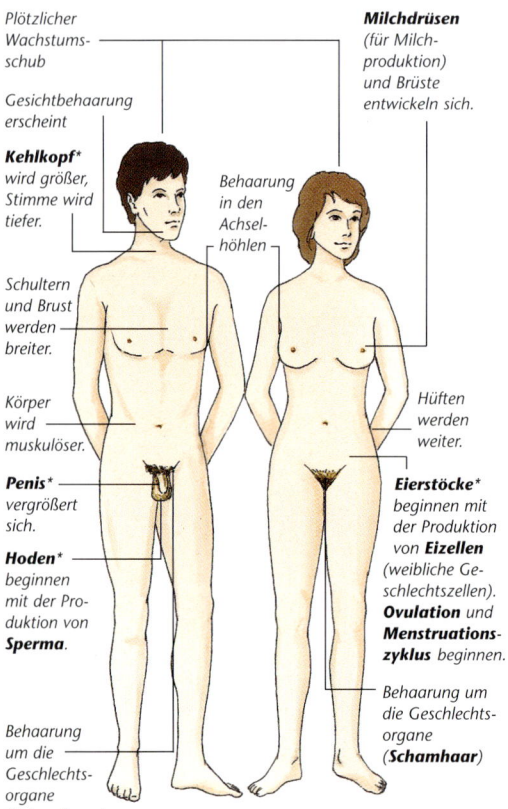

Plötzlicher Wachstumsschub

Gesichtbehaarung erscheint

Kehlkopf* wird größer, Stimme wird tiefer.

Schultern und Brust werden breiter.

Körper wird muskulöser.

Penis* vergrößert sich.

Hoden* beginnen mit der Produktion von **Sperma**.

Behaarung um die Geschlechtsorgane (**Schamhaar**)

Milchdrüsen (für Milchproduktion) und Brüste entwickeln sich.

Behaarung in den Achselhöhlen

Hüften werden weiter.

Eierstöcke* beginnen mit der Produktion von **Eizellen** (weibliche Geschlechtszellen). **Ovulation** und **Menstruationszyklus** beginnen.

Behaarung um die Geschlechtsorgane (**Schamhaar**)

Menstruationszyklus/Ovarialzyklus

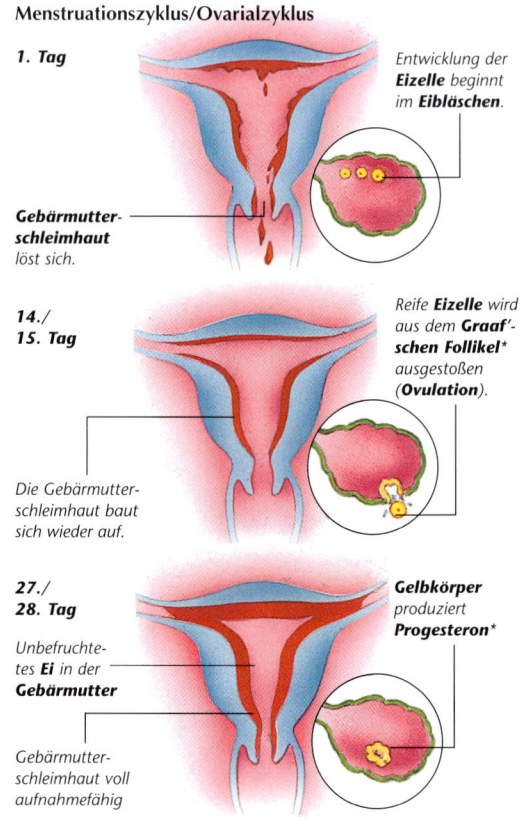

1. Tag

Gebärmutterschleimhaut löst sich.

Entwicklung der **Eizelle** beginnt im **Eibläschen**.

14./ 15. Tag

Die Gebärmutterschleimhaut baut sich wieder auf.

Reife **Eizelle** wird aus dem **Graaf'schen Follikel*** ausgestoßen (**Ovulation**).

27./ 28. Tag

Unbefruchtetes **Ei** in der **Gebärmutter**

Gebärmutterschleimhaut voll aufnahmefähig

Gelbkörper produziert **Progesteron***

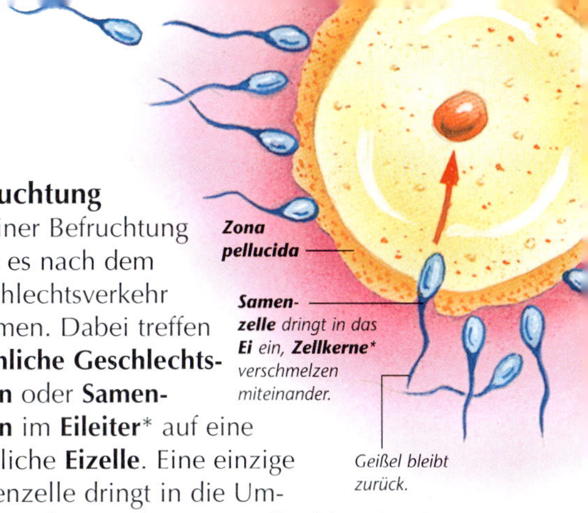

Zona pellucida
Samenzelle dringt in das **Ei** ein, **Zellkerne*** verschmelzen miteinander.
Geißel bleibt zurück.

Geschlechtsverkehr, Koitus, Kopulation

Geschlechtsverkehr ist die Einführung des **Penis*** in die weibliche **Scheide***. Der Höhepunkt des Geschlechtsverkehrs beim Mann ist die **Ejakulation**; dabei gibt er **Sperma** aus der Mündung der **Harnröhre*** an der Penisspitze in die Scheide ab. Sperma besteht aus einem Flüssigkeitsgemisch und **männlichen Samenzellen**.

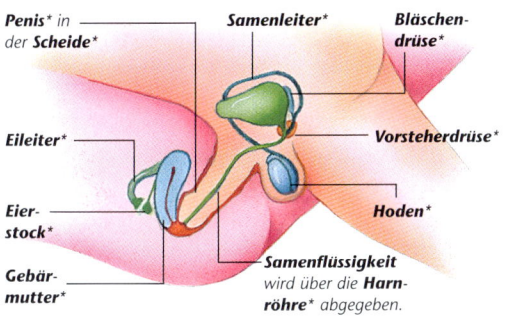

Penis* in der **Scheide***
Samenleiter*
Bläschendrüse*
Eileiter*
Vorsteherdrüse*
Eierstock*
Hoden*
Gebärmutter*
Samenflüssigkeit wird über die **Harnröhre*** abgegeben.

Befruchtung

Zu einer Befruchtung kann es nach dem Geschlechtsverkehr kommen. Dabei treffen **männliche Geschlechtszellen** oder **Samenzellen** im **Eileiter*** auf eine weibliche **Eizelle**. Eine einzige Samenzelle dringt in die Umhüllung der Eizelle (**Zona pellucida**) ein. Ihr **Zellkern*** verschmilzt mit dem Zellkern der Eizelle. Dabei entsteht eine **Zygote*** und damit die erste Zelle des neuen Menschen. Die befruchtete Eizelle wandert zur **Gebärmutter*** und macht unterwegs schon viele Zellteilungen (**Furchung***) durch. Der Zellhaufen, der daraus hervorgeht, nistet sich in die Wand der Gebärmutter ein (**Implantation**) und heißt **Embryo***.

Schwangerschaft

Eine Frau trägt ein heranwachsendes Kind in sich. Die **Schwangerschaftsdauer**, also die Zeit zwischen der **Befruchtung** und der **Geburt**, liegt beim Menschen um neun Monate. Den Keim, der in der **Gebärmutter*** heranwächst, bezeichnen wir bis zum dritten Lebensmonat als **Embryo***, danach bis zur Geburt als **Fetus**. Am Ende der Schwangerschaft treten starke Kontraktionen der Gebärmutterwände (**Wehen**) auf und das Kind wird geboren.

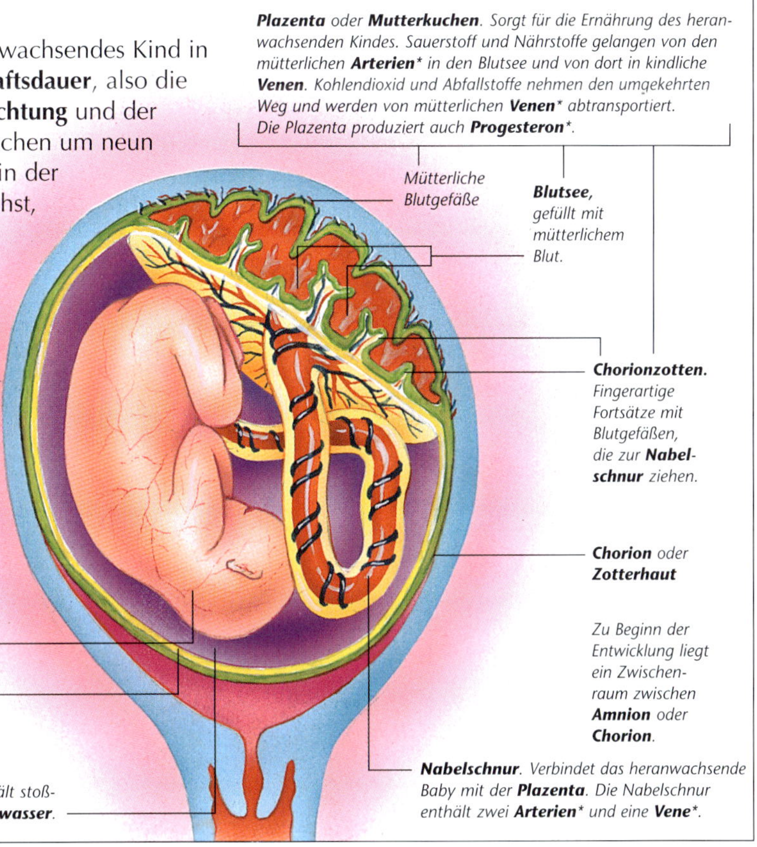

Plazenta oder **Mutterkuchen**. Sorgt für die Ernährung des heranwachsenden Kindes. Sauerstoff und Nährstoffe gelangen von den mütterlichen **Arterien*** in den Blutsee und von dort in kindliche **Venen**. Kohlendioxid und Abfallstoffe nehmen den umgekehrten Weg und werden von mütterlichen **Venen*** abtransportiert. Die Plazenta produziert auch **Progesteron***.
Mütterliche Blutgefäße
Blutsee, gefüllt mit mütterlichem Blut.
Chorionzotten. Fingerartige Fortsätze mit Blutgefäßen, die zur **Nabelschnur** ziehen.
Chorion oder **Zotterhaut**
Zu Beginn der Entwicklung liegt ein Zwischenraum zwischen **Amnion** oder **Chorion**.
Fetus im 8. Monat
Amnion oder **Schafhaut**
Amnionsack. Enthält stoßdämpfendes **Fruchtwasser**.
Nabelschnur. Verbindet das heranwachsende Baby mit der **Plazenta**. Die Nabelschnur enthält zwei **Arterien*** und eine **Vene***.

* **Arterie**, 60; **Bläschendrüse**, 88; **Eierstock**, **Eileiter**, 89; **Embryo**, **Furchung**, 92; **Gebärmutter**, 89; **Harnröhre**, 72; **Hoden**, **Penis**, 88; **Progesteron**, 108; **Samenleiter**, 88; **Scheide**, 89; **Vene**, 60; **Vorsteherdrüse**, 88; **Zellkern**, 10; **Zygote**, 92.

ARTEN DER FORTPFLANZUNG

Bei der **Fortpflanzung** entsteht neues Leben. Sie ist ein Kennzeichen aller Lebewesen. Man unterscheidet **ungeschlechtliche** und **geschlechtliche Fortpflanzung**. Beim **Generationswechsel** wechseln sich beide Arten der Fortpflanzung ab.

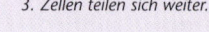

Geschlechtliche Fortpflanzung

Typ der Fortpflanzung, der bei nahezu allen Blütenpflanzen und bei den meisten Tieren auftritt. Ein wesentliches Merkmal dabei ist die **Verschmelzung** eines männlichen und eines weiblichen **Gameten** (**Befruchtung**). Mehr darüber steht auf Seite 30 (Blütenpflanzen), 91 (Menschen und ihm ähnliche Lebewesen) und 48 (übrige Tiere). Beide Gameten verfügen nur über die halbe Ausstattung an **Chromosomen***, einen **haploiden Chromosomensatz***, im Vergleich zur Ausgangsform. Die haploide Ausstattung wird durch eine besondere Zellteilung (s. 94–95) erreicht. Sie sorgt dafür, dass das neue Individuum, das aus der Verschmelzung zweier Gameten hervorgeht, die richtige, ursprüngliche Chromosomenzahl aufweist, die wir als **diploiden Chromosomensatz*** bezeichnen.

Sexuelle Fortpflanzung (Mensch)

1. **Samenzelle** befruchtet **Ei** zur **Zygote**.
2. Teilung in zwei Zellen durch **Mitose***.
3. Zellen teilen sich weiter.

4. Abgeschlossene Zellteilung zum **Maulbeerkeim** (**Morula**) und zur **Blastula**, die sich in die Wand der **Gebärmutter*** einnistet.

Gameten, Keimzellen, Geschlechtszellen

Zellen, die bei der **geschlechtlichen Fortpflanzung** miteinander verschmelzen und die die Anfangszelle eines neuen Lebewesens bilden. Sie entstehen durch eine besondere Zellteilung (s. 94–95). Bei Tieren und niederen Pflanzen sind die männlichen Gameten unter der Bezeichnung **Samenzellen** oder **Spermatozoen** (bzw. **Spermatozoiden** bei niederen Pflanzen) bekannt. Bei Blütenpflanzen stellen die männlichen Gameten nur noch **Zellkerne*** (und keine ganzen Zellen) dar und heißen **Spermakerne** (s. 30 und 95). Weibliche Gameten heißen **Eizellen** oder **Eier**. Samenzellen sind deutlich kleiner als Eizellen und haben eine peitschenförmige **Geißel***.

Zygote

Die erste Zelle eines neuen Lebewesens. Sie geht aus der Verschmelzung eines männlichen mit einem weiblichen **Gameten** hervor (s. **geschlechtliche Fortpflanzung**).

Embryo

Ein in der Entwicklung stehendes Lebewesen. Er geht durch Zellteilungen (s. 12–13), die wir insgesamt als **Furchung** bezeichnen, aus einer einzigen Zelle, der **Zygote**, hervor. Beim Menschen entwickelt sich die Zygote zuerst zum **Maulbeerkeim** (**Morula**), später zur hohlen **Blastula**. Nach der **Einnistung** (**Implantation***) bezeichnen wir diesen Keim als Embryo. Beim weiteren Wachstum **differenzieren** sich die Zellen, dadurch übernehmen sie ganz bestimmte Aufgaben.

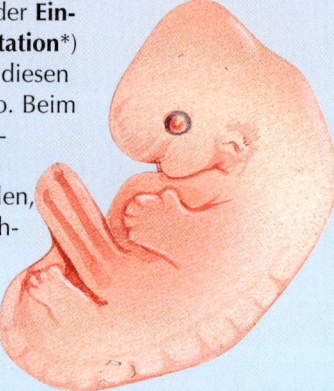

Menschlicher **Embryo**, (8 Wochen alt)

* **Chromosom**, 96; **diploider Chromosomensatz**, 12 (**Mitose**); **Gebärmutter**, 89; **Geißel**, 40; **haploider Chromosomensatz**, 94 (**Meiose**); **Implantation**, 91 (**Befruchtung**); **Zellkern**, 10.

Ungeschlechtliche Fortpflanzung

Die **ungeschlechtliche Fortpflanzung** ist die einfachste Art der Vermehrung. Sie tritt bei vielen niederen Pflanzen und Tieren auf. Man unterscheidet auch hier wieder eine Reihe verschiedener Formen, z. B. **Zellteilung***, **vegetative Vermehrung***, **Knospung** und **Sporenbildung**. Sie alle haben aber zwei Merkmale gemeinsam: Es ist bei allen Formen nur ein Mutterindividuum notwendig; und die Nachkommen sind stets genetisch identisch mit der Ausgangsform.

Knospung

Eine Art der **ungeschlechtlichen Fortpflanzung** bei vielen Pflanzen und Tieren, z. B. beim Süßwasserpolypen Hydra und bei vielen Korallentieren. Bei der Knospung wächst eine Zellgruppe des Muttertiers zu einem neuen Individuum heran. Dieses löst sich dann vom Muttertier oder bleibt zeitlebens mit ihm zusammen, wie es bei **kolonialen Tieren***, etwa den Korallen, der Fall ist.

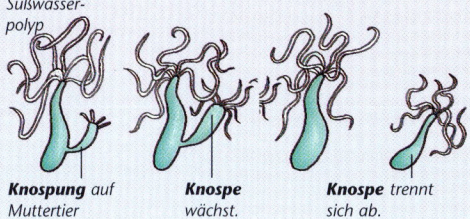

Süßwasserpolyp

Knospung auf Muttertier

Knospe wächst.

Knospe trennt sich ab.

Sporenbildung

Einfache niedere Pflanzen bringen **Sporen** hervor, die von Wind oder Wasser verbreitet werden und sich zu neuen Pflanzen entwickeln. Es gibt zwei Arten von Sporen. Ein Sporentyp (bei Moosen und Farnen) entsteht durch eine besondere Art der Zellteilung (s. 94–95), die ein Kennzeichen für die **geschlechtliche Fortpflanzung** darstellt. Die neuen Pflanzen sind genetisch nicht mit den Mutterpflanzen identisch (s. **Generationswechsel**). Der andere Sporentyp wird von einfachen Pilzen durch gewöhnliche Zellteilung (s. 12–13) produziert. Die neuen Pflanzen sind mit der Mutterpflanze genetisch identisch (wichtiges Kennzeichen der **ungeschlechtlichen Fortpflanzung**). Obwohl zur Reproduktion nur immer eine Mutterpflanze notwendig ist, handelt es sich nur beim zweiten Sporentyp um eine echte ungeschlechtliche Fortpflanzung.

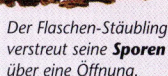

Sporen treten hier aus.

Der Flaschen-Stäubling verstreut seine **Sporen** über eine Öffnung.

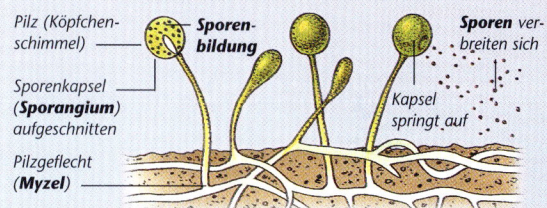

Pilz (Köpfchenschimmel)

Sporenbildung

Sporen verbreiten sich

Sporenkapsel (**Sporangium**) aufgeschnitten

Kapsel springt auf

Pilzgeflecht (**Myzel**)

Generationswechsel

Tritt bei vielen einfachen Pflanzen und Tieren auf, z. B. Quallen, Moose. Bei Tieren wechseln sich **geschlechtliche** und **ungeschlechtliche Fortpflanzungsformen ab**. Bei vielen Pflanzen hingegen versteht man darunter den Wechsel zwischen zwei Generationen, die beide zur geschlechtlichen Fortpflanzung gehören. Ein Pflanzenkörper (**Gametophyt**) bringt durch geschlechtliche Fortpflanzung einen **Sporophyten** hervor. Dieser produziert **Sporen** (s. **Sporenbildung**), die zu Gametophyten auswachsen. Die Sporen entstehen auf gleiche Weise wie die **Gameten** (s. 94–95), erfahren einen Kernphasenwechsel und weisen nur eine haploide Zahl von **Chromosomen*** auf. Die Gametophyten bringen ihre Gameten durch gewöhnliche Zellteilung (s. 12–13) hervor.

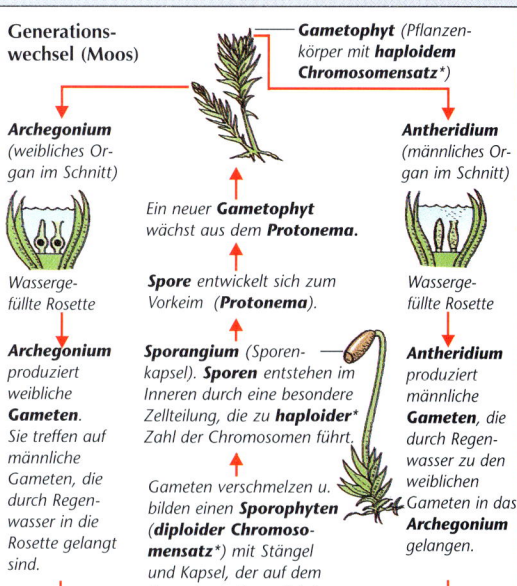

Generationswechsel (Moos)

Gametophyt (Pflanzenkörper mit **haploidem Chromosomensatz***)

Archegonium (weibliches Organ im Schnitt)

Ein neuer **Gametophyt** wächst aus dem **Protonema**.

Antheridium (männliches Organ im Schnitt)

Wassergefüllte Rosette

Spore entwickelt sich zum Vorkeim (**Protonema**).

Wassergefüllte Rosette

Archegonium produziert weibliche **Gameten**. Sie treffen auf männliche Gameten, die durch Regenwasser in die Rosette gelangt sind.

Sporangium (Sporenkapsel). **Sporen** entstehen im Inneren durch eine besondere Zellteilung, die zu haploider* Zahl der Chromosomen führt.

Antheridium produziert männliche **Gameten**, die durch Regenwasser zu den weiblichen Gameten in das **Archegonium** gelangen.

Gameten verschmelzen u. bilden einen **Sporophyten** (diploider Chromosomensatz*) mit Stängel und Kapsel, der auf dem **Gametophyten** wächst.

* **Chromosom**, 96; **diploider Chromosomensatz**, 12 (**Mitose**) ; **haploider Chromosomensatz**, 94 (**Meiose**); **kolonial**, 114; **vegetative Vermehrung**, 35; **Zellteilung**, 12.

ZELLTEILUNG FÜR DIE FORTPFLANZUNG

Sehr viele Zellen eines Lebewesens können sich teilen und damit neue Zellen für das Wachstum und den Ersatz alter, abgestorbener Zellen hervorbringen (s. 12–13). Daneben gibt es eine weitere Art der Zellteilung. Sie findet nur dann statt, wenn **Gameten*** (Geschlechtszellen) für die **geschlechtliche Fortpflanzung*** (sowie für einen Typ **Sporen***) produziert werden sollen. Die Teilung des **Zellkerns*** bei dieser Art der Zellteilung bezeichnen wir als **Meiose**. Die Produktion von Gameten, darin eingeschlossen die Zellteilung und die darauf folgende Reifung der Geschlechtszellen, heißt **Gametogenese**.

Meiose oder Reifungsteilung

Die Teilung des **Zellkerns*** bei der Produktion von Geschlechtszellen oder Gameten (s. Einführung). Man unterscheidet dabei zwei Vorgänge, die **erste Reifungsteilung** oder **Reduktionsteilung** und die **zweite Reifungsteilung**. Auf jeden dieser Vorgänge folgt die Teilung des **Zytoplasmas***. Wie bei der **Mitose*** kennt man auch hier mehrere verschiedene Stadien. Die Meiose im Allgemeinen und die erste Reifungsteilung im Besonderen sorgen dafür, dass jeder neue **Tochterkern** genau halb so viele **Chromosomen*** wie der ursprüngliche Zellkern bekommt. Die ursprüngliche Zahl nennen wir **diploid** (s. Mitose 12), die halbierte Chromosomenzahl hingegen **haploid**.

Erste Reifungsteilung

Diese Bilder zeigen eine tierische Zelle; es sind aber nur vier **Chromosomen*** dargestellt.

Prophase (frühes Stadium)

*Die **Chromatin***-Fäden im **Zellkern*** verkürzen sich schraubenförmig zu **Chromosomen***. **Homologe Chromosomen** legen sich nebeneinander und bilden Paare, die **Bivalente**. Jedes Chromosom verdoppelt sich und wird zu einem **Chromatiden**-Paar. (Die Vierergruppe heißt dann **Tetrade**.) Die **Zentralkörperchen*** begeben sich zu entgegengesetzten Zellpolen.*

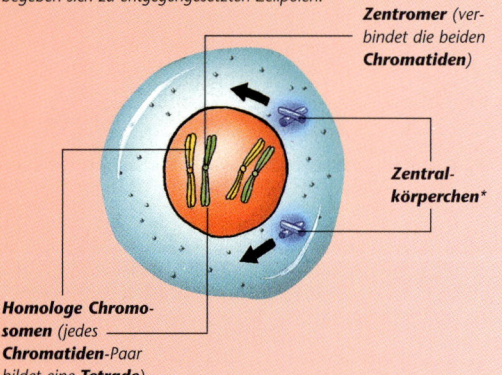

Zentromer (verbindet die beiden **Chromatiden**)

Zentralkörperchen*

*Homologe Chromosomen (jedes **Chromatiden**-Paar bildet eine **Tetrade**).*

Crossing over (findet in der frühen Phase statt)

*__Chromatiden__ einer **Tetrade** überkreuzen sich an bestimmten Stellen. Dabei brechen entsprechende Stücke ab und vertauschen sich. Das Ergebnis eines solchen Crossing over ist ein **Chiasma** (Mehrzahl **Chiasmata**). Dabei findet eine Durchmischung der **Gene*** statt, die gewährleistet, dass die Nachkommen niemals identisch mit ihren Eltern sind.*

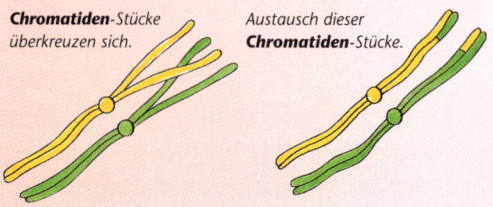

__Chromatiden__-Stücke überkreuzen sich.

*Austausch dieser **Chromatiden**-Stücke.*

Prophase (späteres Stadium)

*__Homologe Chromosomen__ (jedes mit einem **Chromatiden**-Paar) begeben sich zur Äquatorebene des Zellkerns.*

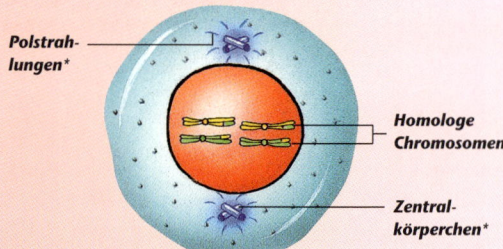

Polstrahlungen*

Homologe Chromosomen

Zentralkörperchen*

Metaphase

*Die **Kernmembran*** verschwindet und die beiden **Zentralkörperchen*** bilden einen **Spindelapparat** (s. Metaphase der Mitose 13). Die **Chromosomen*** (**Chromatiden**-Paare) sind an ihren **Zentromeren** am Spindelapparat befestigt.*

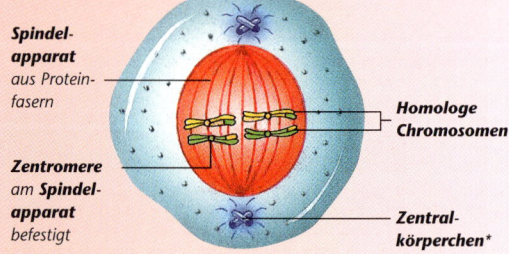

Spindelapparat aus Proteinfasern

Homologe Chromosomen

Zentromere am **Spindelapparat** befestigt

Zentralkörperchen*

* **Chromatin**, 10 (**Zellkern**); Chromosom, 96; **Gamet**, 92; **Gene**, 97; **geschlechtliche Fortpflanzung**, 92; **Kernmembran**, 10 (**Zellkern**); Mitose, 12; Polstrahlungen, 13; **Sporen**, 93 (**Sporenbildung**); **Zentralkörperchen**, 12; Zytoplasma, 10.

Anaphase

Homologe Chromosomen *(jedes immer noch mit einem* **Chromatiden**-*Paar) trennen sich (s.* **Spaltungsgesetz** *98) und werden von den Fasern des* **Spindelapparats** *auseinander gezogen.*

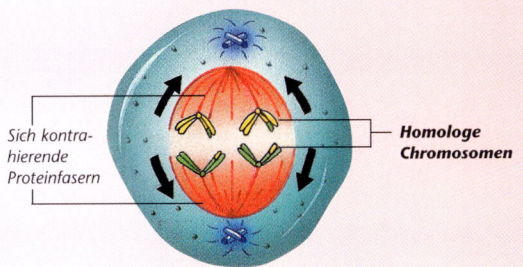

Sich kontra-
hierende
Proteinfasern

**Homologe
Chromosomen**

Telophase

Der **Spindelapparat** *verschwindet und die* **Zentralkörperchen*** *verdoppeln sich. Die Telophase geschieht zusammen mit der* **Zytokinese**, *also der Teilung des* **Zytoplasmas***. *Es entstehen zwei neue Zellen, jede mit einem einfachen Satz an* **Chromosomen*** *(davon jedes mit zwei* **Chromatiden**). *Später folgt die* **Interphase***, *bei der die* **Kernmembran*** *entsteht und die Chromosomen sich entrollen und schließlich fädige Massen bilden (***Chromatin***).*

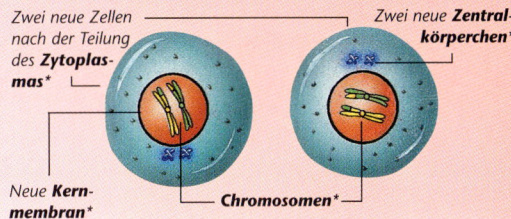

Zwei neue Zellen
nach der Teilung
des *Zytoplas-
mas***

Zwei neue **Zentral-
körperchen***

Neue **Kern-
membran***

Chromosomen*

Zweite Reifungsteilung

Die **zweite Reifungsteilung** findet in den Zellen statt, die die **erste Reifungsteilung** hinter sich gebracht haben. Sie findet genau auf dieselbe Weise und mit denselben Phasen statt wie die **Mitose*** (wenn sich der **Zellkern*** bei der normalen Zellteilung verdoppelt). Auch die Teilung des **Zytoplasmas*** nimmt denselben Verlauf.

Der einzige Unterschied besteht im **haploiden Chromosomensatz*** der Zellkerne (s. **Meiose**). Die entstehenden neuen Geschlechtszellen (**Gameten***) sind also haploid. Die zweite Reifungsteilung zeigt Unterschiede bei den beiden Geschlechtern. Auch die Reifung der Gameten nach der zweiten Reifungsteilung weist bei Pflanzen und Tieren gewisse Unterschiede auf (s. u.).

Keimzellenbildung (männlich)

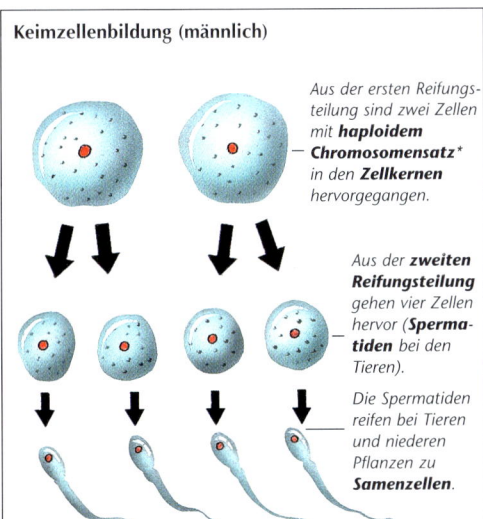

*Aus der ersten Reifungs-
teilung sind zwei Zellen
mit* **haploidem
Chromosomensatz***
in den **Zellkernen**
hervorgegangen.

Aus der **zweiten
Reifungsteilung**
*gehen vier Zellen
hervor (***Sperma-
tiden** *bei den
Tieren).*

*Die Spermatiden
reifen bei Tieren
und niederen
Pflanzen zu
Samenzellen.

Die beiden Zellen, die bei der **ersten Reifungsteilung** *aus einer Mutterzelle hervorgegangen sind, teilen sich erneut (s.* **zweite Reifungsteilung***). Daraus gehen vier Zellen hervor, die bei Tieren* **Spermatiden** *heißen und zu männlichen* **Gameten*** *(Geschlechtszellen), den* **Samenzellen**, *heranreifen. Bei niederen Pflanzen entwickeln sich die vier Zellen entweder zu Samenzellen oder zu* **Sporen***, *die beim* **Generationswechsel*** *eine Rolle spielen. Bei Blütenpflanzen teilen sich die* **Zellkerne** *dieser vier Zellen (***Pollen***-Körner) mit zwei Zellkernen (***Meiose***); einer davon teilt sich noch einmal und ergibt die* **Spermakerne***.*

Keimzellenbildung (weiblich)

Bei der **ersten Reifungsteilung** *entstehen zwei Zellen mit einem* **haploiden Chromosomensatz*** *in den* **Zellkernen**.

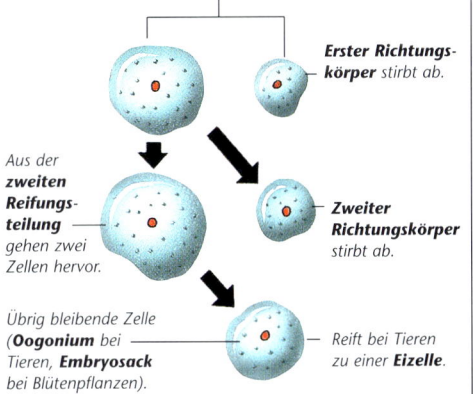

**Erster Richtungs-
körper** *stirbt ab.*

*Aus der
***zweiten
Reifungs-
teilung***
gehen zwei
Zellen hervor.*

**Zweiter
Richtungskörper**
stirbt ab.

*Übrig bleibende Zelle
(***Oogonium** *bei
Tieren,* **Embryosack**
bei Blütenpflanzen).

*Reift bei Tieren
zu einer* **Eizelle**.

Eine der Zellen aus der **ersten Reifungsteilung** *stirbt ab (***erster Richtungskörper***). Die andere Zelle teilt sich erneut (***zweite Reifungsteilung***). Auch hier stirbt eine Tochterzelle ab (***zweiter Richtungskörper***). Die übrig gebliebene Zelle heißt* **Oogonium** *und entwickelt sich zum weiblichen* **Gameten*** *(Geschlechtszelle) oder* **Eizelle**. *Bei den Blütenpflanzen hingegen spricht man vom* **Embryosack***; dessen* **Zellkern*** *teilt sich durch* **Mitose*** *weitere drei Male. Von den neuen acht Zellkernen umgeben sich sechs mit eigenen Zellen, zwei bleiben nackt. Eine der sechs Zellen stellt den weiblichen Gameten (***Eizelle***) dar (s.* **Samenanlage** *30). Die Bildung der Eizelle ist bei niederen Pflanzen sehr ähnlich.*

---

* **Chromatin**, 10 (**Zellkern**); **Gamet**, 92; **Generationswechsel**, 93; **haploider Chromosomensatz**, 94 (**Meiose**); **Interphase**, 12; **Kernmembran**, 10 (**Zellkern**); **Mitose**, 12; **Pollen**, 30; **Spermakern**, 92 (**Gamet**); **Sporen**, 93 (**Sporenbildung**); **Zentralkörperchen**, 12; **Zytoplasma**, 10.

GENETIK UND VERERBUNG

Die **Genetik** ist die Wissenschaft von der **Vererbung**. Sie untersucht, auf welche Weise eine Generation ihre Merkmale an die nächste weitergibt. Die größte Rolle bei der Vererbung spielen die **Chromosomen**. Jedes Chromosom besteht aus einer Vielzahl von **Genen**. Diese stellen die codierten Instruktionen für die Ausprägung bestimmter Merkmale dar. Mehr darüber s. 98.

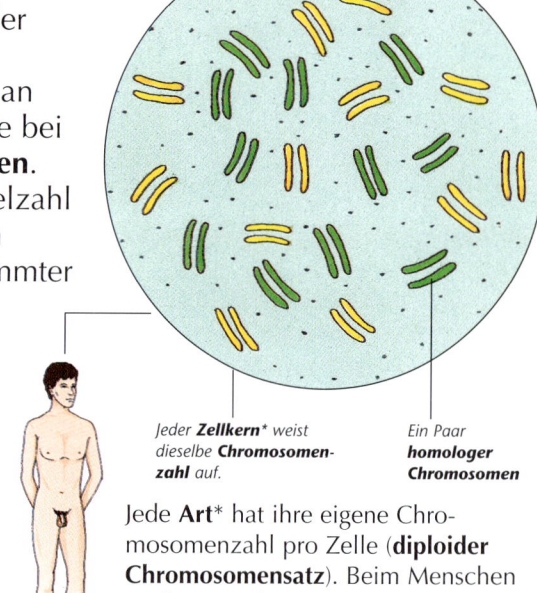

Chromosomen

Strukturen, die stets in den **Zellkernen*** aller Zellen vorhanden sind, obwohl sie als strich- und kommaförmige Körper unterschiedlicher Größe nur während der Zellteilung und nach entsprechender Färbung sichtbar werden. Jedes Chromosom besteht aus einem einzigen **DNS**-Molekül (s. **Nukleinsäuren**) sowie aus Proteinen, den **Histonen**. Das DNS-Molekül bildet eine Kette aus vielen untereinander verbundenen **Genen**.

*Jeder **Zellkern*** weist dieselbe **Chromosomenzahl** auf.*

*Ein Paar **homologer Chromosomen***

Jede **Art*** hat ihre eigene Chromosomenzahl pro Zelle (**diploider Chromosomensatz**). Beim Menschen sind es 46 Chromosomen. Diese sind paarweise zu **homologen Chromosomen** angeordnet.

Nukleinsäuren

Allgemeine Bezeichnung für zwei verschiedene Säuren, nämlich die **DNS** (**Desoxyribonukleinsäure**) und die **RNS** (**Ribonukleinsäure**), in englischer Abkürzung oft auch als DNA und RNA bekannt (A = Acid [engl.], Säure). Beide treten in **Zellkernen*** auf, die RNS allerdings auch im **Zytoplasma*** (s. **Ribosomen** 11). Jedes Nukleinsäuremolekül ist sehr groß und besteht aus zahlreichen Untereinheiten, den **Nukleotiden**. Ein DNS-Molekül enthält zwei umeinander gewickelte Nukleotidketten, die zusammen eine **Doppelhelix** ähnlich einer verdrehten Strickleiter bilden. Das RNS-Molekül besteht nur aus einer Nukleotid-Kette.

Aufbau einer Nukleinsäure

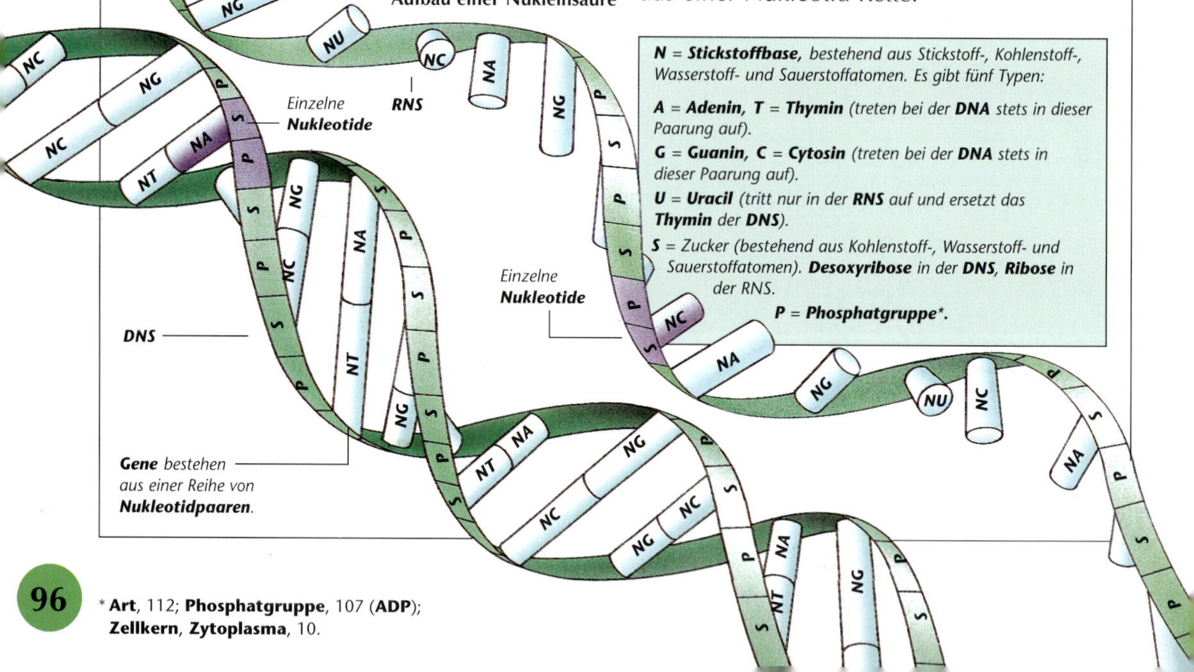

Einzelne Nukleotide

RNS

Einzelne Nukleotide

DNS

Gene bestehen aus einer Reihe von **Nukleotidpaaren**.

N = **Stickstoffbase**, bestehend aus Stickstoff-, Kohlenstoff-, Wasserstoff- und Sauerstoffatomen. Es gibt fünf Typen:

A = **Adenin**, **T** = **Thymin** (treten bei der **DNA** stets in dieser Paarung auf).

G = **Guanin**, **C** = **Cytosin** (treten bei der **DNA** stets in dieser Paarung auf).

U = **Uracil** (tritt nur in der **RNS** auf und ersetzt das **Thymin** der **DNS**).

S = **Zucker** (bestehend aus Kohlenstoff-, Wasserstoff- und Sauerstoffatomen). **Desoxyribose** in der **DNS**, **Ribose** in der **RNS**.

P = **Phosphatgruppe***.

* **Art**, 112; **Phosphatgruppe**, 107 (**ADP**); **Zellkern**, **Zytoplasma**, 10.

Gene

Die Gene entsprechen einem ganz bestimmten Abschnitt auf dem **DNS**-Molekül eines **Chromosoms**. Man nimmt an, dass beim Menschen jedes DNS-Molekül ungefähr 1000 Gene enthält. Im Durchschnitt entspricht ein Gen einer Reihe von ungefähr 250 „Sprossen" auf der DNS-„Leiter". Gene beziehen sich auf ganz bestimmte **Merkmale** des Organismus, z. B. auf die **Blutgruppe*** oder die Zusammensetzung eines **Hormons***. Mit Ausnahme der **Geschlechtschromosomen** sind die Gene auf paarigen, **homologen Chromosomen** (s. **Chromosomen**) ebenfalls paarig angeordnet und treten bei den beiden Chromosomen auch genau an derselben Stelle auf. Diese paarigen Gene kontrollieren dieselben Merkmalsausprägung und können identische Instruktionen ausgeben. Es kommt häufig vor, dass ihre Instruktionen unterschiedlich ausfallen. Dann tritt die Instruktion des einen **dominanten** Gens stärker hervor als die des **rezessiven**. Es ist aber auch die Möglichkeit der **Kodominanz** oder der **Semidominanz** gegeben. Zwei nicht identische Genpaare nennen wir **Allele**.

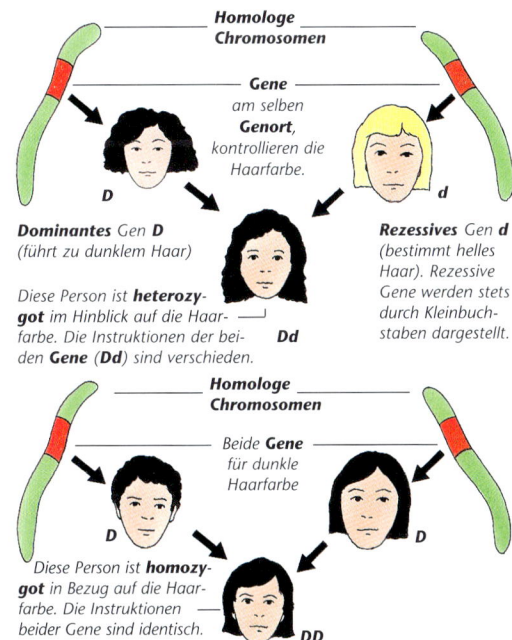

Homologe Chromosomen

Gene
am selben **Genort**, *kontrollieren die Haarfarbe.*

D

d

Dominantes *Gen* **D** *(führt zu dunklem Haar)*

Rezessives *Gen* **d** *(bestimmt helles Haar). Rezessive Gene werden stets durch Kleinbuchstaben dargestellt.*

Diese Person ist **heterozygot** *im Hinblick auf die Haarfarbe. Die Instruktionen der beiden* **Gene** *(**Dd**) sind verschieden.*

Dd

Homologe Chromosomen

Beide **Gene** *für dunkle Haarfarbe*

D

D

Diese Person ist **homozygot** *in Bezug auf die Haarfarbe. Die Instruktionen beider Gene sind identisch.*

DD

In den beiden Fällen ist der **Genotyp** *für die Haarfarbe unterschiedlich, d. h., es sind verschiedene Instruktionen (**DD** und **Dd**) vorhanden. Der* **Phänotyp** *ist aber derselbe, denn beide weisen wegen der Dominanz von* **D** *dunkles Haar auf.*

Semidominanz

Ein **Gen**-Paar, das dasselbe Merkmal kontrolliert, erteilt unterschiedliche Instruktionen, ohne dass eines davon **dominant** (s. **Gene**) wäre. Wenn das Gen für die rote Blütenfarbe z. B. ebenso wenig dominant ist wie das Gen für weiße Farbe, so entsteht eine Mischung; die entsprechenden Blüten fallen rosa aus.

Semidominanz wird im Gartenbau angewendet, um unterschiedlich farbige Pflanzen einer Art zu züchten. Dies wird durch Fremdbestäubung zwischen verschieden farbigen Blüten erreicht.

Weiße Kamelie   *Rote Kamelie*   *Rosa Kamelie*

Kodominanz

Ein Sonderfall, bei dem ein **Gen**-Paar, das dasselbe Material kontrolliert, unterschiedliche Instruktionen erteilt, wobei keine davon **dominant** ist. Vielmehr sind beide Instruktionen am Ergebnis nebeneinander beteiligt. Die menschliche **Blutgruppe*** AB geht aus der gleichwertigen Dominanz eines Gens für die Gruppe A und eines Gens für die Gruppe B hervor.

Geschlechtschromosomen

Ein Paar homologer **Chromosomen** (s. **Chromosomen**) bei allen Zellen (die übrigen heißen **Autosomen**). Es gibt zwei verschiedene Arten von Geschlechtschromosomen, das **X**- und **Y-Chromosom**. Männer haben ein X- und ein Y-Chromosom. Das Y-Chromosom trägt den genetischen Faktor (kein **Gen** im eigentlichen Sinne), das das Geschlecht bestimmt. Frauen dagegen haben zwei X-Chromosomen.

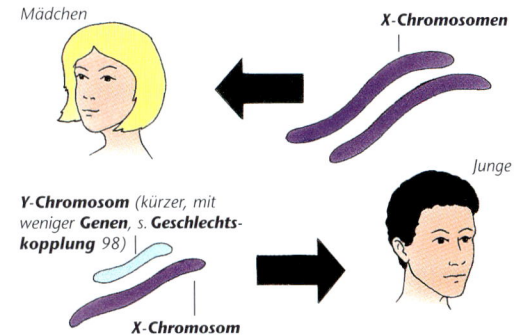

Mädchen

X-Chromosomen

Junge

Y-Chromosom *(kürzer, mit weniger* **Genen**, *s.* **Geschlechtskopplung** *98)*

X-Chromosom

Die Vererbung von Genen

Jedes neue Lebewesen bekommt seine **Chromosomen*** und damit **Gene*** von seinen Eltern. Bei der **geschlechtlichen Fortpflanzung*** verschmilzt eine **Samenzelle*** mit einer **Eizelle***. Beide weisen dabei nur den einfachen **haploiden Chromosomensatz** (s. 94–95) auf. Dadurch erhält die **Zygote*** (also die erste Zelle eines neuen Lebwesens, die aus der Verschmelzung der Gameten entstanden ist) die normale diploide Chromosomenzahl (s. **Chromosomen** 96). Die **Mendel'schen Gesetze** beschreiben Gesetzmäßigkeiten in der Verteilung der auf den Chromosomen lokalisierten Gene.

Spaltungsgesetz
(zweites Mendel'sches Gesetz)
Homologe Chromosomen* trennen sich stets voneinander, wenn sich der **Zellkern*** einer Zelle teilt, um **Gameten*** (**Geschlechtszellen** 94–95) hervorzubringen. Das gilt natürlich auch für paarige **Gene***, die dasselbe Merkmal kontrollieren. Die Nachkommen bekommen je ein homologes Chromosom vom Vater beziehungsweise der Mutter.

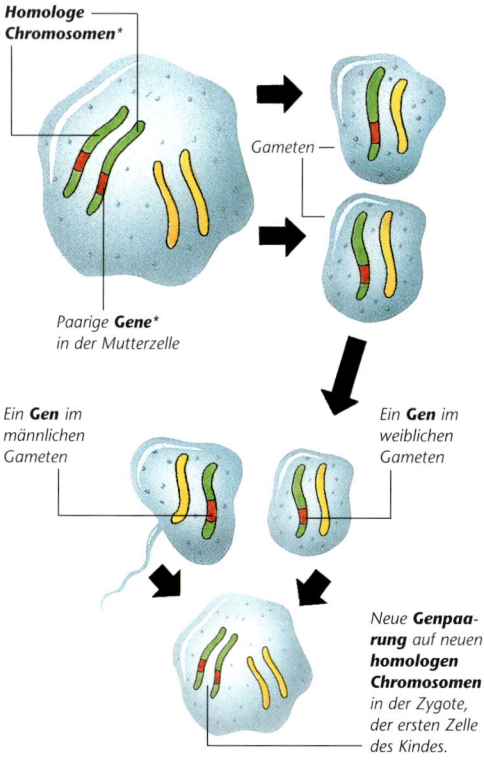

Homologe Chromosomen*

Gameten

Paarige Gene* in der Mutterzelle

Ein **Gen** im männlichen Gameten

Ein **Gen** im weiblichen Gameten

Neue **Genpaarung** auf neuen homologen Chromosomen in der Zygote, der ersten Zelle des Kindes.

Neukombination der Gene
(drittes Mendel'sches Gesetz)
Jedes **Gen*** eines Genpaares kann bei der Bildung von **Gameten*** mit jedem beliebigen Gen des Partners kombiniert werden. Dadurch sind alle Merkmalskombinationen im entstehenden Individuum möglich.

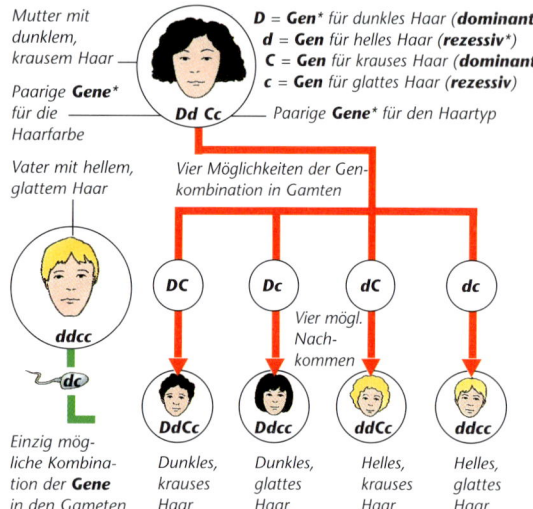

Mutter mit dunklem, krausem Haar

Paarige **Gene*** für die Haarfarbe

Dd Cc

D = **Gen*** für dunkles Haar (**dominant***)
d = **Gen** für helles Haar (**rezessiv***)
C = **Gen** für krauses Haar (**dominant**)
c = **Gen** für glattes Haar (**rezessiv**)

Paarige **Gene*** für den Haartyp

Vater mit hellem, glattem Haar

ddcc

dc

Einzig mögliche Kombination der **Gene** in den Gameten

Vier Möglichkeiten der Genkombination in Gamten

DC   **Dc**   **dC**   **dc**

Vier mögl. Nachkommen

DdCc   **Ddcc**   **ddCc**   **ddcc**

Dunkles, krauses Haar | Dunkles, glattes Haar | Helles, krauses Haar | Helles, glattes Haar

Geschlechtskopplung
Die beiden **Geschlechts-(X-)Chromosomen*** bei der Frau enthalten wie alle **Chromosomen*** zahlreiche paarige **Gene***. Dem **Y-Chromosom*** des Mannes hingegen fehlen für die meisten Gene die Partner auf dem X-Chromosom. Jedes **rezessive*** Gen auf dem X-Chromosom wird also bei Männern häufiger zur Ausprägung kommen. Die nicht paarig vorhandenen Gene des X-Chromosoms sind **geschlechtsgekoppelt**.

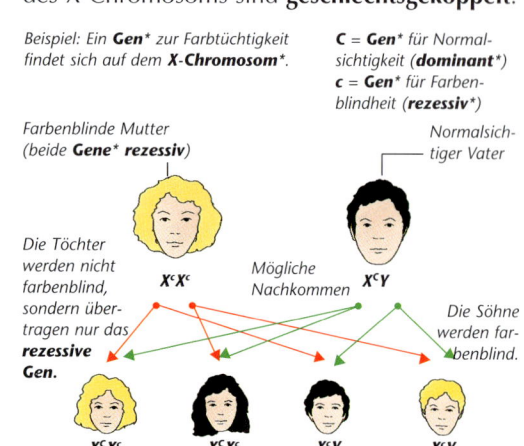

Beispiel: Ein **Gen*** zur Farbtüchtigkeit findet sich auf dem **X-Chromosom***.

C = **Gen*** für Normalsichtigkeit (**dominant***)
c = **Gen*** für Farbenblindheit (**rezessiv***)

Farbenblinde Mutter (beide **Gene*** **rezessiv**)

Normalsichtiger Vater

Die Töchter werden nicht farbenblind, sondern übertragen nur das **rezessive Gen**.

$X^c X^c$

Mögliche Nachkommen

$X^c Y$

Die Söhne werden farbenblind.

$X^c X^c$ $X^c X^c$ $X^c Y$ $X^c Y$

* **dominant**, 97 (**Gen**); **Eizelle**, 92 (**Gamet**); **geschlechtliche Fortpflanzung**, 92; **homologe Chromosomen**, 96 (**Chromosom**); **rezessiv**, 97 (**Gen**); **Samenzelle**, 92 (**Gamet**); **X** und **Y Chromosom**, 97 (**Geschlechtschromosom**); **Zellkern**, 10; **Zygote**, 92.

GENTECHNIK

Gentechnik ist die gezielte Änderung der **DNS*** einer Zelle, um Organismen oder Populationen zu verändern. Sie wird eingesetzt, um neue Produkte zu schaffen, die im wissenschaftlichen, landwirtschaftlichen, medizinischen und industriellen Bereich nützlich sind. Zurzeit werden ständig Einsatzmöglichkeiten für gentechnisch veränderte Organismen entdeckt.

Klonen

Klonen ist die wichtigste Methode der Gentechnik. Die gewünschten **Gene*** werden künstlich vervielfacht, indem DNS-Moleküle (in denen die Gene liegen) in einen anderen Organismus eingesetzt werden. Das können zum Beispiel sich schnell vermehrende Bakterien sein, die dann die eingesetzte DNS nachbilden. Klonen ist ein komplexer Prozess. Die am häufigsten benutzte Methode ist unten dargestellt.

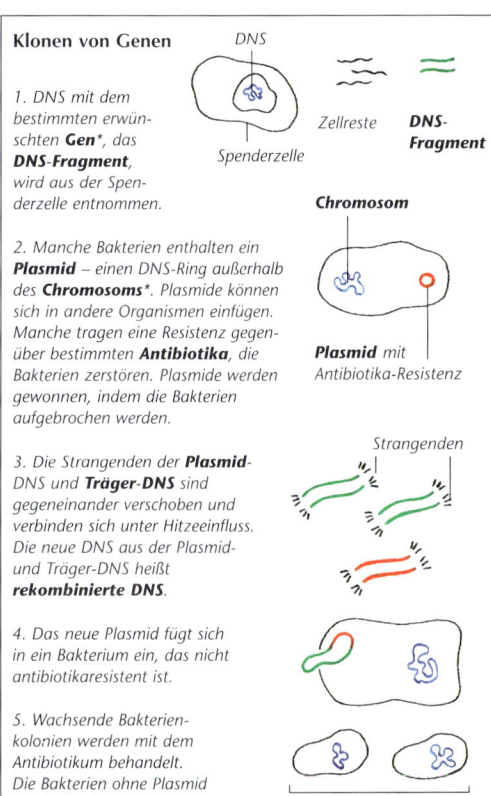

Klonen von Genen

*1. DNS mit dem bestimmten erwünschten **Gen***, das **DNS-Fragment**, wird aus der Spenderzelle entnommen.*

DNS · Zellreste · **DNS-Fragment** · *Spenderzelle*

*2. Manche Bakterien enthalten ein **Plasmid** – einen DNS-Ring außerhalb des **Chromosoms***. Plasmide können sich in andere Organismen einfügen. Manche tragen eine Resistenz gegenüber bestimmten **Antibiotika**, die Bakterien zerstören. Plasmide werden gewonnen, indem die Bakterien aufgebrochen werden.*

Chromosom · **Plasmid** *mit Antibiotika-Resistenz*

*3. Die Strangenden der **Plasmid**-DNS und **Träger-DNS** sind gegeneinander verschoben und verbinden sich unter Hitzeeinfluss. Die neue DNS aus der Plasmid- und Träger-DNS heißt **rekombinierte DNS**.*

Strangenden

4. Das neue Plasmid fügt sich in ein Bakterium ein, das nicht antibiotikaresistent ist.

5. Wachsende Bakterienkolonien werden mit dem Antibiotikum behandelt. Die Bakterien ohne Plasmid werden dadurch zerstört. Bakterien, die ein Plasmid beinhalten, vermehren sich.

Sterben

6. Die verbleibende Kolonie — *Überleben und vermehren sich* — *besteht schließlich nur aus Bakterien mit dem Antibiotika-Resistenz tragenden Plasmid mit dem DNS-Fragment (enthält das erwünschte Gen). Diese Kolonie kann vielfach vermehrt werden und produziert eine große Menge des erwünschten Gens.*

Einsatz der Gentechnik

Pharmazie

Einsatz von Pflanzen und Tieren, um genetisch veränderte Arzneimittel herzustellen. Beispielsweise ein gentechnisch verändertes Schaf, das Milch mit **Alpha-1 Antitrypsin** produziert. Ein Stoff, der für Mukoviszidose-Patienten wichtig ist.

Herstellung von Proteinen

Produktion von medizinisch nützlichen Proteinen durch speziell hergestellte Bakterien-„Fabriken", z. B. **Insulin*** für Diabetiker oder **antihämophiles Globulin** zur Behandlung von Bluterkranken.

Gentechnisch veränderte Früchte

Pflanzen mit einer höheren Resistenz gegenüber Krankheit, Pestiziden und Wetter durch das Einfügen fremder **Gene*** in ihre **Zellkerne***, siehe Beispiel unten.

Im Blut mancher Flundern ist ein chemischer Stoff, der das Gefrieren des Blutes verhindert und die Fische im kalten Wasser schützt.

*Die **Gene*** des Blutes, die diesen Schutz bieten, können in Tomatenpflanzen eingefügt werden. Dadurch sind die Tomaten dieser Pflanzen widerstandsfähiger gegenüber Frost und Schnee und können über einen längeren Zeitraum geerntet werden.*

* **Chromosom**, 96; **DNS**, 96 (**Nukleinsäure**); **Gen**, 97; **Insulin**, 108; **Zellkern**, 10.

99

Einsatz der Gentechnik – Fortsetzung

Klonen von Tieren

Hervorbringen eines genetisch identischen Duplikats, **Klon**, eines Tieres. Wissenschaftler pflanzten 1997 die **Chromosomen*** einer Schafzelle in die **Eizelle*** eines zweiten Schafes, aus der die eigenen Chromosomen entfernt wurden.

Die Eizelle wurde vom zweiten Schaf ausgetragen und fünf Monate später als Lamm Dolly geboren. Damit war der Beweis erbracht, dass es möglich ist, einen komplexen lebenden Organismus ohne **geschlechtliche Fortpflanzung*** hervorzubringen.

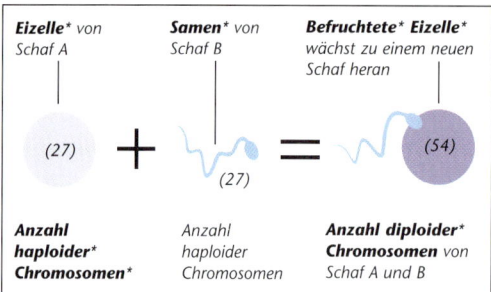

Geschlechtliche Fortpflanzung* eines Schafes

Eizelle* von Schaf A + **Samen*** von Schaf B = **Befruchtete*** **Eizelle*** wächst zu einem neuen Schaf heran

(27) + (27) = (54)

Anzahl haploider* **Chromosomen*** — Anzahl haploider Chromosomen — **Anzahl diploider*** **Chromosomen** von Schaf A und B

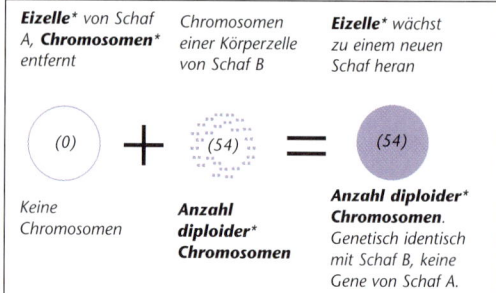

Klonen* eines Schafes

Eizelle* von Schaf A, **Chromosomen*** entfernt + Chromosomen einer Körperzelle von Schaf B = **Eizelle*** wächst zu einem neuen Schaf heran

(0) + (54) = (54)

Keine Chromosomen — **Anzahl diploider*** **Chromosomen** — **Anzahl diploider*** **Chromosomen**. Genetisch identisch mit Schaf B, keine Gene von Schaf A.

Genetik in der Zukunft

Klonen von Menschen

Theoretische Erzeugung menschlichen Lebens durch die gleiche Methode wie bei Dolly, dem Schaf. Die Methoden der Gentechnik sind so weit fortgeschritten, dass es theoretisch möglich ist, aus jeder der 100 Millionen menschlichen Körperzellen einen neuen Menschen hervorzubringen. Selbst bei eineiigen Zwillingen unterscheiden sich Aussehen, Charakter und Intelligenz leicht. Ein menschlicher Klon wäre auch kein Abbild, sondern lediglich eine Person mit denselben **Genen***. Möglich wäre ein Einsatz der Technik bei der Behandlung von **unfruchtbaren** Paaren, die keine Kinder bekommen können.

Entschlüsselung des Genoms

Aufstellung einer genauen Liste der **Nukleotide***, die sich im **Genom** (Genetischer Code) jedes Organismus befinden. Wissenschaftler entschlüsselten bereits das Genom einer Hefezelle und arbeiten zurzeit an den Milliarden Nukleotiden des menschlichen Genoms, was sie Anfang diesen Jahrhunderts abschließen wollen. Durch die Entschlüsselung kann jedes **Gen*** der menschlichen **Chromosomen*** bestimmt werden und herausgefunden werden, welche Funktion sie haben.

Genetische Diagnostik

Erkennung von Krankheiten anhand der **Gene***. Wissenschaftler können bereits manche genetische Defekte erkennen, die sich als Unregelmäßigkeiten der **Nukleotid***-Sequenz zeigen. Beispielsweise kann das **Huntington-Syndrom** bereits bei einem **Fetus*** erkannt werden. Diese Forschung macht es auch möglich die Gene zu bestimmen, die beim Menschen eine Krebserkrankung begünstigen. Einmal erkannt, könnte eine Behandlung die Entwicklung des Krebses verhindern.

Organbehandlung/-veränderung

Einfügen von Genen, die die Körperzellen zur Selbstheilung anregen. Eine neue Methode regt die Herzzellen von Bypass-Patienten an, neue Blutgefäße zu bilden.

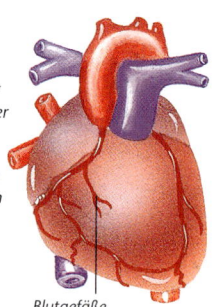

Im wachsenden Herzen eines **Embryos*** löst ein bestimmtes **Gen*** die Bildung der **Arterien*** aus. Dieser Auslöser stoppt, wenn das Herz ausgewachsen ist. Wissenschaftler versuchen dieses Gen in Herzen von Patienten einzufügen, deren Arterien verstopft sind. Das Gen soll die Bildung neuer Arterien am kranken Herzen auslösen und so die Notwendigkeit einer schweren Operation verhindern.

Blutgefäße

* **Arterie**, 60; **Befruchtung**, 91; **Chromosom**, 96; **diploid Chromosomensatz**, 12 (**Mitose**); **Eizelle**, 92 (**Gamet**); **Embryo**, 92; **Fetus**, 91 (**Schwangerschaft**); **Gen**, 97; **geschlechtliche Fortpflanzung**, 92; **haploider Chromosomensatz**, 94 (**Meiose**); **Klonen**, 99; **Nukleotid**, 96 (**Nukleinsäure**); **Samenzelle**, 92 (**Gamet**).

FLÜSSIGKEITSTRANSPORT

Die Bewegung von Stoffen im Körper, besonders ihr Transport ins Innere der Zelle und von der Zelle nach außen, ist von grundlegender Bedeutung. Nährstoffe müssen in die Zellen eindringen können, und Abfallstoffe sowie Gifte müssen die Zellen verlassen. Die meisten Stoffe werden in Form von **Lösungen** transportiert. Sie befinden sich molekular verteilt in einem **Lösungsmittel**, meistens in Wasser.

Diffusion

Bewegung von Molekülen einer Substanz von einem Gebiet höherer zu einem geringerer Konzentration. Es handelt sich hier um einen Zweiweg-Prozess: Wenn die Konzentration des **Lösungsmittels** gering ist, dann ist die des **gelösten Stoffes** hoch und beide Arten von Molekülen wandern, um das Gefälle auszugleichen. Die Diffusion kommt zum Stillstand, wenn alle Moleküle gleichmäßig verteilt sind. Viele Stoffe, darunter Sauerstoff und Kohlendioxid, diffundieren in die Zellen und aus ihnen heraus.

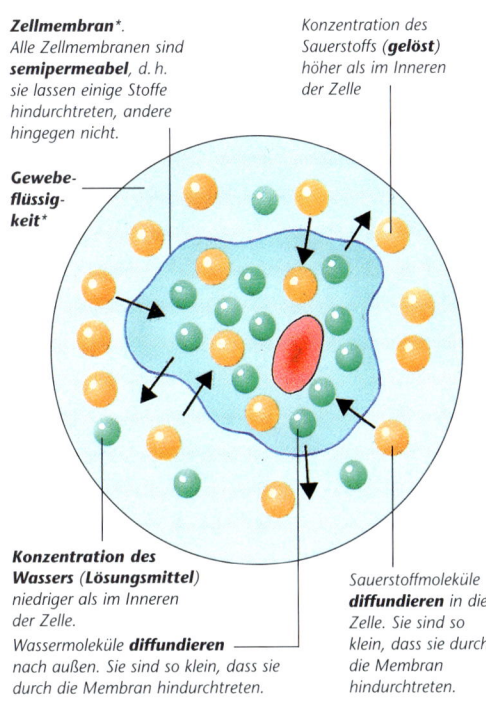

Zellmembran*.
*Alle Zellmembranen sind **semipermeabel**, d.h. sie lassen einige Stoffe hindurchtreten, andere hingegen nicht.*

Gewebeflüssigkeit*

*Konzentration des Sauerstoffs (**gelöst**) höher als im Inneren der Zelle*

*Konzentration des Wassers (**Lösungsmittel**) niedriger als im Inneren der Zelle.*
*Wassermoleküle **diffundieren** nach außen. Sie sind so klein, dass sie durch die Membran hindurchtreten.*

*Sauerstoffmoleküle **diffundieren** in die Zelle. Sie sind so klein, dass sie durch die Membran hindurchtreten.*

Osmose

Die Bewegung von Molekülen eines **Lösungsmittels** durch eine **semipermeable** Membran (s.o.), um die Konzentration eines **gelösten Stoffes** auf der anderen Seite der Membran zu verringern, so dass die Konzentrationen auf beiden Seiten gleich sind (Einweg-**Diffusion**). Sie kommt vor, wenn die Moleküle des gelösten Stoffes nicht durch die Membran hindurchtreten können. In umschlossenen Räumen wie in einer Zelle kann sich ein **osmotischer Druck** aufbauen, wenn das **Lösungsmittel** durch Osmose eintritt.

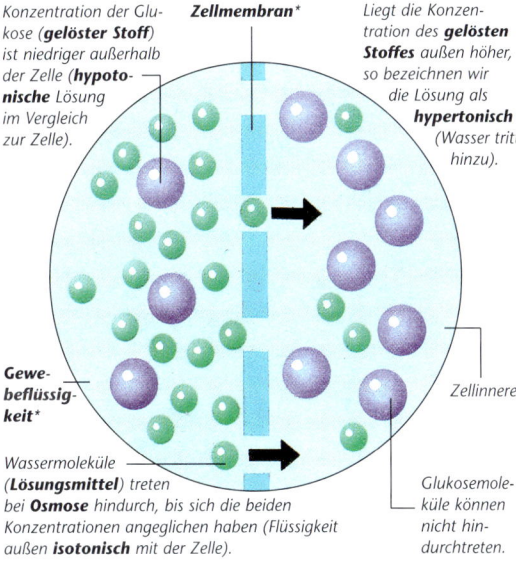

*Konzentration der Glukose (**gelöster Stoff**) ist niedriger außerhalb der Zelle (**hypotonische** Lösung im Vergleich zur Zelle).*

Zellmembran*

*Liegt die Konzentration des **gelösten Stoffes** außen höher, so bezeichnen wir die Lösung als **hypertonisch** (Wasser tritt hinzu).*

Gewebeflüssigkeit*

Zellinneres

*Wassermoleküle (**Lösungsmittel**) treten bei **Osmose** hindurch, bis sich die beiden Konzentrationen angeglichen haben (Flüssigkeit außen **isotonisch** mit der Zelle).*

Glukosemoleküle können nicht hindurchtreten.

Aktiver Transport

Er wird dann nötig, wenn Stoffe in der umgekehrten Richtung transportiert werden, die sie eigentlich durch **Diffusion** nehmen würden, also von niedriger zu höherer Konzentration. Wie der aktive Transport funktioniert, wissen wir noch nicht in allen Einzelheiten. Man nimmt jedoch an, dass bestimmte Trägermoleküle außerhalb der Zelle solche Stoffe aufnehmen, sie durch die **Zellmembran*** hindurchtransportieren und schließlich freilassen. Dafür ist allerdings Energie notwendig, da der Transport entgegen dem natürlichen Gefälle verläuft. Die Energie wird in Form von **ATP*** geliefert.

Pinozytose

Aufnahme von Flüssigkeitströpfchen durch Einstülpung der **Zellmembran*** und Bildung einer **Vakuole***. Viele Zellen sind zur Pinozytose fähig.

* **ATP**, 107; **Gewebeflüssigkeit**, 64; **Vakuole**, 10; **Zellmembran**, 10.

WIE NAHRUNG VERWENDET WIRD

Alle Lebewesen benötigen Nahrung für die Energiegewinnung, die Regulierung von Zellaktivitäten, zum Aufbau neuer und Ersatz alter Gewebe (s. 104–107). Unter den Bestandteilen der Nahrung zählen die **Kohlenhydrate**, die **Proteine** und die **Fette** zu den **Nährstoffen**. Dazu kommen noch die **Mineralstoffe**, **Vitamine** und Wasser. Grüne Pflanzen stellen ihre Nährstoffe durch **Photosynthese*** selbst her. Sie nehmen dazu Wasser und Mineralsalze auf. Tiere hingegen müssen alle Nährstoffe fertig aufnehmen und bei der Verdauung abbauen (s. 110–111).

Kohlenhydrate

Eine Gruppe von Stoffen, die aus Kohlenstoff, Wasserstoff und Sauerstoff aufgebaut sind. Es gibt einfache bis höchst komplizierte Kohlenhydrate (s. „Verwendete Fachbegriffe", 111). Tiere nehmen komplexe Kohlenhydrate auf und bauen sie bei der Verdauung (s. 110) zum einfachen Kohlenhydrat **Glukose** ab. Der weitere Abbau der Glukose (**Zellatmung***) liefert dem Tier fast die gesamte Energie für das Leben. Pflanzen bauen Glukose aus anderen Stoffen auf (s. **Photosynthese**, 26).

Proteine oder Eiweiße

Gruppe von Stoffen, die aus **Aminosäuren** aufgebaut sind. Sie enthalten Kohlenstoff, Wasserstoff, Sauerstoff, Stickstoff und auch Schwefel. Die meisten Proteinmoleküle bestehen aus Hunderten, oft Tausenden von Aminosäuren, die durch **Peptidbindungen** zu einer oder mehreren **Polypeptid***-Ketten vereinigt sind. Die zahlreichen verschiedenen Proteintypen unterscheiden sich durch die Anordnung der Aminosäuren. Es gibt **Strukturproteine**, die die Grundbausteine neuer Zellen darstellen, und **katalytische Proteine** (**Enzyme***), die eine lebenswichtige Rolle bei der Kontrolle von Zellvorgängen spielen.

Pflanzen bauen Aminosäuren mit aufgenommenen Stoffen auf (s. **Photosynthese** 26) und stellen Proteine aus diesen Aminosäuren her. Tiere nehmen Proteine auf und spalten sie bei der Verdauung (s. 110) bis auf die einzelnen Aminosäuren auf. Sie werden zu allen Körperzellen transportiert und dort als Bausteine für den Aufbau neuer Proteine verwendet (s. **Ribosomen** 11).

Fette

Gruppe von Stoffen, die aus Kohlenstoff, Wasserstoff und geringen Mengen Sauerstoff aufgebaut sind. Pflanzen bauen Fette aus den Stoffen auf, die sie selber aufnehmen. Ihre Samen sind Nährstoffspeicher und enthalten die meisten Fette. Das gespeicherte Fett kann in **Glukose** (s. **Kohlenhydrate**) umgewandelt werden und als Energielieferant für die heranwachsende Pflanze dienen. Bei der Verdauung bauen Tiere Fette zu **Fettsäuren** und **Glyzerin** (s. 110) ab. Müssen diese Stoffe zur Energiegewinnung weiterhin abgebaut werden (wie die Glukose), so geschieht dies in der Leber. Einige der dabei entstehenden Substanzen kann die Leber in Glukose umwandeln, andere hingegen nicht. Diese werden dann anderswo zu einem anderen Stoff umgebaut.

Fettsäuren und Glyzerin, die nicht für die Energiegewinnung Verwendung finden, werden wieder zu Fettpartikeln aufgebaut und im Körpers z. B. als **Unterhautfettgewebe*** gespeichert.

*Wie alle Tiere können auch Menschen die nötigen **Nährstoffe** zur Energiegewinnung nicht selbst herstellen. Die Energie liefern sowohl Pflanzen (Früchte und Gemüse) als auch Tiere (Fleisch und Milch).*

* **Enzym**, 105; **Photosynthese**, 26; **Polypeptid**, 111; **Unterhautfettgewebe**, 82; **Zellatmung**, 106.

Ballaststoffe

Nahrungsbestandteile, die ein Tier oder der Mensch nicht verdauen kann, z.B. Hülsen von Erbsen und Linsen. Die meisten Ballaststoffe bestehen aus **Zellulose**, einem komplizierten **Kohlenhydrat**, das vor allem in **Zellwänden*** auftritt. Die meisten Tiere und auch der Mensch können Zellulose nicht abbauen, weil ihnen das nötige **Verdauungsenzym***, die **Zellulase**, fehlt. Einige Tiere, z.B. Landschnecken, haben dieses Enzym. Andere Tiere, die auf die Verdauung von Zellulose angewiesen sind, beschreiten einen ganz anderen Weg (s. **Pansen** 43). Ballaststoffe erfüllen eine wichtige Aufgabe, denn sie regen den Darm zu erhöhter Bewegung an.

Vitamine

Stoffe, die für Menschen und Tiere lebenswichtig sind und in geringen Mengen gebraucht werden. Viele Vitamine übernehmen eine Aufgabe als **Koenzyme***, d.h., sie helfen den **Enzymen*** bei der Katalyse chemischer Reaktionen (s. Liste auf 111).

Mineralsalze

Einfache chemische Stoffe, z.B. Phosphor und Kalk. Sie stellen lebenswichtige Bausteine pflanzlicher und tierischer Gewebe dar, etwa von Knochen und Zähnen. Viele sind in **Enzymen*** und **Vitaminen** enthalten. Eine Gruppe bilden die **Spurenelemente**, z.B. Kupfer und Jod, die in winzigen Mengen benötigt werden.

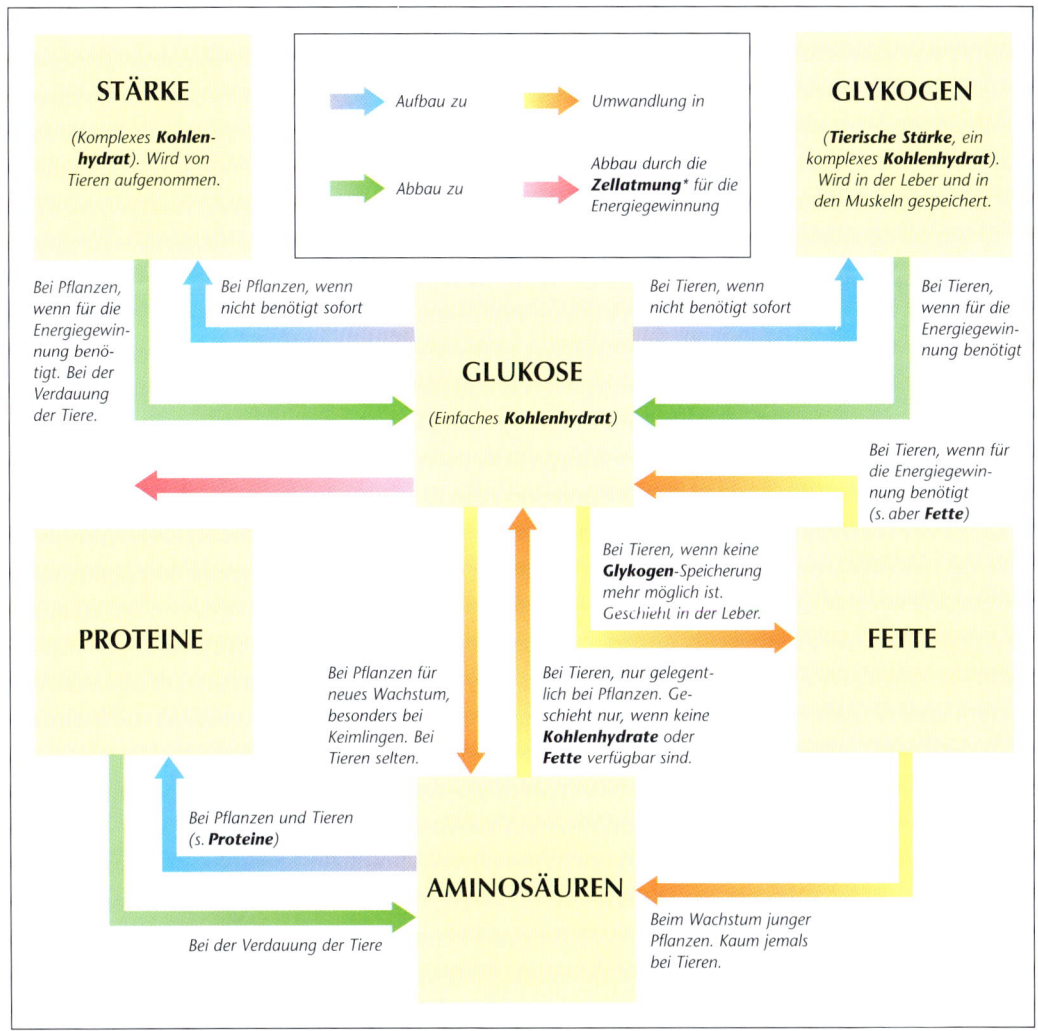

***Koenzym**, 105 (**Enzym**); **Verdauungsenzym**, 110; **Zellatmung**, 106; **Zellwand**, 10.

STOFFWECHSEL

Stoffwechsel oder **Metabolismus** bezeichnet alle eng miteinander verzahnten chemischen Reaktionen im Inneren eines Lebewesens. Es gibt zwei einander entgegengesetzte Gruppen von Reaktionen, den **Abbaustoffwechsel** (**Katabolismus**) und den **Aufbaustoffwechsel** (**Anabolismus**). Die Geschwindigkeit der Reaktionen hängt von äußeren und inneren Gegebenheiten ab, wobei die inneren Bedingungen möglichst konstant gehalten werden (s. **Homeostasis** 107).

Katabolismus

Alle chemischen Reaktionen, die zum Abbau von Stoffen im Körper führen. Deswegen sagt man auch **Abbaustoffwechsel** oder **Dissimilation**. Ein Beispiel dafür ist die Verdauung bei Tieren, bei der komplexe Stoffe zu einfacheren abgebaut werden (s. 110). Die einfacheren Stoffe werden zur Energiegewinnung im Innern der Zelle weiter abgebaut (**Zellatmung***). Beim Katabolismus wird stets Energie frei. Bei der Verdauung geht die meiste Wärme verloren, bei der Zellatmung hingegen wird sie für die Aktivitäten des Körpers verwendet. Wie alle chemischen Reaktionen erfordert der Katabolismus auch selbst Energie. Diese Energie ist aber stets geringer als die Energie, die der Abbaustoffwechsel erzeugt. Es besteht also ein steter Energieüberschuss.

*Bei körperlichen Anstrengungen wie Radfahren kann die **Stoffwechselrate** um das 15-fache höher liegen als beim **Grundumsatz**. Die Herzfrequenz steigt und es wird mehr Sauerstoff aufgenommen. Dies bewirkt einen schnelleren Abbau der Nahrung für die zusätzlich benötigte Energie. Eine zusätzliche Folge ist die steigende Körpertemperatur und die Produktion von Schweiß.*

Anabolismus

Alle Reaktionen, bei denen Stoffe im Körper aufgebaut werden. Deswegen spricht man auch von **Assimilation** oder **Aufbaustoffwechsel**. Ein Beispiel ist der Zusammenbau von Aminosäuren zu Proteinen (s. 102). Der Anabolismus benötigt stets Energie, denn die geringen Energiemengen, die während der Reaktionen frei werden, reichen niemals aus. Insgesamt muss für den Aufbaustoffwechsel Energie aufgewendet werden. Sie stammt vom Energieüberschuss des **Katabolismus**.

Stoffwechselrate

Die Geschwindigkeit, mit der metabolische Vorgänge vor sich gehen. Die Stoffwechselrate schwankt stark von Mensch zu Mensch, und selbst bei einer Person zeigt sie unter verschiedenen Bedingungen große Schwankungen. Die Stoffwechselrate nimmt unter Stress, körperlicher Beanspruchung und erhöhter Körpertemperatur zu. Die Messung der Stoffwechselrate wird deswegen bei ruhenden Patienten, bei normaler Körpertemperatur und nicht sofort nach körperlich anstrengender Tätigkeit vorgenommen. Diese Stoffwechselrate bezeichnen wir als **Grundumsatz**. Er wird in **Kilojoule** pro Quadratmeter Körperoberfläche und pro Stunde gemessen (s. Berechnungen auf 105).

Menschen mit einem hohen Grundumsatz können viel essen, ohne an Gewicht zuzunehmen, denn ihr Abbau (**Katabolismus**) von Nährstoffen geht so schnell vor sich, dass kaum Fett gespeichert wird. Eine solche Stoffwechselrate führt zu einem Energieüberschuss; nicht alle Energie wird für den Aufbaustoffwechsel (**Anabolismus**) verwendet. Menschen mit niederem Grundumsatz hingegen nehmen leicht zu. Die Stoffwechselrate wird von einer Reihe von **Hormonen*** beeinflusst, besonders von **STH**, **Thyroxin**, **Adrenalin** und **Noradrenalin**. Mehr über diese Hormone, s. 108–109.

* **Hormone**, 108; **Zellatmung**, 106.

Kilojoule

Einheit für die Wärmeenergie, vor allem im Zusammenhang mit dem **Katabolismus** von Nährstoffen. Diese Maßeinheit wird vorwiegend in der Biologie verwendet, da hier stets Wärmemengen eine Rolle spielen. Mit Kilojoule misst man den **Grundumsatz** (s. **Stoffwechselrate**) eines Menschen. Die Berechnung des Grundumsatzes beruht auf bekannten Tatsachen, die durch Messungen im so genannten Kalorimeter ermittelt wurden (siehe unten).

Feststellung des Grundumsatzes (Kilojoule/m²/h)

*1. Bekannte Tatsachen (durch Messungen mit dem so genannten **Kalorimeter** ermittelt):*
a) Wenn 1 Liter Sauerstoff für den Abbau von Kohlenhydraten verwendet wird, werden ungefähr 21,21 kJ produziert (d.h., so viel Energie, um 5050 Gramm Wasser um 1°C zu erwärmen).
b) Mit Fetten ergibt 1 Liter Sauerstoff ungefähr 19,74 kJ.
c) Mit Proteinen sind es ungefähr 19,32 kJ.

2. Erste Berechnung:
Wenn 1 Liter Sauerstoff zum Abbau von Nahrung ganz allgemein verwendet wird, so entsteht eine Wärmeenergie von 20,09 kJ. Das entspricht dem Mittelwert der drei oben genannten Zahlen (vorausgesetzt, die betreffende Prüfperson hat gleiche Mengen der drei Gruppen von Nährstoffen zu sich genommen).

3. Messung des Sauerstoffverbrauchs eines Menschen während einer vorgegebenen Zeit. Dazu verwendet man ein so genanntes Spirometer

Aufzeichnung der Kurve, wenn sich der Zylinder auf und ab bewegt.

Der allgemeine Trend führt nach oben, denn der Zylinder bewegt sich wegen des abnehmenden Sauerstoffvolumens abwärts.

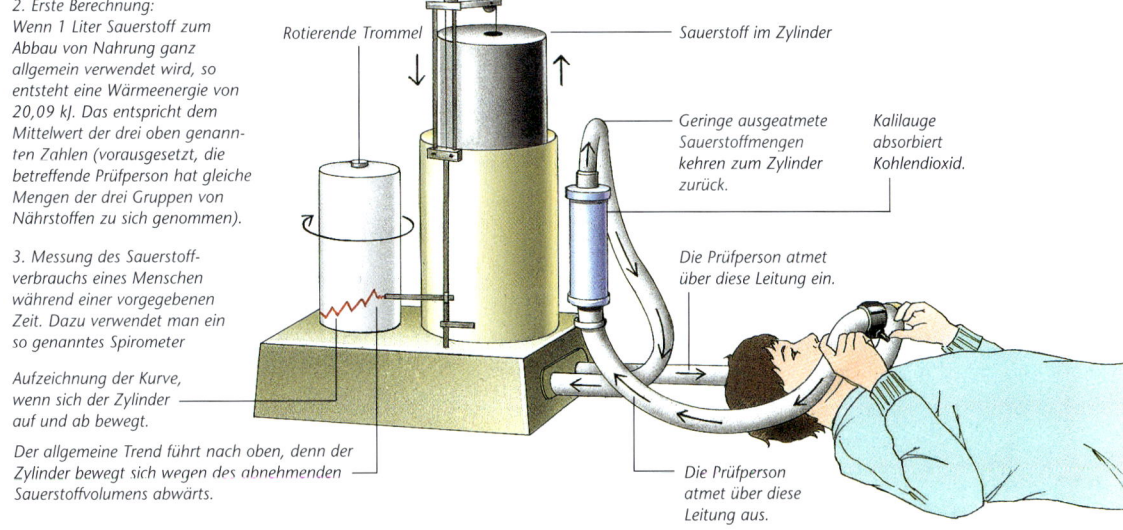

Rotierende Trommel

Sauerstoff im Zylinder

Geringe ausgeatmete Sauerstoffmengen kehren zum Zylinder zurück.

Kalilauge absorbiert Kohlendioxid.

Die Prüfperson atmet über diese Leitung ein.

Die Prüfperson atmet über diese Leitung aus.

Enzyme

Besondere Proteine (**katalytische Proteine**), die bei allen Lebewesen vorhanden sind und eine grundlegende Rolle bei allen chemischen Reaktionen spielen. Sie wirken nämlich als **Katalysatoren**, d.h., sie beschleunigen Reaktionen, ohne selbst daran teilzunehmen und verändert zu werden. Viele Enzyme haben andere Stoffe als „Helfer", die so genannten **Koenzyme**.

Diese Moleküle bringen die Produkte einer von einem Enzym katalysierten Reaktion zur nächsten Reaktion. Es gibt viele verschiedene Enzymtypen, z.B. **Verdauungsenzyme**, die den Abbau komplizierter Nährstoffe zu einfacheren löslichen Stoffen kontrollieren (s. 110–111). **Atmungsenzyme** kontrollieren den weiteren Abbau dieser einfachen Stoffe in den Zellen zur Energiegewinnung (d.h. zur **Zellatmung** 106).

ENERGIE FÜR LEBEN UND HOMEOSTASIS

Jedes Lebewesen braucht Energie für seine Aktivitäten. Diese Energie stammt aus einer Reihe chemischer Reaktionen im Inneren der Zellen, der **Zellatmung** oder **biologischen Oxidation**. Jede Zelle enthält verschiedene Nährstoffe – bei Pflanzen als Ergebnis der **Photosynthese*** und bei Tieren als Ergebnis des abbauenden Stoffwechsels (s. 110–111). Alle diese Stoffe besitzen in chemischer Form gespeicherte Energie. Sie wird beim Abbau durch die Zellatmung frei. In nahezu allen Fällen steht die Glukose im Zentrum des Geschehens (s. **Kohlenhydrate** und Diagramm 102–103). Man unterscheidet zwei Arten der Zellatmung, die **anaerobe Atmung** und die **aerobe Atmung**.

Anaerobe Atmung

Eine Art der **Zellatmung**, die ohne freien Sauerstoff auskommt. Sie findet in den Zellen aller Lebewesen statt und setzt nur geringe Energiemengen frei. Bei den meisten Organismen besteht sie aus einer Kette chemischer Reaktionen, die wir **Glykolyse** nennen. Dabei wird Glukose zu **Pyruvat** (**Brenztraubensäure**) abgebaut. Unter normalen Bedingungen schließt sich unmittelbar die **aerobe Atmung** an, die diese giftige Säure unter Vorhandensein von Sauerstoff weiter abbaut. Bei diesen späteren Vorgängen wird die meiste Energie gewonnen. Unter bestimmten Bedingungen hingegen kann sich der aerobe Abbau nicht unmittelbar daran anschließen. Dann findet ein weiteres Stadium der anaeroben Atmung statt (s. **Sauerstoffschuld**).

Bei einigen Lebewesen (Hefen, einige Bakterien) findet nur anaerobe Atmung statt. Sie liefert ihnen genügend Energie ohne Sauerstoff zu verwenden.

Aerobe Atmung

Eine Art der **Zellatmung**, die nur dann stattfinden kann, wenn freier, vom Körper aufgenommener Sauerstoff vorhanden ist. Die weitaus meisten Lebewesen gewinnen den größten Teil ihrer Energie durch **aerobe Atmung**. Sie schließt sich an ein Stadium der **anaeroben Atmung** an. Sauerstoff wird vom Blut herangeführt und in jede Körperzelle aufgenommen. Er reagiert in den **Mitochondrien*** mit der **Brenztraubensäure**, dem Endprodukt der anaeroben Atmung. Die Endprodukte der Reaktionskette sind Kohlendioxid und Wasser. Die freigegebene chemische Energie wird in Form von **ATP** gespeichert. Die aerobe Atmung ist ein Beispiel für eine **Oxidation**, also den Abbau eines Stoffes mithilfe von Sauerstoff.

Reaktion der aeroben Atmung

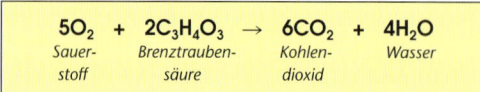

$$5O_2 \ + \ 2C_3H_4O_3 \ \rightarrow \ 6CO_2 \ + \ 4H_2O$$

| Sauer-stoff | Brenztrauben-säure | Kohlen-dioxid | Wasser |

Sauerstoffschuld

Eine Sauerstoffschuld tritt dann auf, wenn ein Lebewesen mit sonst **aerober Atmung** extreme körperliche Leistungen vollbringt. Unter diesen Bedingungen verbrauchen die Zellen des Organismus den Sauerstoff schneller, als sie ihn aufnehmen können. Dies führt dazu, dass nicht genügend Sauerstoff für den Abbau der giftigen **Brenztraubensäure** vorhanden ist, die im ersten **anaeroben** Stadium der Atmung entstanden ist. Die Säure wird in weiteren anaeroben Reaktionen schließlich zur wesentlich weniger giftigen **Milchsäure** umgewandelt. In diesem Fall sagen wir, der Körper hat eine Sauerstoffschuld. Die Schuld wird später „bezahlt", indem der Körper Sauerstoff schneller als üblich für den Abbau der Milchsäure aufnimmt.

*Bei plötzlicher starker körperlicher Anstrengung (100m-Lauf) verbrauchen die Zellen mehr Sauerstoff, als aufgenommen wird. Es entsteht **Milchsäure**.*

*Bei längeren, weniger intensiven Aktivitäten, z. B. beim Jogging, bildet sich die **Milchsäure** langsamer.*

* **Mitochondrium**, 12; **Photosynthese**, 26.

ADP (Adenosindiphosphat) und ATP (Adenosintriphosphat)

Diese beiden chemischen Stoffe haben als Hauptbestandteil das **Adenosin**. Es verbindet sich mit zwei (ADP) oder drei **Phosphatgruppen** (ATP). Eine Phosphatgruppe setzt sich aus Phosphor-, Sauerstoff- und Wasserstoffatomen zusammen. Sie kann sich mit anderen Stoffen verbinden, auch mit weiteren Phosphatgruppen eine Kette bilden.

Wenn bei der **aeroben Atmung** chemische Energie frei wird, verwendet sie der Körper dazu, um ADP-Moleküle durch Anheftung einer dritten Phosphatgruppe in ATP-Moleküle zu verwandeln. Die Energie, die für diesen Schritt benötigt wird, ist also im Adenosintriphosphat gespeichert. Dieser Stoff lässt sich leicht in allen Zellen lagern. Er tritt in besonders großen Mengen in Zellen mit einem hohen Energiebedarf auf, z. B. in Muskelzellen. Wird die gespeicherte Energie benötigt, wandelt der Körper ATP zurück in ADP um. Dadurch wird die gespeicherte Energie wieder frei und kann für weitere Zellaktivitäten verwendet werden.

ADP und ATP

Adenin + Ribose = Adenosin

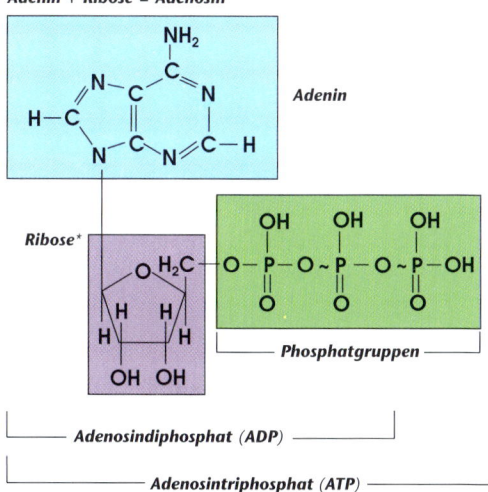

Adenin

Ribose*

Phosphatgruppen

Adenosindiphosphat (ADP)

Adenosintriphosphat (ATP)

Umwandlung von ATP in ADP

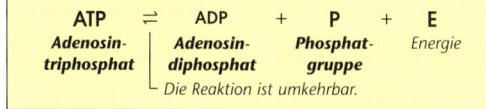

ATP	⇌	ADP	+	P	+	E
Adenosintriphosphat		**Adenosindiphosphat**		**Phosphatgruppe**		*Energie*

Die Reaktion ist umkehrbar.

Homeostasis

Krokodil gibt Hitze ab.

Aufrechterhaltung einer bestimmten **inneren Umgebung**, z. B. konstante Temperatur, konstante chemische Zusammensetzung, Menge und Druck von Körperflüssigkeiten, konstanter **Grundumsatz*** usw.

Sie ist eine Grundvoraussetzung für die Funktion des Körpers und beinhaltet auch, dass jede Abweichung von der Norm entdeckt und durch Gegenmaßnahmen korrigiert wird. Am besten können dies die höchsten Lebewesen, die Vögel und die **Säugetiere***. Sie entdecken Abweichungen durch eine **Rückmeldung** von Informationen zu den Kontrollorganen. Der Blutzuckerspiegel z. B. wird von der Bauchspeicheldrüse überprüft. Abweichungen werden durch **negative Rückmeldungen** korrigiert. Wenn der Blutzuckerspiegel zu hoch wird, reagiert die Bauchspeicheldrüse darauf, indem sie mehr **Insulin*** zum Abbau des Zuckers produziert (s. **antagonistische Hormone** 108).

Die meisten Reaktionen zur Aufrechterhaltung des inneren Gleichgewichts werden von Hormonen kontrolliert. Viele unter ihnen stehen wiederum unter der Kontrolle des **Hypothalamus*** im Gehirn. Ein Beispiel für die Bedeutung des Hypothalamus ist die Kontrolle der Körpertemperatur. Alle Vögel und Säugetiere sind **gleichwarm** oder **homöotherm**, d. h., sie behalten eine konstante Körpertemperatur ungeachtet der äußeren Bedingungen (das Gegenteil dazu heißt **wechselwarm** oder **poikilotherm**). Ein „Thermostat" im Hypothalamus, die **Area praeoptica**, stellt alle Veränderungen der Körpertemperatur fest und sendet Impulse entweder zu einem Gebiet, das den **Hitzeverlust** regelt, oder zu einem Gebiet, das die **Wärmezunahme** kontrolliert. Beide liegen ebenfalls im Hypothalamus. Diese Zentren wiederum veranlassen, dass der Körper durch unterschiedliche Handlungen Wärme entweder verliert oder produziert.

*Pinguine sind **homöotherm**. Sie können genug Wärme produzieren, um ihren Körper, Eier und Jungen gleich warm zu halten.*

* **Grundumsatz**, 104; **Hypothalamus**, 75; **Insulin**, 108; **Ribose**, 96; **Säugetiere**, 113.

107

HORMONE

Hormone sind besondere chemische „Boten-stoffe", die unterschiedliche Tätigkeiten im Inneren eines Lebewesens kontrollieren. Auf diesen beiden Seiten behandeln wir die Hormone des Menschen und seiner nächsten Verwandten. Auch Pflanzen stellen Hormone (**Phytohormone**) her, doch ist ihre Wirkungs-weise in vielen Fällen noch nicht klar (s. **Trennungsschicht** 21; **Photoperiode** und **Wachstumshormone** 23).

Hormone werden von endokrinen **Drüsen*** abgegeben. Einige Hormone wirken nur auf bestimmte Körperteile, Organe oder Zellen ein. Andere führen zu einer allgemeineren Reaktion. Das Hauptkontrollorgan der Hormonproduktion ist der **Hypothalamus***. Er überwacht die Produktion vieler Hormon-drüsen, hauptsächlich dadurch, dass er die **Hypophyse*** kontrolliert, die ihrerseits zahl-reiche andere Hormondrüsen kontrolliert. Der Hypothalamus regt die Hypophyse zur Hormonproduktion an, indem er **Regula-tionsfaktoren** zum **Vorderlappen** und Ner-venimpulse zum **Hinterlappen** sendet. Die Produktion ist wichtig für die **Homeostasis***.

Regulationsfaktoren

Besondere chemische Stoffe, die die Produktion von Hormonen und damit viele lebenswichtige Körperfunktio-nen kontrollieren. Sie werden vom **Hypothalamus*** zum Vorderlappen der **Hypophyse*** entsandt. Es gibt zwei Arten: Die **Releasing-Faktoren** (**RF**) (**Releaser-Hormone**) bewirken, dass die betreffende Drüse Hormone abgibt, die **Hemmfaktoren** stoppen diese Produktion. **FSHRF** (**FSH-Releasing-Faktor**) und **LHRF** (**LH-Releasing-Faktor**) bewirken z. B., dass die Hormone **FSH** und **LH** (s. Tabelle) ausgeschüttet werden. Damit beginnt die **Pubertät***. Viele Regulationsfaktoren sind wichtig für die **Homeostasis***.

Antagonistische Hormone

Hormone, die gegensätzliche Wirkungen auslösen, z. B. **Glukagon** und **Insulin** (s. Tabelle). Wenn der Blutzucker-spiegel zu sehr sinkt, produziert die Bauchspeicheldrüse Glukagon, um ihn zu erhöhen. Ein zu hoher Blutzucker-spiegel veranlasst die Bauchspeicheldrüse Insulin zu dessen Senkung auszuschütten (s. **Homeostasis** 107).

HORMONE	
ACTH (*Adrenocorticotropes Hormon*) oder **Adrenocorticotropin**	
TTH (*Thyreotropes Hormon*) oder **Thyreotropin**	
STH (*Somatotropes Hormon*) oder **Somatotropin**, *auch* **Wachstumshormon**	
FSH (*Follikelstimulierendes Hormon*)	
LH (*Luteinisierendes Hormon*). *Bei Männern auch* **ICSH** *genannt.*	
Prolaktin	
Oxytocin	
ADH (*Antidiuretisches Hormon*) oder **Vasopressin**	
Thyroxin	
TCT (*Thyreocalcitonin*) oder **Calcitonin**	
PTH (*Parathyroidhormon*) oder **Parathormon**	
Adrenalin oder **Epinephrin** **Noradrenalin** oder **Norepinephrin**	
Aldosteron	
Cortison **Hydrocortison** oder **Cortisol**	
Östrogen (*weibliches* **Geschlechtshormon**) **Progesteron** (*weibliches* **Geschlechtshormon**)	
Androgen (*männliche* **Geschlechtshormone**), *besonders* **Testosteron**	
Gastrin	
Cholezystokinin	
Sekretin/Pankreozymin	
Enterocrinin	
Insulin	
Glukagon	

ORT DER PRODUKTION	WIRKUNGEN
Hypophyse (Seite 69) (**Vorderlappen**)	Stimuliert die Hormonproduktion in der **Rinde** der **Nebennieren** (Seite 69).
Hypophyse (Seite 69) (**Vorderlappen**)	Stimuliert die Produktion von **Thyroxin** in der **Schilddrüse** (Seite 69).
Hypophyse (Seite 69) (**Vorderlappen**)	Stimuliert das Wachstum durch Erhöhung der Rate, mit der Aminosäuren in den Zellen zu Proteinen verbunden werden.
Hypophyse (Seite 69) (**Vorderlappen**)	Arbeitet mit **LH** zusammen und stimuliert bei Frauen die Entwicklung reifer **Eizellen** in den **Eibläschen** (Seite 89) sowie die Abgabe von **Östrogen** durch die Follikel in frühen Stadien des **Menstruationszyklus** (Seite 90). Bewirkt bei Männern die Bildung von **Samen** (Seite 92).
Hypophyse (Seite 69) (**Vorderlappen**)	Stimuliert die **Ovulation** (Seite 90), die Bildung des **Gelbkörpers** (Seite 90) und dessen Ausschüttung von **Östrogen** und **Progesteron**. Bewirkt zusammen mit **Östrogen** und **Progesteron** die Verdickung der Schleimhaut der **Gebärmutter** (Seite 89). Stimuliert bei Männern die Produktion von **Androgenen**.
Hypophyse (Seite 69) (**Vorderlappen**)	Bewirkt zusammen mit **LH**, dass der **Gelbkörper** (Seite 90) Hormone ausschüttet. Stimuliert die Milchproduktion nach der Geburt.
Hypothalamus (Seite 75). Wird in der **Hypophyse** (**Hinterlappen**) aufgebaut.	Bewirkt Muskelkontraktionen der **Gebärmutter** (Seite 89) während der Wehen und die Abgabe von Milch nach der Geburt.
Hypothalamus (Seite 75). Wird in der **Hypophyse** (**Hinterlappen**) aufgebaut.	Erhöht die Menge des Wassers, das von den **Nierenkanälchen** (Seite 73) ins Blut rückresorbiert wird.
Schilddrüse (Seite 69)	Erhöht die Geschwindigkeit des Nahrungsabbaus und damit die Energieproduktion und führt zu steigender Körpertemperatur. Kontrolliert zusammen mit **STH** bei jungen Menschen die Wachstums- und Entwicklungsgeschwindigkeit. Enthält Jod.
Schilddrüse (Seite 69)	Führt zu einer Erniedrigung des Kalzium- und Phosphorspiegels im Blut, indem es die Freisetzung aus den Knochen, wo diese Stoffe gespeichert sind, reduziert.
Nebenschilddrüsen (Seite 69)	Erhöht den Kalziumspiegel im Blut durch dessen erhöhte Freisetzung aus den Knochen. Erniedrigt den Phosphorspiegel.
Nebennieren (Seite 69) (**Mark**). Auch in Nervenendigungen. Wird bei Erregung oder Gefahr abgegeben.	Regt die Leber an, mehr Glukose für die Energieproduktion ins Blut abzugeben. Erhöht die Herzschlagfrequenz, führt zu schnellerer Atmung und zur Kontraktion von Blutgefäßen.
Nebennieren (Seite 69) (**Rinde**)	Erhöht den Natrium- und Wassergehalt im Blut, indem es die Rückresorption dieser Stoffe in den **Nierenkanälchen** (Seite 73) fördert.
Nebennieren (Seite 69) (**Rinde**)	Erhöhen die Geschwindigkeit des Nährstoffabbaus zur Energiegewinnung und erhöhen damit die Widerstandskraft gegenüber Belastungen. Lindern Entzündungen.
Zur Hauptsache in **Eibläschen** (Seite 89) und im **Gelbkörper** (Seite 90) in den **Eierstöcken** (weibliche Geschlechtsorgane, Seite 89). Während der Schwangerschaft auch in der **Plazenta** (Seite 91).	Östrogen aktiviert die Entwicklung **sekundärer Geschlechtsmerkmale** in der **Pubertät** (Seite 90), z. B. das Wachstum der Brüste. Beide Hormone bereiten die **Milchdrüsen** für die Milchproduktion vor. Zusammen mit **LH** bewirken sie eine Verdickung der Schleimhaut der **Gebärmutter** (Seite 89). Progesteron dominiert gegen das Ende des **Menstruationszyklus** (Seite 90) und während der Schwangerschaft. Es erhält dann die Gebärmutterschleimhaut und die Milchdrüsen funktionsbereit.
Hauptsächlich in **Leydigschen Zwischenzellen** in **Hoden** (männliche Geschlechtsorgane, Seite 88).	Aktiviert die Entwicklung und Aufrechterhaltung **sekundärer Geschlechtsmerkmale** bei der **Pubertät** (Seite 90), z. B. das Bartwachstum.
Zellen im Magen	Stimuliert die Produktion von **Magensaft** (Seite 110).
Zellen im Dünndarm	Stimuliert die Öffnung des **Ringmuskels** um den gemeinsamen Ausführgang von **Galle** und Bauchspeicheldrüse, die Kontraktion der **Gallenblase** und die Abgabe von **Galle** (Seite 69) in den **Zwölffingerdarm** (Seite 67).
Zellen im Dünndarm	Regen die Bauchspeicheldrüse zur Produktion von **Bauchspeichel** (Seite 110) und zu dessen Abgabe in den **Zwölffingerdarm** (Seite 67) an.
Zellen im Dünndarm	Stimuliert die Produktion von **Darmsaft** (Seite 110).
Bauchspeicheldrüse bei zu hohem Blutzuckerspiegel	Regt die Leber an, mehr Glukose in den Speicherstoff Glykogen zu verwandeln (Seite 103). Beschleunigt auch den Glukosetransport zu den Zellen.
Bauchspeicheldrüse bei zu niedrigem Blutzuckerspiegel	Stimuliert die Umwandlung von Glykogen zu Glukose in der Leber (Seite 103) sowie die Umwandlung von Fetten und Proteinen in Glukose.

VERDAUUNGSSÄFTE UND -ENZYME

Alle **Verdauungssäfte*** des menschlichen Körpers, die von **Verdauungsdrüsen*** in den Darm abgegeben werden, enthalten **Enzyme***, die den Abbau der Nahrung in einfache lösliche Nährstoffe kontrollieren. Man nennt sie auch **Verdauungsenzyme** und kann sie in drei Gruppen einteilen: **Amylasen** (oder **Diastasen**) fördern den Abbau von **Kohlenhydraten***; am Ende entstehen dabei **Monosaccharide** (siehe „**Verwendete Fachbegriffe**" 111). **Proteasen** (oder **Peptidasen**) beschleunigen den Abbau von **Proteinen** zu **Aminosäuren***, indem sie die **Peptidbindungen** (s. **Proteine** 102) angreifen. **Lipasen** beschleunigen den Abbau von **Fetten** zu **Glyzerin** und **Fettsäuren** (s. **Fette** 102). Die Tabelle zeigt die Verdauungssäfte des Körpers mit ihren Enzymen und deren Wirkung.

Verdauungssaft: Speichel

Ort der Produktion: Speicheldrüsen* im Mund

Verdauungsenzym: Amylase des Speichels (oder **Ptyalin**)

Wirkungen: Beginn des Abbaus der **Kohlenhydrate*** Stärke und **Glykogen** (Polysaccharide), s. 103.

Produziert: etwas **Dextrin** (ein kürzeres **Polysaccharid**), s. Anmerkung 1.

Verdauungssaft: Galle

Ort der Produktion: Leber. Wird von der **Gallenblase*** gespeichert und in den Dünndarm abgegeben (s. **Cholezystokinin** 108).

Bestandteile: Gallensalze und **Gallensäuren**

Wirkungen: Zerkleinert **Fette*** (und Zwischenverbindungen) in winzige Teilchen. Dieser Vorgang heißt **Emulgierung**.

Verdauungssaft: Magensaft

Ort der Produktion: Magendrüsen* in der Magenwand. Werden in den Magen abgegeben (s. **Gastrin** 108).

Verdauungsenzyme (sowie ein weiterer Bestandteil):
1. **Pepsin** (**Protease**), s. Anmerkung 2.
2. **Labferment** (**Protease**). Nur beim Baby vorhanden.
3. **Salzsäure**
4. **Magenlipase**. Hauptsächlich beim Baby vorhanden.

Wirkungen:
1. Beginn des Abbaus der **Proteine*** (**Polypeptide**).
2. Fällt (zusammen mit Kalzium) Milch aus, d. h. es wirkt auf **Protein** (**Casein**) ein, s. Anmerkung 3.
3. Aktiviert **Pepsin** (s. Anmerkung 2), fällt Milch bei Erwachsenen aus (s. Anmerkung 3) und tötet Bakterien ab.
4. Beginnt mit dem Abbau von **Fetten*** in der Milch.

Produziert:
1. Kürzere **Polypeptide**
2., 3. **Gefällte** Milch, Bruch
4. Zwischenstufen

Verdauungssaft: Darmsaft

Ort der Produktion: Lieberkühn'sche Drüsen* in der Dünndarmwand. Der Verdauungssaft wird unter dem Einfluss des **Enterocrinins** in den Dünndarm abgegeben (s. 108).

Verdauungsenzyme:
1. **Maltase** (**Amylase**)
2. **Ivertase** (**Saccharase**) (**Amylase**)
3. **Laktase** (**Amylase**)
4. **Enterokinase**; s. Anmerkung 2.

Wirkungen:
1. Baut **Maltose** (**Disaccharid**) ab.
2. Baut **Saccharose** (**Disaccharid**) ab.
3. Baut **Laktose** (**Disaccharid**) ab.
4. Vollendet den Abbau der **Proteine*** (**Dipeptide**).

Produziert:
1. **Glukose** (oder **Dextrose**) (**Monosaccharid**)
2. **Glukose** und **Fruktose** (**Monosaccharide**)
3. **Glukose** und **Galaktose** (**Monosaccharide**)
4. **Aminosäuren***

Verdauungssaft: Bauchspeichel

Ort der Produktion: Bauchspeicheldrüse. Wird in den Dünndarm abgegeben (s. **Sekretin** 108).

Verdauungsenzyme:
1. **Trypsin** (**Protease**); siehe Anmerkung 2.
2. **Chymotrypsin** (**Protease**); siehe Anmerkung 2.
3. **Carboxypeptidase** (**Protease**); siehe Anmerkung 2.
4. **Amylase** der **Bauchspeicheldrüse**
5. **Lipase** der **Bauchspeicheldrüse**

Wirkungen:
1., 2., 3. Fahren im Abbau der **Proteine*** (längere und kürzere **Polypeptide**) fort.
4. Führt den Abbau von **Kohlenhydraten*** weiter.
5. Baut **Fette*** ab.

Produziert:
1., 2., 3. **Dipeptide** und einige **Aminosäuren***.
4. **Maltose** (**Disaccharide**).
5. **Glyzerin** und **Fettsäuren** (s. **Fette** 102).

Anmerkungen

1. In diesem Stadium wird nicht viel **Dextrin** produziert, da sich der Nahrungsbissen nicht genügend lange im Mund befindet. Die meisten Kohlenhydrate passieren den Mund unverändert.

2. **Proteasen** werden zuerst in inaktiven Formen abgegeben, um zu verhindern, dass sie den Verdauungskanal, der wie der größte Teil des Körpers aus **Proteinen*** besteht, selbst auflösen. Erst im Verdauungskanal (der von einer **Schleimhaut*** geschützt wird) werden diese inaktiven Proteasen in aktive Formen umgewandelt. **Salzsäure** verwandelt das inaktive **Pepsinogen** in **Pepsin**, die **Enterokinase** verwandelt das **Trypsinogen** in **Trypsin**, und das **Trypsin** bewirkt dann, dass **Chymotrypsinogen** zu **Chymotrypsin** und **Procarboxypeptidase** zu **Carboxypeptidase** wird.

3. Die Wirkungen des **Labferments** und der **Salzsäure** bei der Fällung der Milch ist lebenswichtig, da flüssige Milch zu schnell durch den Verdauungskanal ziehen würde, um verdaut zu werden.

---

* **Aminosäure**, 102 (**Protein**); **Enzym**, 105; **Fett**, 102; **Gallenblase**, 69; **Kohlenhydrat**, 102; **Lieberkühn'sche Drüse**, **Magendrüsen**, 68 (**Verdauungsdrüse**); **Protein**, 102; **Schleimhaut**, 67; **Speicheldrüse**, 68; **Verdauungssaft**, 68 (**Verdauungsdrüse**).

Verwendete Fachbegriffe

Polysaccharide

Die komplexesten **Kohlenhydrate***. Jedes Polysaccharid stellt eine Kette zahlreicher **Monosaccharid**-Moleküle dar. Die meisten Kohlenhydrate, die wir in den Körper aufnehmen, gehören zu den Polysacchariden, z. B. **Stärke** (Hauptpolysaccharid in Nahrungspflanzen) und **Glykogen** (Hauptpolysaccharid in tierischer Substanz). Mehr über Stärke und Glykogen s. 103.

Disaccharide

Verbindungen aus zwei **Monosaccharid**-Molekülen. Disaccharide treten entweder beim Abbau von **Polysacchariden** als Zwischenstufen auf oder sie werden als solche in den Körper aufgenommen, es wie etwa bei der **Saccharose** und der **Laktose** der Fall ist (Saccharose kommt in der Zuckerrübe und im Zuckerrohr vor, Laktose in Milch).

Monosaccharide

Die einfachsten **Kohlenhydrate***. Fast alle gehen aus dem Abbau von **Polysacchariden** hervor. Die **Fruktose** wird als solche in den Körper aufgenommen (z. B. in Fruchtsäften) oder geht aus dem Abbau von **Saccharose** hervor. Das Endprodukt des Abbaus aller Kohlenhydrate ist die **Glukose**; die Fruktose und die **Galaktose** werden von der Leber in Glukose umgebaut.

Polypeptide

Polypeptide sind Ketten aus Hunderten oder Tausenden von **Aminosäure***-Molekülen (s. **Proteine** 102).

Dipeptide

Ketten von zwei **Aminosäure***-Molekülen. Dipeptide treten als Zwischenstufen beim Abbau von **Polypeptiden** auf.

Vitamine und ihre Wirkungen

Vitamin A (Retinol, Axerophthol)

Vorkommen: Leber, Niere, Öle aus Fischleber wie Lebertran, Eier, Milchprodukte, Margarine, **Pigmente*** (**Karotin**) in grünen und gelben Früchten und Gemüsen, besonders Tomaten, Karotten. Das Karotin wird im Darm in Vitamin A umgewandelt.

Wirkungen: Erhält die Gesundheit von **Epithel***-Zellen, fördert das Wachstum, besonders von Knochen und Zähnen. Wesentlich für das Sehvermögen in der Dämmerung und nachts: Spielt bei der Bildung des lichtempfindlichen **Pigments*** Rhodopsin (Sehpurpur) eine Rolle, das in den **Stäbchen** der **Netzhaut*** auftritt. Fördert die Widerstandskraft gegenüber Infektionen.

Vitamin-B-Komplex

Eine Gruppe von mindestens zehn Vitaminen, die im Allgemeinen zusammen auftreten. Darunter sind: **Vitamin B$_1$** (**Thiamin, Aneurin**), **Vitamin B$_2$** (**Riboflavin**), **Vitamin B$_3$** (**Niacin** oder **Nikotinsäure**), **Vitamin B$_5$** (**Pantothensäure**), **Vitamin B$_6$** (**Pyridoxin**), **Vitamin B$_{12}$** (**Cyanocobalamin** oder **antianämisches Vitamin**), **Vitamin B$_C$** oder **M** (**Folsäure**), **Biotin** (bisweilen **Vitamin H** genannt), **Lezithin.**

Vorkommen: Alle kommen in Leber und Hefe vor. Alle mit Ausnahme von Vitamin B$_{12}$ in naturbelassenem Getreide und Vollkornbrot, Weizenkeimen, grünen Gemüsen, z. B. Bohnen. B$_{12}$ tritt in keinem pflanzlichen Produkt auf. B$_2$ und B$_{12}$ besonders in Milchprodukten. Die meisten auch in Eiern, Nüssen, Fischen, magerem Fleisch, Nieren, Kartoffeln. B$_6$, Folsäure und Biotin werden auch von Darmbakterien hergestellt.

Wirkungen: Die meisten Vitamine dieser Gruppe sind für das Wachstum und für die Gesundheit der Gewebe wichtig, z. B. der Muskeln (B$_1$, B$_6$), der Nerven (B$_1$, B$_3$, B$_6$, B$_{12}$), der Haut (B$_2$, B$_3$, B$_5$, B$_6$, B$_{12}$), der Haare (B$_2$, B$_5$). B$_3$, B$_6$ und Lecithin helfen bei der kontinuierlichen Funktion von Körperorganen. Die meisten (B$_1$, B$_2$, B$_3$, B$_5$, B$_6$, B$_{12}$) sind wesentliche **Koenzyme***, die beim Abbau von Nährstoffen die Energiegewinnung fördern (**Zellatmung***). Viele, darunter B$_2$, B$_6$ und B$_{12}$, sind auch Koenzyme, die am Aufbau von Stoffen (**Proteine***) für das Wachstum, für die Regulierung der Körperfunktionen und die Krankheitsabwehr beteiligt sind. B$_{12}$ und Folsäure sind lebenswichtig für die Bildung von Blutzellen, B$_5$ und B$_6$ für die Herstellung bestimmter chemischer Stoffe in Nerven (**Neurotransmitter***).

Vitamin C (Ascorbinsäure)

Vorkommen: Grüne Gemüse, Kartoffeln, Tomaten, Zitrusfrüchte wie Orangen, Grapefruits und Zitronen.

Wirkungen: Wichtig für das Wachstum und die Gesundheit von Körpergeweben, z. B. der Haut, der Blutgefäße, der Knochen, des Zahnfleisches und der Zähne. Wichtiges **Koenzym*** bei vielen Stoffwechselreaktionen, besonders beim Abbau von **Proteinen*** und beim Aufbau neuer Proteine ausgehend von **Aminosäuren*** (vor allem **kollagener Proteine**, s. Bindegewebe 52). Spielt auch eine Rolle bei der Abwehr gegenüber Infektionen und bei der Wundheilung.

Vitamin D (Calciferol)

Vorkommen: Leber, Öle aus Fischleber wie Lebertran, ölhaltige Fische, Milchprodukte, Eidotter, Margarine, eine besondere Form (Provitamin D$_3$) in Hautzellen (wird bei Sonnenbestrahlung in Vitamin D umgewandelt).

Wirkungen: Wesentlich für die Aufnahme von Kalzium und Phosphor und ihre Ablagerung in Zähnen und Knochen. Kann zusammen mit dem **Hormon PTH*** wirksam werden.

Vitamin E (Tokopherol)

Vorkommen: Fleisch, Eidotter, grüne Blattgemüse, Nüsse, Milchprodukte, Getreide, Vollkornbrot, Weizenkeime, Samen und pflanzliche Öle.

Wirkungen: Noch nicht völlig aufgeklärt. Man nimmt an, dass das Vitamin E bei der Bildung von **DNS***, **RNS** und roten Blutkörperchen eine Rolle spielt. Ferner soll es die Fruchtbarkeit und den Abbau von Nährstoffen in Muskelzellen fördern.

Vitamin K (Phyllochinon)

Vorkommen: Leber, Früchte, Nüsse, Getreide, Tomaten, grüne Gemüse, besonders Kohl, Blumenkohl, Spinat. Wird auch von Darmbakterien hergestellt.

Wirkungen: Wesentlich für die Bildung von **Prothrombin*** in der Leber. Dieser Stoff spielt bei der Blutgerinnung eine entscheidende Rolle.

---

* **Aminosäure**, 102 (**Protein**); **DNS**, 96 (**Nukleinsäure**); **Epithel**, 82 (**Oberhaut**); **Koenzym**, 105 (**Enzym**); **Kohlenhydrat**, 102; **Netzhaut**, 85; **Neurotransmitter**, 77 (**Synapse**); **Pigment**, 27; **Protein**, 102; **Prothrombin**, 59 (**Blutgerinnung**); **PTH**, 108; **Zellatmung**, 106.

DIE KLASSIFIKATION DER LEBEWESEN

Callicore cyllene

Callicore mengeli

Agrias claudina

*Diese Schmetterlinge sind so selten, dass sie keinen Allgemeinnamen, sondern nur einen **Binominal**-Namen haben.*

Die **Taxonomie** oder **Systematik** beschäftigt sich damit, die Lebewesen nach gemeinsamen Merkmalen in Gruppen einzuteilen. Die **klassische Taxonomie** gliedert ihre Gruppen nach der gegenseitigen Verwandtschaft und stützt sich dabei vorwiegend auf strukturelle Merkmale. Dabei unterscheidet man zunächst in **Reiche** und in zahlreiche weitere kleinere Gruppierungen.

Die ersten Gruppierungen unterhalb der Reiche nennen wir **Unterreiche**; einige Klassifikationen der Pflanzen unterscheiden jedoch keine Unterreiche. Die nächste Kategorie heißt bei den Tieren **Stamm** und bei den Pflanzen **Abteilung**. Die darauf folgenden Kategorien heißen **Klasse**, **Ordnung**, **Familie**, **Gattung** und schließlich **Art**. Die Art stellt die kleinste Einheit der Systematik dar. Zu einer Art gehören alle Lebewesen, die sich untereinander paaren und Nachkommen zeugen können.

Einige Abteilungen oder Stämme mit nur wenigen Mitgliedern weisen nicht alle diese Gruppierungen auf: Die nächste Gruppe nach dem Stamm ist die Ordnung, daran schließen sich Familie, Gattung und Art an. Für besonders artenreiche Gruppen gibt es Zwischenkategorien, z. B. **Unterfamilien**, **Unterklassen** oder **Unterstämme**.

Auf manchen Gebieten der Pflanzen- und Tiersystematik ist die Diskussion jedoch noch offen. Die meisten Wissenschaftler teilen die Lebewesen in fünf Reiche ein (s. Tabelle auf 113). Einige tendieren aber zu einer Einteilung in vier Reiche: **Tiere** (mit **Protisten**), **Pflanzen** (mit **Pilzen** und **Algen**), **Monera** und **Viren**. Das Diagramm unten zeigt das Reich der Pflanzen.

Nomenklatur

Bezeichnung der Organismen. Die Namen der **Arten** sind lateinisch angegeben, so dass die Biologen weltweit demselben System folgen können. Das ist nötig, weil viele Arten in verschiedenen Teilen der Erde andere Allgemeinnamen haben. Z. B. gibt es im Verbreitungsgebiet des Herings *Alosa pseudoharengus* sechs verschiedene Namen für diese Art.

Im **Binominalen System** hat jeder Organismus einen zusammengesetzten Namen aus zwei Wörtern. Das erste Wort ist der **Gattungsname** und das zweite bezeichnet die Art innerhalb der Gattung. Die lateinischen Namen werden von der Internationalen Kommission für Zoologische Nomenklatur mit Sitz im Natural History Museum, London überwacht. Viele Namen nehmen direkten Bezug auf Größe, Körperbau oder Habitat der Art. Der große Ameisenbär z. B. heißt *Myrmecophaga tridactyla (myrmeco = Ameise phag = essen, tri = drei, dactyl = Finger)*. Die Begriffe umschreiben die Nahrung und die drei großen, grabenden Klauen der Vorderbeine.

Großer Ameisenbär

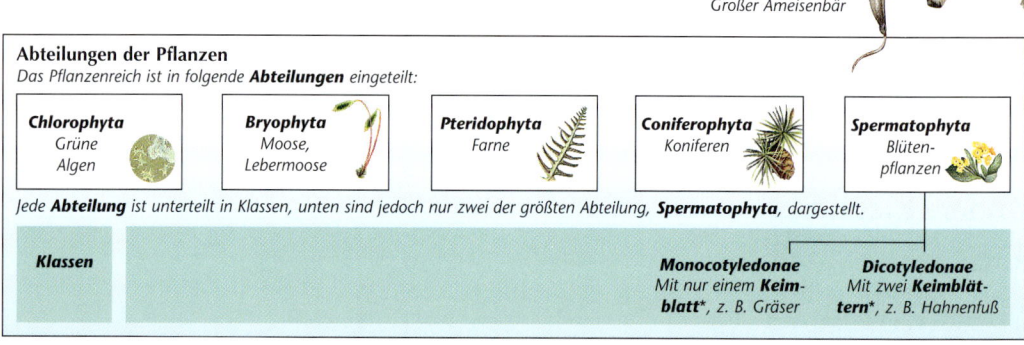

Abteilungen der Pflanzen
*Das Pflanzenreich ist in folgende **Abteilungen** eingeteilt:*

Chlorophyta Grüne Algen	**Bryophyta** Moose, Lebermoose	**Pteridophyta** Farne	**Coniferophyta** Koniferen	**Spermatophyta** Blütenpflanzen

*Jede **Abteilung** ist unterteilt in Klassen, unten sind jedoch nur zwei der größten Abteilung, **Spermatophyta**, dargestellt.*

Klassen			**Monocotyledonae** Mit nur einem **Keimblatt***, z. B. Gräser	**Dicotyledonae** Mit zwei **Keimblättern***, z. B. Hahnenfuß

Homo sapiens im System der klassischen Taxonomie

*Es gibt über anderthalb Millionen Tier-**Arten**. Im Folgenden wird gezeigt, welche Nische der Mensch eingenommen hat.*

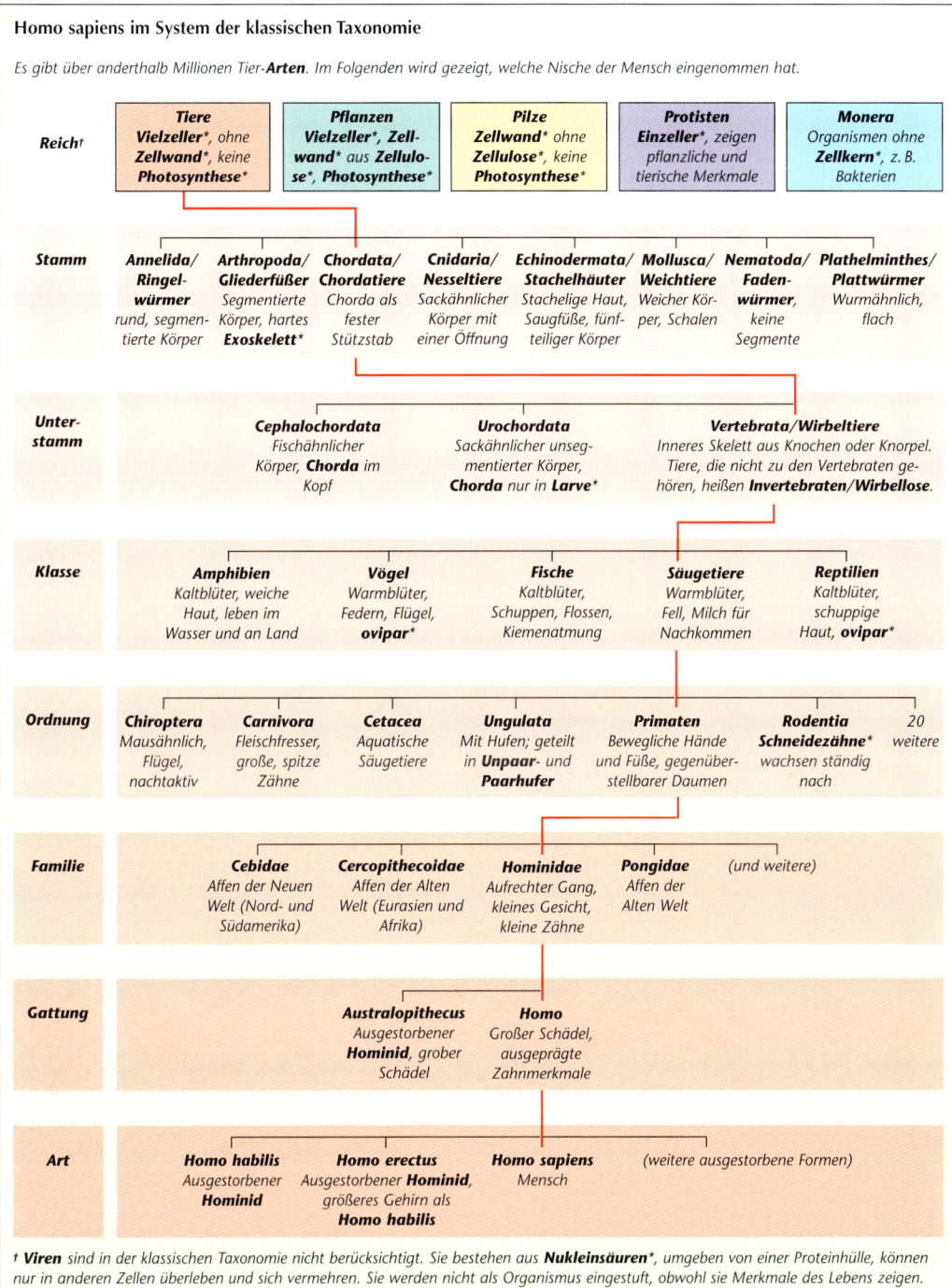

| Reich† | **Tiere** **Vielzeller***, ohne **Zellwand***, keine **Photosynthese*** | **Pflanzen** **Vielzeller***, **Zellwand*** aus Zellulose*, **Photosynthese*** | **Pilze** **Zellwand*** ohne **Zellulose***, keine **Photosynthese*** | **Protisten** **Einzeller***, zeigen pflanzliche und tierische Merkmale | **Monera** Organismen ohne **Zellkern***, z. B. Bakterien |

Stamm

| Annelida/ **Ringelwürmer** rund, segmentierte Körper | Arthropoda/ **Gliederfüßer** Segmentierte Körper, hartes **Exoskelett*** | Chordata/ **Chordatiere** Chorda als fester Stützstab | Cnidaria/ **Nesseltiere** Sackähnlicher Körper mit einer Öffnung | Echinodermata/ **Stachelhäuter** Stachelige Haut, Saugfüße, fünfteiliger Körper | Mollusca/ **Weichtiere** Weicher Körper, Schalen | Nematoda/ **Fadenwürmer**, keine Segmente | Plathelminthes/ **Plattwürmer** Wurmähnlich, flach |

Unterstamm

| Cephalochordata Fischähnlicher Körper, **Chorda** im Kopf | Urochordata Sackähnlicher unsegmentierter Körper, **Chorda** nur in **Larve*** | Vertebrata/**Wirbeltiere** Inneres Skelett aus Knochen oder Knorpel. Tiere, die nicht zu den Vertebraten gehören, heißen **Invertebraten/Wirbellose**. |

Klasse

| Amphibien Kaltblüter, weiche Haut, leben im Wasser und an Land | Vögel Warmblüter, Federn, Flügel, **ovipar*** | Fische Kaltblüter, Schuppen, Flossen, Kiemenatmung | Säugetiere Warmblüter, Fell, Milch für Nachkommen | Reptilien Kaltblüter, schuppige Haut, **ovipar*** |

Ordnung

| Chiroptera Mausähnlich, Flügel, nachtaktiv | Carnivora Fleischfresser, große, spitze Zähne | Cetacea Aquatische Säugetiere | Ungulata Mit Hufen; geteilt in **Unpaar-** und **Paarhufer** | Primaten Bewegliche Hände und Füße, gegenüberstellbarer Daumen | Rodentia **Schneidezähne*** wachsen ständig nach | 20 weitere |

Familie

| Cebidae Affen der Neuen Welt (Nord- und Südamerika) | Cercopithecoidae Affen der Alten Welt (Eurasien und Afrika) | Hominidae Aufrechter Gang, kleines Gesicht, kleine Zähne | Pongidae Affen der Alten Welt | (und weitere) |

Gattung

| Australopithecus Ausgestorbener **Hominid**, grober Schädel | Homo Großer Schädel, ausgeprägte Zahnmerkmale |

Art

| Homo habilis Ausgestorbener **Hominid** | Homo erectus Ausgestorbener **Hominid**, größeres Gehirn als **Homo habilis** | Homo sapiens Mensch | (weitere ausgestorbene Formen) |

† **Viren** sind in der klassischen Taxonomie nicht berücksichtigt. Sie bestehen aus **Nukleinsäuren***, umgeben von einer Proteinhülle, können nur in anderen Zellen überleben und sich vermehren. Sie werden nicht als Organismus eingestuft, obwohl sie Merkmale des Lebens zeigen.

Andere Klassifikationssysteme

Neben der klassischen Taxonomie gibt es noch weitere Systeme, um Lebewesen einzuordnen, z. B. die **kladistische Klassifikation**.

Kladistische Klassifikation

Wie bei der klassischen Taxonomie ordnet sie Gruppen in größere Gruppen (**Stämme**) nach gemeinsamen Merkmalen ein. Es werden auch Urformen und Nachfahren berücksichtigt.

** **Einzeller**, 10; **Exoskelett**, 38; **Larve**, 49; **Nukleinsäure**, 96; **ovipar**, 48; **Photosynthese**, 26; **Schneidezähne**, 57; **Vielzeller**, 10; **Zellkern**, 10; **Zellwand**, 10; **Zellulose**, 103 (**Ballaststoff**).*

VERWENDETE FACHBEGRIFFE

In der folgenden Liste sind die wichtigsten Begriffe zur Kennzeichnung von Lebensformen erklärt (weitere Erklärungen dazu auf 9). Es sind informelle Bezeichnungen im Gegensatz zur offiziellen Klassifikation (s. 112–113).

Pflanzen

Xerophyten
Pflanzen, die längere Zeit ohne Wasser auskommen, z. B. Kakteen.

Hydrophyten
Pflanzen, die im Wasser oder in äußerst feuchtem Boden leben, z. B. Binsen.

Mesophyten
Pflanzen, die unter normalen Feuchtigkeitsverhältnissen leben.

Halophyten
Pflanzen, die in sehr salzigen Böden leben können, z. B. Queller.

Lithophyten
Pflanzen, die auf nackten Felsen wachsen, z. B. Moose und vor allem Flechten.

Epiphyten
Pflanzen, die auf anderen Pflanzen wachsen. Sie verwenden diese aber nur als Träger und ernähren sich nicht von ihnen, z. B. viele Moose, Orchideen.

Saprophyten
Pflanzen, die auf verrottendem pflanzlichem oder tierischem Material leben und ihm ihre Nahrung entziehen. Dazu gehören vor allem Pilze sowie einige Orchideen ohne Chlorophyll.

Tiere

Prädatoren
*Tiere, die andere Tiere (ihre **Beute**) töten und fressen, z. B. Tiger. Vögel, die Beute jagen, werden **Greifvögel** genannt, z. B. Falken.*

Detritusfresser
Tiere, die sich von totem pflanzlichem oder tierischem Material ernähren, z. B. Regenwürmer.

Aasfresser
Große Detritusfresser, z. B. Hyänen, die ausschließlich totes tierisches Material fressen.

Territorial
*Tiere, die allein oder in Gruppen ein **Revier** besitzen und verteidigen (zu Wasser oder Land), z. B. manche Fische, Vögel und Säugetiere. Meist in Zusammenhang mit Paarbildung und Brut.*

Abyssisch
Tiere, die in der Tiefsee leben, z. B. Tiefseeaale, Beilfische.

Demersal
Tiere, die am Grund eines Flusses oder in der Flachsee leben, z. B. Anglerfisch, Garnele.

Sesshaft
Tiere, die meist am selben Platz bleiben (jedoch nicht permanent), z. B. Seeanemone.

Nachtaktiv
Tiere, die in der Nacht aktiv sind und am Tag schlafen, z. B. Eulen, Fledermäuse.

Pflanzen und Tiere

Insektivoren
Spezialisierte Organismen, die Insekten fressen, z. B. Fleisch fressende Pflanzen, die Insekten fangen und verdauen, sowie Igel.

Parasiten
*Pflanzen oder Tiere, die in oder auf lebenden Pflanzen oder Tieren (ihren **Wirten**) leben und sich von ihnen ernähren, z. B. Mistel, Flöhe. Nicht alle Parasiten schädigen den Wirt.*

Symbionten
*Bezeichnung für zwei Lebewesen, die eng miteinander zusammenleben und von denen jeder einen Nutzen aus dieser engen Verbindung (der **Symbiose**) zieht. **Flechten**, die normalerweise auf nackten Felsen wachsen, sind ein Beispiel dafür. Sie bestehen aus einem Pilz und einer Alge. Die Alge produziert durch **Photosynthese*** Nahrung für den Pilz. Der Pilz umhüllt mit seinen Fäden die Alge und sorgt gleichzeitig für die benötigte Feuchtigkeit.*

Kommensalen
*Zwei verschiedene Lebewesen, die sich miteinander vergesellschaftet haben zu gegenseitigem Nutzen, ohne dem anderen zu schaden, z. B. eine Wurmart, die oft in der Schale eines Einsiedlerkrebses lebt. Eines der häufigsten Beispiele für **Kommensalismus** ist das Zusammenleben zwischen Hausmaus und Mensch.*

Sozial oder kolonial
*Zusammenleben in Gruppen. Beide Begriffe gelten für Pflanzen, die in Büscheln wachsen. Bei Tieren haben die Begriffe je nach Anzahl der Organismen unterschiedliche Bedeutungen. Löwen beispielsweise sind sozial, aber ihre Gruppen (**Rudel**) sind nicht groß genug, um sie Kolonie zu nennen. Bei kolonialen Tieren gibt es Unterschiede in der Abhängigkeit zwischen den Mitgliedern. In Tölpelkolonien z. B. ist sie sehr niedrig. Die Vögel leben zum Schutz vor Feinden eng nebeneinander. Bei Ameisenkolonien gibt es verschiedene **Kasten** mit unterschiedlichen Aufgaben, etwa Futtersammeln oder Brutpflege, so dass jedes Mitglied auf das andere angewiesen ist. Die höchste Form der kolonialen Abhängigkeit herrscht bei kleinen, untrennbaren Einzellern, die gemeinsam einen lebenden Verband bilden, z. B. Schwämme.*

Sessil
Tiere, die sich selbst nicht aktiv fortbewegen können, weil sie am Boden oder einem festen Objekt fixiert sind, z. B. Seepocken. Pflanzen ohne Stängel, z. B. stängellose Distel.

Pelagisch
*Tiere, die sich im freien Wasser, nicht am Grund oder in der Tiefe, aufhalten. Pelagische Organismen reichen vom winzigen **Plankton** über mittelgroße Fischen bis hin zu sehr großen Walen. Die mittelgroßen und riesigen Tiere werden **Nekton** genannt.*

Plankton
*Jene Lebensform von Pflanzen und Tieren, die sich schwebend oder schwimmend meist nahe der Oberfläche im freien Wasser halten. Pflanzliches Plankton heißt **Phytoplankton**, tierisches **Zooplankton**. Plankton ist Nahrung für viele Fische und Wale und bildet ein wichtiges Glied in der **Nahrungskette*** der Gewässer.*

Litoral
Organismen, die sich am Gewässerufer aufhalten, z. B. Krabben, Seetang.

Benthos
*Alle **abyssischen**, **demersalen** und **litoralen** Pflanzen und Tiere, also alle Organismen, die in, an oder am Uferbereich von Seen und Meeren leben.*

* **Nahrungskette**, 6 (**Nahrungsnetz**); **Photosynthese**, 26.

REGISTER

Die Seitenzahlen des Registers sind auf drei verschiedene Arten angegeben. Fett gedruckte (z. B. **92**) geben an, wo die Definition des Begriffes (oder der Begriffe) zu finden ist. Mager gedruckte Zahlen (z. B. 92) beziehen sich auf zusätzliche Einträge. Kursive Seitenzahlen (z. B. *92*) geben an, wo der Begriff (die Begriffe) als Abbildungsbeschriftung zu finden ist. Steht vor einer Seitenzahl ein Begriff in Klammern, so wird der Registerbegriff im Zusammenhang dieses Begriffes erläutert. Einzahl (Ez.), Mehrzahl (Mz.), Zeichen und Formeln sind, wenn nötig, hinter dem Registerbegriff eingeklammert angegeben. Auf Synonyme wird mit „siehe" verwiesen.

antidiuretisches Hormon siehe
    ADH
Cholezystokinin 108
Cortison 69, **108**
Enterocrinin 108, 110
follikelstimulierendes Hormon
    siehe **FSH**
Gastrin 108
Hydrocortison 108
Insulin 108
luteinisierendes Hormon
    siehe **LH**
Noradrenalin 69, 104, **108**
Östrogen 108, 109
Oxytocin 69, **108**
Pankreozymin 108
Parathyroidhormon siehe **PTH**
Progesteron 108, 109
Prolaktin 69, **108**
Releaser-Hormone siehe
    Releasing-Faktoren
Sekretin 108
Somatotropin siehe **STH**
Thyreocalcitonin siehe **TCT**
Thyreotropin siehe **TTH**
Thyroxin 69, 104, **108**, 109
Hornhaut *84*
Hornschicht *82*
Hüftgelenk *52*
Huftiere *41*
Hülse 34
Hülsenfrüchtler *7*
Huntington-Syndrom 100
Hydathoden 25
Hydrocortison 69, 108
Hydrophyten 114
hydrostatisches Skelett 37
Hydrotropismus 23
Hydroxylapatit 56
Hymen *89*
hypogäisch 32
hypogyne Blüte 29
Hypopharynx *43*
Hypophyse 69, **108**, 109
Hypothalamus 75, **108**, 109

I

ICSH siehe **LH**
Ileum siehe **Krummdarm**
Imago *49*
immergrüne Pflanzen 8
Implantation 91, *92*
Incus siehe **Amboss**
Innenohr 86, *87*
innere Atmung 70
innere Befruchtung (Tier) 48
innere Drosselvene siehe
    Drosselvene
innere Kiemen 44
innere Organe 50

innere Schamlippen siehe
    kleine Schamlippen
innere Umgebung 107
innerer Ringmuskel *72*
Insektivoren 114
Inspiration 71
Insulin 108
Integument 30
Interkostalmuskel siehe
    Zwischenrippenmuskel
Internodium 16
Interphase 12
interstitielle Flüssigkeit 64
Invertebraten siehe **Wirbellose**
Iris siehe **Regenbogenhaut**
Ivertase 110

J

Jahresring 18, *19*
Jejunum *siehe* **Leerdarm**
Jungfernhäutchen *89*

K

Kalksteinchen 87
Kalorimeter *105*
Kambium 14, **15**
Kambiumring *18*
Kammern siehe **Herzkammern**
Kammerscheidewand *62*
Kammerwasser *84*
Kapillare 60
Kapillarwirkung 24
kardial *62*
Karotin 27, *82*, **111**
Karyokinese 12
Karyoplasma siehe **Kernplasma**
Karyopse 34
Kasten 114
Katabolismus 104, *105*
katadrom 8
Katalysator 105
katalytische Proteine 102, *105*
Kaulquappe 49
Kauspitze 57
Kehldeckel *70*
Kehlkopf 70
Keimblatt 32, *33*
Keimdrüse 88, *89*
Keimling 32
Keimung 32
Keimzelle siehe **Gamet**
Keimzellenbildung (männlich,
    weiblich) *95*
Kelch 28
Kelchblätter 28
Kennzeichen des Lebendigen 8
kephal siehe **zephal**
Keratin 39, *82*, **83**
Kern siehe **Zellkern**

Kernholz 19
Kernmembran 10, *11*
Kernplasma 10
Kernteilung 12
Kiemen 44
Kiemenblättchen 44
Kiemenbogen 44
Kiemendeckel 44
Kiemenfäden 44
Kiemenspalten 44
Kilojoule 104, **105**
Kitzler siehe **Klitoris**
kladistische Klassifikation 113
Klappe der Aorta 63
Klappe der Lungenarterie 63
Klasse 112
Klassifikation 112
klassische Taxonomie 112
kleine Schamlippen *89*
kleiner Brustmuskel siehe
    Pectoralis minor
Kleinhirn 75
klimatische Faktoren 4
Klimax 5
Klitoris 89
Klitorishaube *89*
Kloake *43*
Klon 100
Klonen 99, **100**
Kniegelenk *52*
Kniescheibe *50*
Knochen 50, 52–53
Knochenbälkchen 53
Knochengewebe siehe **Knochen**
Knochenhaut 52, *53*
Knochenschaft *53*
knöchernes Labyrinth 86
Knorpel 52, 53
Knorpelstücke *70*
Knospe 16, *93*
Knospung 93
Koagulation siehe **Blutgerinnung**
Kodominanz 97
Koenzym 105
Kohlenhydrat 102, *103*
Kohlenstoffkreislauf 6
Koitus siehe **Geschlechtsverkehr**
Kokon *49*
Koleoptile 33
kollagene Faser 52
Kollenchym 15
kolonial siehe **sozial**
Kommensalen 114
Kommensalismus 114
Kommunikation (Tier) 47
kompakter Knochen 53
Kompensationspunkte 27
Komplexauge siehe
    zusammengesetztes Auge
Konjunktiva siehe **Bindehaut**
Konsumenten dritter Ordnung

IMPRESSUM

Text Corinne Stockley; **ergänzender Text** Paul Dowswell

Fachliche Beratung Dr. Margaret Rostron und Dr. John Rostron

Gestaltung Karen Tomlins und Verinder Bhachu, Nerissa Davies

Cover Matthias Reinhard

Übersetzung Marcus Würmli

Lektorat (englische Ausgabe) Kirsteen Rogers

Lektorat (deutsche Ausgabe) Birgit Grader

Illustrationen Kuo Kang Chen und Guy Smith

Weitere Illustrationen:

Simone Abel, Dave Ashby, Mike Atkinson, Craig Austin (The Garden Studio), Graham Austin, Bob Bampton (The Garden Studio), John Barber, Amanda Barlow, David Baxter, Andrew Beckett, Joyce Bee, Stephen Bennett, Roland Berry, Andrzej Bielecki, Gary Bines, Derick Bown, Isabel Bowring, Trevor Boyer, Wendy Bramall (Artist Partners), Derek Brazell, John Brettoner, Paul Brooks (John Martin Artists), Peter Bull, Mark Burgess, Hilary Burn, Andy Burton, Liz Butler, Martin Camm, Lynn Chadwick, Peter Chesterton, Sydney Cornford, Dan Courtney, Frankie Coventry (Artist Partners), Patrick Cox, Christine Darter, Sarah De Ath (Linden Artists), Kevin Dean, Peter Dennis, Richard Draper, Brian Edwards, Michelle Emblem (Middletons), Caroline Ewen, Sandra Fernandez, James Field, Denise Finney, Don Forrest, Sarah Fox-Davies, John Francis, Mark Franklin, Nigel Frey, Judy Friedlander, Sheila Galbraith, Peter Geissler, Nick Gibbard, William Giles, Mick Gillah, Victoria Goaman, David Goldston, Peter Goodwin, Victoria Gordon, Jeremy Gower, Terri Gower, Miranda Gray, Terry Hadler, Edwina Hannam, Alan Harris, Brenda Haw, Tim Hayward, Nicholas Hewetson, Philip Hood, Chris Howell-Jones, Christine Howes, Carol Hughes (John Martin Artists), David Hurrell (Middletons), Roy Hutchison (Middletons), Ian Jackson, Elaine Keenan, Roger Kent, Aziz Khan, Colin King, Deborah King, Steven Kirk, Jonathan Langley, Richard Lewington (The Garden Studio), Jason Lewis, Ken Lilly, Steve Lings (Linden Artists), Mick Loates (The Garden Studio), Rachel Lockwood, Kevin Lyles, Chris Lyon, Kevin Maddison, Janos Marffy, Andy Martin, Josephine Martin, Nick May, Rob McCaig, Joseph McEwan, David McGrail, Malcolm McGregor, Doreen McGuinness, Dee McLean (Linden Artists), Richard Millington, Annabel Milne, Sean Milne, David More (Linden Artists), Dee Morgan, Robert Morton (Linden Artists), David Nash, Susan Neale, Louise Nevett, Martin Newton, Barbara Nicholson, Louise Nixon, David Nockels (The Garden Studio), Richard Orr, Steve Page, David Palmer, Patti Pearce, Justine Peek, Liz Pepperell (The Garden Studio), Julia Piper, Gillian Platt (The Garden Studio), Maurice Pledger, Cynthia Pow (Middletons), Russell Punter, David Quinn, Charles Raymond (Virgil Pomfret Agency), Barry Raynor, Phillip Richardson, Jim Robins, Michael Roffe, Michelle Ross, Mike Saunders (Tudor Art), John Scorey, Coral Sealey, John Shackell, Chris Shields (Wilcock Riley), John Sibbick (John Martin Artists), Penny Simon, Gwen Simpson, Annabel Spencerley, Peter Stebbing, Sue Stitt, Roger Stewart, Ralph Stobart, Alan Suttie, John Thompson-Steinkrauss (John Martin Artists), Sam Thompson, Stuart Trotter, Joyce Tuhill, Sally Voke (Middletons), Sue Walliker, Robert Walster, David Watson, Ross Watton, Phil Weare, Wigwam Publishing Services, Sean Wilkinson, Adrian Williams, Adam Willis, Roy Wiltshire, Ann Winterbotham, Gerald Wood, James Woods (Middletons), David Wright (Jillian Burgess), John Yates.

ISBN 3-7886-1284-3